# 基于语义 TRIZ 的专利技术挖掘

胡正银　刘春江　著



科学出版社

北京

## 内 容 简 介

本书围绕个性化、深度、精准的专利技术挖掘需求，系统研究了基于语义 TRIZ 的专利技术挖掘方法。首先在理论层面，本书提出了一个基于多维索引的个性化语义 TRIZ 体系结构，阐述了构建该语义 TRIZ 的方法流程、技术工具以及关键技术。其次在应用层面，本书选取大口径光学元件和石墨烯传感器专利为研究对象，开展了基于语义 TRIZ 的专利自动分类与技术演化研究。最后介绍了作者研发的基于语义 TRIZ 的专利技术挖掘系统。

本书可供管理类（如知识产权分析评议、信息管理与信息系统、情报学、图书馆学、管理科学与工程等）相关专业高年级本科生、硕士研究生、博士研究生教学和科研使用，同时也可作为从事相关研究和实际工作的高等院校教师、科研工作者的参考用书。


**图书在版编目（CIP）数据**

基于语义TRIZ的专利技术挖掘/胡正银，刘春江著. —北京：科学出版社，2021.9

ISBN 978-7-03-069791-2

Ⅰ. ①基…　Ⅱ. ①胡…　②刘…　Ⅲ. ①创造学-专利技术-研究　Ⅳ. ①G306.0

中国版本图书馆CIP数据核字（2021）第187147号

责任编辑：裴　育　朱英彪 / 责任校对：任苗苗
责任印制：赵　博 / 封面设计：陈　敬

科学出版社 出版
北京东黄城根北街 16 号
邮政编码：100717
http://www.sciencep.com
北京中石油彩色印刷有限责任公司印刷
科学出版社发行　各地新华书店经销
*
2021 年 9 月第　一　版　开本：720 × 1000　1/16
2024 年 4 月第三次印刷　印张：13 3/4
字数：277 000

**定价：98.00 元**

（如有印装质量问题，我社负责调换）

# 序

技术创新是现代产业发展的源泉与动力。专利技术创新是技术创新的核心，它对提升创新主体的创新能力，构建企业核心竞争力，促进现代产业发展，制定科技前沿发展战略以及深化科技领域改革等方面都具有重要意义。如何进行高效、精准的专利技术创新一直是学界和产业界关注的焦点。多年的专利情报分析与服务的理论探索及应用实践表明，专利技术挖掘是支撑专利技术创新的重要抓手和尖兵利器，这体现在专利技术挖掘贯穿专利技术创新的始终。专利技术挖掘是专门针对专利文献信息进行技术内容深度挖掘的一套辅助技术创新的理论与方法，它能够把握技术演化发展趋势，识别技术创新路径，提高技术创新管理决策水平；它能够判别核心专利、预测热门专利，增强技术创新主体研发能力；它能够提供专利情报分析方法与工具，健全技术创新机制支撑体系。更具体地说，专利技术挖掘能够辅助发现具有创新意义的技术及其载体，识别具有前瞻性的研究空白与技术创新风险，引导管理部门进行有效的立项决策，实现创新投入资源的合理配置；专利技术挖掘能够帮助创新主体明确自身的核心竞争力，提供技术研发路径，瞄准具有战略意义的方向进行持续的研发投入；专利技术挖掘方法的落地能够惠及普通的技术创新主体以及情报咨询服务机构与人员，为创新创业工作助力添瓦，真正确立专利技术挖掘在专利技术创新过程中的强力情报支撑地位。

国内外专家学者对专利技术挖掘做了大量研究，成果极其丰硕。就专利技术挖掘的方法而言，依据不同的应用场景虽然种类众多，但常见的主要有专利技术功效矩阵分析、专利技术路线图分析和语义 TRIZ 分析等。相较于前两种相对成熟定型的方法，基于语义 TRIZ 的专利技术挖掘更具挖掘深度和研究前景，是该领域有待进一步突破的前沿课题，它以 SAO（主语-谓语-宾语）作为基础语义单元，具有知识组织结构上的深度、知识表示颗粒上的宽度和知识关联扩展上的广度，是解决专利技术内容深度挖掘和知识发现问题的有效途径之一。随着以人工智能和自然语言处理技术为代表的信息技术快速发展，专利技术挖掘，特别是基于语义 TRIZ 的分析越来越成为进行深度专利情报服务的关键手段和核心方法。在未来，如果希望成为专利情报服务的高端人才，就必须系统学习和有效掌握专利技术挖掘相关的手段和方法。

《基于语义 TRIZ 的专利技术挖掘》是胡正银和刘春江两位青年学者近年来潜心研究探索的成果聚汇，对基于语义 TRIZ 进行专利技术挖掘的理论体系、方法技术和应用实践进行了系统的论述：首先，介绍了基于语义 TRIZ 的专利技术挖掘的研究背景和研究意义，分析了相关研究现状。然后，提出了一个基于多维索引的个性化语义 TRIZ 体系结构，研究了构建该语义 TRIZ 的方法流程、技术工具以及关键技术。接着，分别选取大口径光学元件和石墨烯传感器专利为研究对象，开展了基于语义 TRIZ 的专利自动分类与技术演化分析应用研究。最后，介绍了作者研发的基于语义 TRIZ 的专利技术挖掘系统的关键技术与典型服务。该书的研究成果有力地支撑了中国科学院知识产权信息服务专项、中国科学院科技服务网络计划择优支持项目“氨基酸产业知识产权发展战略研究与应用示范”等重大科研任务，为推广专利技术挖掘方法与应用做出了一定的贡献。

该书结构清晰，逻辑性强，连贯性好，深入浅出，内容兼具理论的深度和实践的广度，体现了作者在理论研究和工作实践中的知识厚度。希望该书的出版，能够对专利技术挖掘研究与应用的进一步发展起到积极的推动作用。该书对从事相关工作的广大科研工作者、图书情报等专业的教师和学生具有重要的参考价值。希望作者继续努力，进一步完善理论方法、拓展实践应用，逐步形成一般性的规范通用分析方法与工具，为专利技术创新发展提供强力支撑作出更大的贡献。

中国科学院成都文献情报中心研究员

2021 年 3 月

# 前　言

技术创新是以创造新技术、新应用为目的的创新，是科技创新的重要组成部分。技术挖掘是一套研究如何分析科技创新信息资源的技术内涵的理论方法，旨在更准确、高效地从中挖掘出有用的知识以启迪创新思想，服务于技术创新与技术管理活动。专利文献是世界上最大的科技信息源之一，具有数量巨大、内容新颖、描述详细、格式规范、分类科学、质量可靠等特点，是技术挖掘使用率最高的科技创新信息资源。语义 TRIZ 是一种对专利技术信息进行挖掘、组织的方式，可以有效揭示专利特有的技术问题、技术方案、技术功能与技术效果等信息，被广泛运用于专利技术挖掘之中。

本书共 7 章，遵循提出问题、分析问题、解决问题与应用实践的研究思路，针对基于语义 TRIZ 的专利技术挖掘的理论体系、方法技术和应用进行系统介绍。第 1 章提出问题。介绍本书的研究背景和研究意义，重点介绍专利技术挖掘的典型应用场景。第 2 章分析问题。分析本书研究基础——专利知识表示、TRIZ 理论以及语义 TRIZ 的现状与局限。第 3、4 章解决问题。第 3 章结合专利技术挖掘的实际需求，从知识组织视角，提出一个基于多维索引的个性化语义 TRIZ 体系结构；从情报分析视角，研究构建该语义 TRIZ 的方法流程。第 4 章分析语义 TRIZ 构建过程中涉及的关键技术。第 5～7 章为应用实践。选取大口径光学元件专利为研究对象，开展基于语义 TRIZ 的专利自动分类研究；选取石墨烯传感器专利为研究对象，开展基于语义 TRIZ 的专利技术演化研究；介绍作者研发的基于语义 TRIZ 的专利技术挖掘系统。

本书第 1～7 章主要由胡正银撰写，其中 4.1 节和 7.3 节由刘春江撰写，第 7 章介绍的专利技术挖掘系统由胡正银负责系统设计，刘春江负责主要技术开发。

本书相关研究成果得到国家社会科学基金面上项目“专利技术创新风险识别与技术创新路径预测方法研究”(19BTQ088)、科技部创新方法工作专项“基于群智理论的创新方法新系统研究与应用示范”(2019IM020100)与中国科学院知识产权信息服务专项支持，还得到了中国科学院科技促进发展局知识产权管理处、中国科学院成都文献情报中心、中国科学院计算机网络信息中心、中国科学院文献情报中心等单位领导、专家的支持和帮助。其中，方曙研究员指导本书选题、研究及撰写工作，梁田助理研究员参与了大口径光学元件专利技术挖掘研究，周涛助理研究员参与了超导电子专利技术挖掘研究，杨宁副研究员、徐源助理研究员参与了氨基酸专利技术挖掘研究，并协助开发了氨基酸技术创新知识库，在此表示诚挚的谢意。

本书撰写过程中有幸咨询了相关专家和同仁。GET 集团（Global Engineering Technology Group）董事长刘勇谋教授、齐鲁工业大学王超博士、西南交通大学曾荣强博士给本书的撰写提供了建议和指导，山西财经大学隗玲副教授协助整理书稿，并对本书提出修改完善意见。此外，中国科学院大学经济与管理学院图书情报与档案管理系张小云和石栖同学、四川大学公共管理学院肖珏琳和李明一同学协助参与全书校对工作，在此一并表示感谢！

由于 TRIZ 理论内容宏阔，专利技术挖掘场景众多，文本挖掘与知识发现专业知识艰深，加之作者的知识面和了解能力有限，书中难免存在疏漏及不足之处，恳请读者批评指正！

作　者

2021 年 1 月

# 目　录

# 第 1 章　专利技术挖掘概述

技术挖掘(tech mining)是一种研究如何分析科技创新信息资源的技术内涵的理论方法，旨在更准确、高效地从中挖掘出有用的知识以服务于技术创新与技术管理。本章首先介绍技术挖掘与专利技术挖掘的概念。然后，介绍专利技术挖掘的典型应用场景，其中重点介绍专利技术演化分析和专利自动分类两类专利技术挖掘应用场景。最后，分析专利技术挖掘存在的问题和挑战，引出基于语义 TRIZ(theory of inventive problem solving，发明问题解决理论)的专利技术挖掘。

## 1.1 引　　言

### 1.1.1 技术挖掘

“十四五”时期，我国将进入新发展阶段，社会经济的运行模式也将发生重大的改变，科技创新将成为驱动社会经济可持续发展的关键要素[1]。技术创新是以创造新技术为目的的创新或以科学技术知识及其创造的资源为基础的创新，是科技创新的重要组成部分，已成为产业发展的重要推动力，在全球经济发展中扮演越来越重要的角色，一个国家的经济活力与竞争力也越来越依赖于技术创新[2,3]。在技术创新活动中，科研人员是技术创新的重要主体，而创新思想是技术创新的重要客体[3]。技术创新的过程就是在国家宏观创新政策的引领和企业机构研发规划的指导下，科研人员产生创新思想，并将其与具体技术相结合，从而产生新技术或新应用的过程[3]。

创新思想是技术创新的核心内容，源于科研人员对大量科技创新信息资源的阅读、理解、分析和利用。然而，当前科技创新信息资源数量呈现出了爆炸性增长的态势，而技术创新从思想产生到成果应用的时间间隔却逐渐缩短。因此，需要一套科学的理论体系、方法流程、工具系统来帮助科研人员快速、准确地定位和分析存在于海量科技创新信息资源中的有效信息[3]。在技术创新快速迭代与科技创新信息资源数量急剧增加的背景下，技术挖掘应运而生。

21 世纪初，美国学者 Porter 和 Cunningham 提出了一系列基于历史科技文献进行面向未来的技术分析(future-oriented technology analysis，FTA)、创新路径预测(forecasting innovation pathways，FIP)和技术机会分析(technology opportunities analysis，TOA)的理论与方法[3]。在此基础上，Porter 和 Cunningham 进一步提出

了技术挖掘的概念，即通过分析科技文献的技术内涵，以更准确、高效地从中挖掘出有用的知识，进而服务于技术创新与科技管理活动。技术挖掘是在了解技术创新过程的基础上，将文本挖掘技术工具应用于科技信息分析[3]。它的载体主要是已发表的科技文献，包括学术论文、专利文献等。它的分析对象除了题名、作者、专利权人等著录项信息外，还包括深入到专利文献内容层面的信息，如摘要、全文、专利权利要求等。技术挖掘采用的具体技术手段包括自然语言处理（natural language processing，NLP）、文本挖掘（text mining）、统计分析（statistical analysis）、主题模型（topic model）、知识组织系统（knowledge organization system，KOS）等。技术挖掘的目的随具体技术挖掘场景各异，Porter 和 Cunningham 总结了技术挖掘的主要应用场景及目的，见表 1.1[3]。

**表 1.1　技术挖掘应用场景**

| 场景名称 | 主要目的 |
|---|---|
| 技术监测（technology monitoring） | 对技术研发活动进行分类、特征化表示与具体解读 |
| 技术竞争情报（competitive technological intelligence） | 分析"谁在做什么" |
| 技术预测（technology forecasting） | 分析特定技术可能的发展路线 |
| 技术路线图（technology roadmapping） | 跟踪相关技术、产品发展轨迹 |
| 技术评估（technology assessment） | 预测特定技术改变会带来的各种不确定的、间接的一系列影响 |
| 技术预见（technology foresight） | 宏观层面技术战略规划，重点关注技术扮演的角色与发展优先级 |
| 技术流程管理（technology process management） | 将相关人员组织起来，共同参与技术决策 |
| 科技指标（science & technology indicator） | 评价机构或国家的技术能力指标 |

### 1.1.2　专利技术挖掘

科技创新信息资源的可靠性、准确性与权威性对技术挖掘结果的指导和参考价值十分重要。专利文献属于科技文献的一种，是各国专利主管部门、国际性知识产权组织及科技信息出版商在审批专利、再加工专利信息的过程中产生的官方文件及其衍生出版物的总称[4]。专利文献是世界上最大的科学技术信息源之一，目前全世界专利数量超过 1.3 亿件，专利家族超过 4600 万项[5]；虽然每年出版的专利文献数仅占科技出版物总数的 1/4，但其内容却覆盖了 90%～95%的世界科技信息[6-8]。除此之外，专利文献提供的科技信息比其他科技信息资源领先 5～6 年，且内容更为翔实准确[6-8]。可见，专利文献具有数量巨大、内容新颖、描述详细、格式规范、分类科学、质量可靠等特点[4,6,9]，它是一种理想型技术挖掘载体，是技术挖掘使用率最高的科技创新信息资源。

专利信息包含于专利文献中，由关于发明创造相关内容的技术信息、专利保护范围等法律信息以及专利权转让或转移等经济信息组成[4,10]。随着科学技术的飞速发展，专利活动日益活跃，专利数量迅猛增长，专利信息也处于爆发式增长的阶段，如何利用技术手段高效、精准地从海量专利信息中挖掘出隐性价值和有效知识逐渐成为探讨和研究的焦点[6,11]。据世界知识产权组织估算，如果能够有效利用专利信息，可以帮助企业缩短平均 60%的技术研发周期，节约 40%的科研经费[8]。对用户来说，专利应用的瓶颈正从如何获取专利文献转向如何有效挖掘专利信息的价值[12,13]。

专利技术挖掘是一种专门针对专利文献中技术信息的特殊的技术挖掘，是一套辅助技术创新的理论与方法[3,12]。它采用自然语言处理、文本挖掘、语义分析等技术手段，通过对专利文献中的显性、隐性技术信息进行抽取、分析、挖掘，从主体和内容角度对专利文献中包含的技术特征等进行深层次分析，帮助用户了解领域技术现状及发展趋势[3,12,14]。通过专利技术挖掘，可分析领域源头技术、核心技术、空白技术、跨学科交叉技术等，形成技术发展、演化、扩散知识地图。宏观层面上，专利技术挖掘可应用于面向未来的技术预见与技术监测，为国家制定相关技术发展政策提供决策支撑。中观层面上，专利技术挖掘可帮助研发机构了解技术及资源分布等技术竞争情报，为它们规划自身的研发战略提供指导。微观层面上，专利技术挖掘可用于聚焦新技术研发，作为改善和创造其他新技术专利的基础，帮助研究人员进行具体技术创新活动[3,12,15]。

总之，技术挖掘已成为推动技术创新的重要工具与手段，而专利技术挖掘作为一种基于专利信息挖掘的辅助技术创新理论与方法，被广泛应用于制定科技政策、规划研发战略与指导具体发明创造等活动中。专利技术挖掘的基础是专利文献中的显性与隐性技术信息。因此，需要研究如何分析、组织与应用这些技术信息，这对更有效地支持各种专利技术挖掘应用具有重要意义。

## 1.2　典型应用场景

专利技术挖掘作为一种特殊的技术挖掘，其典型应用场景包括专利技术演化分析、专利自动分类、颠覆性技术识别、技术主题聚类、技术创新路径识别、核心专利判别、热门专利预测、技术跨界应用分析、技术趋势分析、面向 TRIZ 的智能检索等[12,16-18]。

### 1.2.1　专利技术演化分析

专利技术演化分析是通过分析技术产生、发展、突破创新、转移乃至湮灭的过程，描绘出技术历史发展进程，是专利技术挖掘的重要内容之一[19]。专利技术演化分析的主要目的是挖掘领域核心基础技术、新兴技术、萌芽技术等，梳理技术发展脉络和内部技术活动的发展历史，反映技术活动现状，为探究和回溯技术起源与发展提供可靠帮助，对识别科技优先领域、合理配置科技资源具有重要意义[20]，能为制定研发策略提供参考。根据其应用场景与分析对象不同，专利技术演化分析方法可分为文献计量学方法、TRIZ 技术进化理论及专利文本挖掘方法三种[21,22]。

1. 文献计量学方法

文献计量学方法是直接基于专利文献现有分类号等著录项信息以及引用数据等，利用统计、数据挖掘等技术方法进行定量分析[21,22]。文献计量学方法以描述技术历史发展为主，主要用于宏观或中观层面上的专利技术演化分析。文献计量学方法包括基于专利分类号的分析、基于专利引用关系的分析、计量指标分析和共词分析等[23]。

专利分类号按照技术属性对专利进行分类，以便于专利组织、管理和检索，可认为是一种对专利技术内容的标准化表示[24]。基于专利分类号的分析方法是以专利分类号为对象，通过对专利分类号所属专利及其相关信息进行数量统计、频次分析以及专利分类号共现分析(即共类分析，假设共同出现的专利号具有一定的关联性)等，探究专利分类号随时间的演变情况，从而揭示某一技术领域内的技术演化过程及其发展趋势[25]。例如，栾春娟通过构建专利分类号共现矩阵，划分多个时间段，分别绘制共现网络图并进行对比分析，从而发现太阳能关键技术演化路径[26]。基于专利分类号的方法具有数据易获取等优点，但无法深入专利文本，导致分析结果较为浅显且缺乏直观性，因此很难通过这种方法详细了解技术演化的过程和趋势[25]。

基于专利引用关系的分析方法是通过分析专利之间的引用关系以揭示专利技术之间的联系和演进关系，目前已成为研究专利技术发展脉络、技术选择及预测等的重要研究手段[20,27]。专利引用关系可以体现技术之间的继承和发展关系，也可以展示出不同技术领域之间的交叉、融合和分化关系；根据专利之间的引用关系(包括共引、耦合等)可以聚集相似的专利技术，形成具有不同技术主题的聚簇，从而判断技术发展的趋势[20,27]。目前主要的研究方法有专利引用量统计分析、专利共被引分析、专利耦合分析、专利引文时序分析，以及一些分析指标，如技术生命周期、科学强度[20]。但该方法也存在一些缺陷，例如，专利引用本身可能存在漏引、偏引等问题，很难全面把握专利之间的关系；基于专利引用关系的分析没有深入文本，不能准确地解释专利之间的技术主题相似度和专利之间的内在联系[25,28]。

2. TRIZ 技术进化理论

TRIZ 技术进化理论最早由阿奇舒勒(G. S. Altshuller)于 20 世纪 50 年代提出，

该理论认为，技术系统的进化存在着一定的客观规律，这种规律在不同技术领域中反复出现，而技术问题、技术矛盾和冲突的不断解决是推动技术系统进化的动力[20,21,29]。在提出初期，TRIZ 技术进化理论一直被当作用于解决具体技术问题的一个附加工具，并未得到重视。直到 2001 年，Domb 和 Roland 提出策略性 TRIZ 和战略性 TRIZ 的区分[30]，TRIZ 技术进化理论才开始成为一个独立的研究对象，对 TRIZ 技术进化理论的研究与日俱增，多种新兴的 TRIZ 技术进化理论得到迅速发展[31]。经典 TRIZ 技术进化理论的核心是阿奇舒勒提出的四阶段理论和技术系统八大进化法则[29]。四阶段理论是阿奇舒勒通过对大量专利进行分析后总结出的规律，即产品进化过程满足生物进化中的 S 曲线，同一代产品进化分为四个阶段，分别为婴儿期、成长期、成熟期、退出期，这一曲线又被称为 TRIZ 技术成熟度曲线[21,30,31]。技术系统八大进化法则具体包括完备性法则、能量传递法则、动态性进化法则、提高理想度法则、子系统不均衡进化法则、向超系统进化法则、向微观级进化法则、协调性法则[21,30,31]。

TRIZ 技术进化理论通常以特定技术系统为研究对象，基于 TRIZ 技术系统八大进化法则，采用技术成熟度曲线（S 曲线）或者雷达图等方法对技术系统未来可能的进化模式进行预测[21,22]。TRIZ 技术进化理论以技术预测为导向，常用于辅助制定研发战略[21,22]。基于 TRIZ 思想的“技术问题—技术方案”启发式方法现已成为技术范式演化分析的依据，广泛应用于各个领域内对技术进化轨迹的连续性和稳定性研究[20]。

3. 专利文本挖掘方法

专利文本挖掘方法本质上属于文献计量学方法，但其分析对象不是直接来源于专利文献的著录项信息，而是来自专利文本，包括专利文献的题名、摘要和权利要求等字段。根据分析对象的不同，又可将这种方法分为基于关键词与基于“主语-谓语-宾语”（subject-action-object，SAO）结构两种[32]。

基于关键词的专利技术演化分析以从文本中提取的关键词作为分析对象，通过对关键词进行频次统计、聚类分析、共词分析和网络分析等，探究专利技术的发展情况及趋势。基于关键词的专利技术演化分析主要集中在中观或宏观层面，目前已有较为成熟的研究。Yoon 等提出了基于专利关键词共词分析和形态学分析绘制技术演化路线图的方法，并针对移动电话技术进行实证研究[33]。Lee 等构建专利关键词地图，以此为基础发现新的技术机会[34]。方曙等研究了关键词聚类簇分布随时间变化的关系，以此为基础进行专利技术演化分析[19]。这种方法缺乏对重要技术概念和关系的表达，并且需要预定义一些相关专业知识的关键字和关键短语。

基于语义 TRIZ 中的 SAO 结构来分析专利技术演化是近几年才出现的研究热

点，常与 TRIZ 技术系统八大进化法则、九窗口演化模型结合起来进行分析[17]。基于 SAO 的文本挖掘技术从语义分析的角度挖掘专利文本，将专利文献的技术内涵转化为 SAO 结构。每个 SAO 结构由主题(S)、动作(A)和对象(O)组成，通过表示关键技术组件之间的关系可以分析结构化的信息，用于表示专利技术问题、方案、功能、效果等技术相关问题[12,35]。Yoon 和 Kim 研究了利用 SAO 结构与离散点探测分析技术演化趋势，识别新兴技术[36,37]。Park 等将 SAO 结构与 TRIZ 技术系统八大进化法则结合起来，分析技术演化进程，识别重要专利技术[38,39]。Zhang 等将语义 TRIZ 与术语收敛结合起来，研究了基于技术路线图来发现潜在新兴技术[40-42]。胡正银等系统研究了基于语义 TRIZ 的专利技术演化以及技术挖掘系统[12,16,17]。

总之，专利技术演化是一种中观或微观层面的技术挖掘，它的常用分析对象包括分类号、关键词与 SAO。分类号与关键词常用于中观层面的专利技术演化分析，SAO 常用于微观层面的专利技术演化分析。目前，研究重点是基于语义 TRIZ 中的 SAO 结构进行专利技术演化分析[43]。

### 1.2.2　专利自动分类

专利分类既是组织管理专利的一种手段，也是专利技术挖掘的重要应用领域。随着专利数量的迅猛增长，传统手工分类的方式已经无法满足分类需求。专利自动分类是让机器学习少量的已分类专利的分类规则，再将大量专利实例分入预先设定的分类体系的过程[16]。根据分类体系不同，可将现有的专利自动分类研究分为三类：基于分类号的专利自动分类、基于个性化分类体系的专利自动分类和基于 TRIZ 的专利自动分类[16]。

#### 1. 基于分类号的专利自动分类

专利分类号是专利文献的重要标识之一，是专利领域最具有权威性、应用最广泛的分类体系。专利分类号是从技术领域的角度，对专利按等级分类，如国际专利分类号(international patent classification，IPC)将技术内容分为部、分部、大类、小类、大组、小组，逐级形成完整的分类体系[44]。专利分类号层次结构复杂，专利审查员主要以先逐篇阅读文献然后确定分类号的方式对专利进行人工分类[16]，这样的分类存在主观性，效率低且成本高。

基于分类号的专利自动分类是按照专利号分类体系，采用机器学习分类算法对专利文本进行分类[45]。它的主要目的是帮助专利审查员快速、准确地按照分类号系统对专利进行分类，以便公众更高效地利用专利文献。鉴于专利分类号系统层次结构复杂的特点，优化与改进传统文本分类算法成为研究热点。Krier 和 Zacca 基于欧洲专利分类体系(European classification system，ECLA)进行自动分类研究，以便将相关专利申请分配给技术背景接近的审查员[46]。Fall 等基于 IPC 分类体系，比较了朴素贝叶斯、支持向量机与 KNN(最近邻)三种分类算法的效果，通过优化训练集来提高给一个专利分配多个分类号的准确率[47]。刘玉琴等基于 IPC 层次结构，建立了不同层次的类别特征向量，分别在各层次上采用 KNN 算法实现专利的自动分类[48]。Larkey 利用 KNN 算法研究了基于美国专利分类体系(United States patent classification，USPC)的专利自动分类[49]。

虽然基于专利分类号进行分类具有统一规范的特点，但是用专利分类号描述技术过于宏观和宽泛，无法深入专利文献包含的技术细节，不能反映专利特有的“技术问题—技术方案”信息，也不能满足特定领域的用户需求。

2. 基于个性化分类体系的专利自动分类

专利分类号系统对技术描述过于宽泛，难以满足特定目的的技术挖掘需求，因此，基于个性化分类体系的专利自动分类是专利分类的研究重点。基于个性化分类体系的专利自动分类是从专利效果、企业研发技术定位、特定领域等不同角度出发建立个性化分类体系，通过采用从文本中抽取特征关键词等方式，建立个性化分类体系并对专利进行分类[50]。这种分类方式充分考虑到了特定领域的专利分类特点，更能体现该领域的技术特征。Falasco 基于 USPC 研究了根据产品的功能与效果对专利进行分类的方法[51]。Teichert 和 Mittermayer 提出了基于专利的五个功能类别进行专利自动分类的方法[52]。郭炜强等利用 IPC 作为领域知识，从专利文本中抽取特征关键词进行专利自动分类研究[53]。Kim 和 Choi 对专利文档知识结构进行了重新组织，将其分为技术领域(technological field)、目的(purpose)、方法(method)、权利要求(claim)、解释(explanation)、实例(example)六个部分，并在此基础上对专利进行分类[54]。Lai 和 Wu 在 IPC 和 USPC 基础上，提出了应用于企业研发技术定位的专利分类方法[55]。胡正银等结合术语清洗与主题模型，研究了自动构建个性化专利技术知识组织体系的方法，在此基础上实现了对专利的自动分类[16,17]。

3. 基于 TRIZ 的专利自动分类

TRIZ 是一套系统性的发现问题及寻找解决方法的理论体系。对于想借助 TRIZ 理论进行发明创新的专利检索用户，除了专利所蕴含的传统信息外，更希望了解已有专利采用了哪些发明原理解决了什么矛盾冲突[56]。基于 TRIZ 的自动分类是根据 TRIZ 理论中的发明原理或技术难题进行分类，目的是帮助用户寻找利用了相似的发明原理或者解决了相似技术难题的专利，这些专利在技术领域上可能相差很远，分布在不同的分类号体系中[57,58]。基于 TRIZ 的专利自动分类可以大大加快人们创造发明的进程，并且得到高质量的创新产品，提高专利利用效率[50]。

Tong 系统研究了基于 TRIZ 中 40 条发明原理的专利自动分类，研究内容包括：选取 6 条发明原理，利用贝叶斯、支持向量机、KNN 与决策树算法进行小规模专利自动分类[58]；分析 40 条发明原理之间的相似性，将其重新分为 22 个新类[57]；通过分析发明原理的专利句法信息，归纳其相应的句法与语法模式，基于关联规则来进行面向发明原理的分类[59]。国内也开展了类似研究，梁艳红等根据 40 条发明原理的英文注释，将其分为显性发明原理与隐性发明原理（显示发明有标志性的关键词），并对显性发明原理进行自动分类[60]。翟继强和王克奇依据发明原理，探索了中文专利自动分类[56]。

构建分类体系是自动分类的基础与前提。目前，专利自动分类研究重点是构建个性化分类体系。面向个性化分类体系的专利自动分类中，数据分布往往不平衡，如果直接利用传统分类模型进行分类，准确率普遍较低。非平衡数据集分类问题是专利自动分类中的技术难点与关键点[16]。

总之，专利自动分类是一种宏观或中观层面的技术挖掘，分类体系是其基础与前提。现有研究的重点是根据 TRIZ 应用需求，构建个性化分类体系来对专利进行分类。

### 1.2.3 其他专利技术挖掘应用场景

1. 技术主题聚类

聚类是一种无监督学习，不依赖先验知识对数据进行归类划分。聚类算法将数据对象分为若干个簇，使得同一个簇的对象具有较高相似度，而不同簇的对象具有较大的差异度[61]。通过对技术主题聚类，专利文献蕴含的技术内涵能够更加简洁、有效和准确地展示出来，被用户充分理解[43,61]。目前，专利技术主题聚类的算法大多是数据挖掘领域的一些成熟算法或者经过微调和改进后的算法，如 *K*-means（*K* 均值）聚类、层次聚类、基于网格的聚类算法、多维度分析和自组织映射等[43,61]。

在专利技术挖掘中，很少对专利本身进行聚类，更多是对包含的技术主题进行聚类。通过聚类算法将专利文本聚为类簇，每个类簇表示一个技术主题，进而有效分析技术主题。根据聚类目的不同，技术主题聚类可分为三种：揭示技术主题分布、基于技术主题聚类的应用、研究技术主题之间的关系[43]。Tseng 等对技术主题聚类进行了系统研究，归纳出如下流程：关键词选取、权重计算、相似度计算、聚类算法选择、多步骤聚类、生成聚类簇标签、对聚类结果进一步分组等[62]。Kim 等在关键词聚类的基础上，计算关键词在不同聚类簇之间的数量分布，结合专利申请时间，分析出代表新兴技术的关键词[63]。技术主题聚类是一种中观或微观层面的专利技术挖掘。

2. 技术创新路径识别

在技术创新活动中，研究人员对现有技术及理想技术都有明确的界定。技术创新路径是企业、产业已经走过的和将要走的技术创新过程和技术发展轨迹，对技术创新路径的选择本质上是一种对未来创新和技术发展的预测[64,65]。技术创新路径识别的目的就是通过分析现有技术到理想技术之间所有可能的技术路径，挖掘出一系列可行性或创新性较高的技术路径，为研究人员提供参考。对技术创新路径的识别通常是利用语义 TRIZ 对现有技术、理想技术进行可计算的知识表示，结合其他知识库系统，计算每一条技术路径的代价，推荐较优技术创新路径[43]。技术创新路径识别是一种微观层面的专利技术挖掘。

3. 核心专利判别

目前，核心专利还没有一个统一的定义。综合来说，核心专利是在某一阶段的特定领域内，在技术水平上具有先进性与不可替代性，在技术影响力上具有持续性，并且能够带来可观的市场价值与经济收益的一类专利[66]。核心专利技术的识别在技术研发与商业竞争中均具有重要的意义[67]。现存多种核心专利判别的方法，包括专利指标频次统计法、专利指标体系法等[68]。通过构建核心专利评价指标体系，可以有效判别技术领域潜在的核心专利。核心专利有多种选取指标，可从专利的技术特征、市场特征、法律特征出发构建指标体系[69]。语义 TRIZ 从具体技术特征的角度提供了判断标准，如果某专利解决的技术问题或提供的技术方案是很多其他专利的基础，那么该专利就有可能是较核心的专利[32]。核心专利判别是一种微观层面的专利技术挖掘。

4. 热门专利预测

核心专利判别是利用已有数据并根据一定指标体系来判断该专利是否重要，而热门专利预测是一种对专利未来应用前景的预测，两者有一定的相关性，但没有必然联系。按照现有指标体系的标准，未来有可能成为热门的专利不一定是核心专利。从技术角度看，专利热门与否的评价指标之一是该专利解决的技术问题或提供的技术方案在未来有没有可能大量被其他专利借鉴使用。通常将预测模型与语义 TRIZ 结合起来，实现从技术角度对专利的应用前景进行预测[32]。热门专利预测是一种微观层面的专利技术挖掘。

5. 技术跨界应用分析

技术跨界应用分析是一种对技术扩散情况的挖掘与研究，主要目的是分析现有技术在其他领域被应用的潜力。技术跨界应用分析与热门专利预测类似，但它更多是从技术扩散的角度进行分析，关注技术被跨界应用的可能性，而不预测技术对未来的影响力[18]。语义 TRIZ 是研究技术跨领域应用的一种主要方法，例如王晓宇等通过引入语义 TRIZ 中的知识发现理论，从专利摘要中抽取 SAO 结构，描述技术知识跨领域的应用现状[70]。技术跨界应用分析是一种中观或微观层面的专利技术挖掘。

#### 6. 技术趋势分析

技术趋势分析是技术预测场景之一。技术预测是指在具体的框架范围内分析技术发展的条件和潜力，对技术的现状和发展进行持续的观察研究，从而初步确定技术的未来应用领域和前景，评估其潜能[64]。技术趋势分析根据技术的发展历史、已有的发展路线、现状以及规律假设(技术发展惯性假设：未来仍按过去的趋势发展)进行分析，预测未来技术发展的趋势。它通常与技术生命周期理论等结合应用。技术趋势分析是一种宏观或中观层面的专利技术挖掘。

#### 7. 颠覆性技术识别

自 20 世纪 90 年代颠覆性技术概念提出后，围绕颠覆性技术各个方面的研究相继展开。科学文献和专利承载了作为相关技术领域的科学研究和技术创新活动的大量信息，对科学文献或专利文献的计量分析可以实现对颠覆性技术的有效预测[71,72]。

作为技术创新活动成果的主要表现形式，专利文献解决“做什么及怎么做”的问题[73]。基于专利挖掘的颠覆性技术识别方法的主要思路是从包含技术信息的相关专利文献中获取颠覆性技术信息，达到识别预测的目标，属于偏定量分析。它的优势是专利数据易于获得、客观规范，并且是与颠覆性技术最为相关的信息源；不足之处在于相关分析方法有待深入和完善。当前这类方法主要应用在发光聚合塑料、3D 打印、大数据、比特币、云技术、物联网、慕课、社会媒体、太阳能光伏、射频识别、汽车锂电池、智能手机等领域[71,72,74,75]。

纵观已发表的相关研究，基于文献计量的识别预测方法在颠覆性技术识别预测领域具有较大潜力[71,72]。

#### 8. 面向 TRIZ 的智能检索

随着专利数据的不断增长，越来越多的研究开始转向如何快速、准确地检索出所需要的专利。传统专利检索主要是基于关键词与专利分类号的布尔匹配检索，存在表达差异和缺乏推理的问题，检索难度较大，检索结果不准确[76]。面向 TRIZ 的专利智能检索则可基于专利的具体技术主题，例如，对采用的技术方案、解决的技术问题进行语义检索；帮助用户快速发现同类专利[12,32]。此外，TRIZ 理论本身提供了一种专利技术分类的思路，有助于建立新的专利检索系统[77]。面向 TRIZ 理论的专利检索系统扩充了专利的检索条件，不仅包含了传统的检索条件，也丰富了相应的“技术矛盾”、“发明原理”类的检索条件[78]，是一种微观层面的专利技术挖掘。

## 1.3　存在的问题和挑战

专利技术挖掘的对象是专利文献包含的技术信息。所谓专利技术信息是指专利文献中某一技术领域内与发明创造相关的内容，它是专利信息中最核心的内容[4,12]。归纳起来，它可以分为人员机构信息（who）、时间信息（when）、地域信息（where），以及技术内涵（what）、实现途径（how）和研发动机（why）六大类[12,15]，见图 1.1。这些技术信息的一部分以显性信息的方式存在于专利文献著录项中。例如，“who、when、where”信息就可以直接从专利文献的“发明人、专利申请或公布日期、专利权人”等著录项中找到，而“what、how、why”信息通常以隐性信息的方式蕴含在专利文本中，如专利文献的题名、摘要、说明书全文[3,12]。

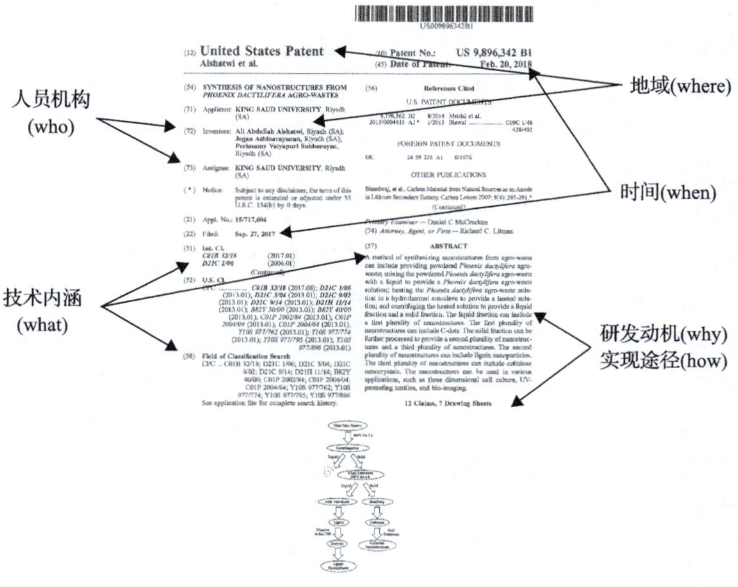


图 1.1　专利技术信息示意图[12,15]

专利技术挖掘的目的是通过规范有效的专利数据组织方法和文本挖掘技术，将隐含在专利文献中有价值的技术信息显性化、知识化，使其符合 FAIR（findability, accessibility, interoperability, and reusability，可找寻、可访问、可交互和可再用)原则，为科研人员进一步利用和发明创造提供更好的服务[12,14]。目前，分析专利显性技术信息的方法论与技术手段都比较成熟，而分析“what、how、why”类型的专利隐性技术信息则是目前研究的重点与难点[12]。本书所探究的专利技术挖掘方法正是对专利文本中隐性技术信息的挖掘。

进一步，专利隐性技术信息中的“what”可理解成专利包含的技术问题(problem)信息，“how”可理解成解决专利技术问题的技术方案(solution)信息，而“why”则可理解成专利的实现技术功能(function)与达成的技术效果(effect)信息[3,12,16,79]。这些信息大都以非结构化的形式隐藏在专利文本之中，对其挖掘可分为四个层次：首先，对基础语义单元进行抽取，即从专利文本中抽取出一定结构的信息单元作为分析的基础语义单元，常用的基础语义单元包括关键词、SAO 三元组等。其次，对基础语义单元进行结构化组织，即通过分析基础语义单元之间的关联、共现等关系，生成一些更高层级的技术维度，并将它们以知识组织体系的形式组织起来，使之可计算。再次，对各个层级的技术维度进行语义化表示，即给各个技术维度贴上相应的语义标签，使之可理解。最后，将这些被结构化组织、语义化表示的技术信息应用于具体的技术挖掘场景中[12,79,80]。前三个层次属于信息分析与组织，后一个层次属于信息具体应用。

针对专利隐性技术信息的挖掘，研究人员已经进行了广泛深入的研究，并取得丰硕的成果，语义 TRIZ 就是其中的重要成果之一。语义 TRIZ 是一种面向 TRIZ 应用的语义索引，是一种特殊的知识组织体系[12,79,81]。它采用现代语义技术，运用数据挖掘算法，对专利技术信息进行统一揭示与语义关联，为专利技术挖掘提供高质量的基础数据支撑[12,16,79,81]。然而，目前语义 TRIZ 由商业公司主导。虽然商业语义 TRIZ 已部分解决上述问题，并广泛应用于各种专利技术挖掘场景之中，但其研究与应用还存在一定局限性。具体表现如下：首先，从体系结构角度来看，商业语义 TRIZ 的体系结构仅涵盖信息抽取、结构化组织、语义化表示、技术挖掘应用四个层次中的某一个或几个层次，其专利技术信息的组织结构较简单，技术信息索引的维度较单一。其次，从构建方式角度来看，现有研究以自然语言处理技术为主，较少引入机器学习等数据挖掘方法来构建语义 TRIZ 应用。因此，商业语义 TRIZ 的技术信息索引粒度较粗、准确度低。再次，从服务方式角度来看，商业语义 TRIZ 面向所有技术领域，提供通用的信息检索服务。因此，其所提供技术信息层次较浅、缺乏个性化。最后，商业语义 TRIZ 产品使用费用昂贵，应用范围受限。

总之，语义 TRIZ 可深入揭示专利的隐性技术信息，实现专利技术信息的深度挖掘与利用，促进技术创新。因此，进一步深入研究如何基于语义 TRIZ 来高效、准确地挖掘出专利文献中的隐性技术信息，并对这些信息进行结构化组织、语义化表示，使其可定量化计算，对支持个性化的深度专利技术挖掘意义重大。

# 第 2 章　专利技术信息知识表示与知识组织

分析专利文献中的隐性技术信息，对其进行结构化组织与语义化表示，是专利技术挖掘的基础与前提。语义 TRIZ 是一种挖掘专利隐性技术信息的方法，可认为是一种特殊的专利信息知识组织体系。对专利技术信息进行知识表示与知识组织的技术还包括专利分类号、专利本体、向量空间模型等。本章首先介绍专利分类号、专利本体、向量空间模型三种专利知识表示的相关技术。然后，对 TRIZ 理论体系进行概述性介绍。最后，对语义 TRIZ 的诞生背景、关键概念与关键技术、典型商业产品以及其研究现状与挑战进行介绍。其中，专利分类号、专利本体、向量空间模型是语义 TRIZ 的比较对象；TRIZ 理论是语义 TRIZ 的基础，而语义 TRIZ 是本书研究与应用的核心内容。

## 2.1　专利技术信息知识表示相关技术

专利技术信息的知识表示是利用语义或文本表示技术，从非结构化的专利文本中抽取出结构化信息来表示专利内容[16]，它是基于文本的专利技术挖掘的基础与前提。专利知识表示相关技术包括专利分类号、专利本体、向量空间模型等[16]，现分别介绍如下。

### 2.1.1　专利分类号

专利分类号是专利文献的重要标识之一。它以分类树的方式对专利技术信息进行组织，可以帮助有效整理和组织专利文献，合理划分专利的技术范围，快速查找相关专利文献等[24,82]。专利分类号系统规模庞大，由政府或国际知识产权管理机构牵头制定。目前，世界范围内的主要专利分类号包括世界知识产权（World Intellectual Property Organization，WIPO）组织牵头制定的国际专利分类号（IPC）、美国专利商标局制定的美国专利分类号（USPC）、欧洲专利局与美国专利商标局联合制定的联合专利分类号（cooperative patent classification，CPC）和日本特许厅的分类号（file index/file forming term，FI/F-term）等[16,83]。

1. 国际专利分类号

国际专利分类号（IPC）由 WIPO 负责编制、发布。通过 IPC，各国专利文献获得了统一的技术分类[84]。目前，IPC 已经发展到第八版，即 IPC8[84]。IPC8 由八个部组成，分别用八个英文字母表示：A. 人类生活需要；B. 作业、运输；C. 化学、冶金；D. 纺织、造纸；E. 固定建筑物；F. 机械工程；G. 物理；H. 电学[85]。IPC8 采用由高至低顺序转化的层级结构的分类形式，将不同技术领域的技术内容分解为部（section）、大类（class）、小类（subclass）、大组（main group）、小组（subgroup）五个层级，逐级形成完整的分类体系[44]。表 2.1 展示了分类号“H01F 1/01”的具体层级组织结构及其代表的技术内容[44]。

**表 2.1　IPC 分类号“H01F 1/01”的组织结构及技术内容[44]**

| IPC 层级 | IPC 代码 | 技术内容 |
|---|---|---|
| 部（section） | H | 电学（electricity） |
| 大类（class） | H01 | 基本电气元件（basic electric elements） |
| 小类（subclass） | H01F | 磁铁（magnets） |
| 大组（main group） | H01F 1/00 | 以磁性材料为特征的磁铁或磁性体（magnets or magnetic bodies characterized by the magnetic materials therefor） |
| 小组（subgroup） | H01F 1/01 | 无机材料组成的磁铁或磁性体（inorganic materials） |

IPC8 采用功能与应用相结合的分类原则，以功能性类目为主、应用性类目为辅[86]。该分类原则使得 IPC 更多反映专利技术信息的功能性内容，例如，IPC 中专门设有功能性类目“分离（B01D）”，具有“分离”功能的专利通常被分到该类目下，应用了“分离”技术方案或者解决“分离”技术问题的专利则被分到其他类目[86]。

IPC 是一个通用的技术分类体系，针对特定技术领域，存在分类体系较粗、更新不够及时等局限性。因此，欧美和日本等发达国家，根据本国或地区专利的实际情况，制定了单独的专利技术分类体系。

2. 美国专利分类号

美国专利分类号（USPC）始于 1873 年，是世界上历史最悠久的专利技术分类体系[87]。到目前为止，它包括 400 多个大类，15 余万个小类，是世界上最详细的专利技术分类体系[87,88]。

依据技术主题，USPC 将所有从属于该技术主题的美国专利文献及其他技术文献编排整理，形成一定数量范围的文献集合。USPC 也是按照功能原则进行分类，有大类和小类，大类描述不同的技术主题，而小类描述大类包含的技术主题的工艺过程、结构特征、功能特征，“大类、小类”组成完整的分类号，例如标识符“2/456”表示大类 2（服装）中的小类 456（身体覆盖物）。小类是 USPC 中技术主题的最小分组，小类多且细，变动频繁，每个季度大约有 5%的分类号被修订和更新[88]。USPC 与 IPC 的结构差异较大，给普通用户的使用带来不少困难，要求用户具有较高的专业知识水平且熟悉美国专利分类体系[88]。鉴于上述不足，2010 年 10 月，美国专利商标局与欧洲专利局宣布合作开发联合专利分类号（CPC），美国专利商标局承诺将在 CPC 实施之后逐步放弃 USPC[89]。

3. 联合专利分类号

由于多个分类体系之间存在交流不便、检索困难等局限，为了寻求标准统一、更加细化且兼容性更强的分类体系，欧洲专利局和美国专利商标局决定创建并实施 CPC 系统[24,89,90]。

CPC 以欧洲专利分类体系（ECLA）为基础，其分类原则与 IPC 基本保持一致，并结合了 USPC 中的商业方法细分类、交叉引用技术等内容，其目标是为专利公开文献制定一个通用的分类标准[83,91]。在体系结构上，CPC 与 IPC 类似，具有良好的层次性与可扩展性[90]。在内容上，CPC 加入了一些源于 USPC 的类目，如一些 USPC 分类里独有的类别和组等[90]。此外，CPC 还为日本专利分类号预留了空间[90]。

CPC 分类表包括主体部分（main trunk）和引得码（indexing code）。其主体部分采用了与 IPC 相同的分层结构，即包括部、大类、小类、大组、小组五个主要层级。CPC 共分为 9 个部，分别是 A～H 和 Y 部，A～H 部与 IPC 的 A～H 部相同，Y 部是 CPC 新增的一个部，用于容纳新技术和跨领域技术等[83]。

目前，CPC 分类号高达 26 万个，其最为突出的特点是分类条目更细[90]。可认为 CPC 是 IPC 的细分和扩展，它综合了多种专利分类体系的优点，已经被超过 45 个国家地区接受与使用[24]。

4. 日本专利分类号

日本专利的两大特征是数据量特别巨大、包含大量独有前沿技术[92,93]。鉴于 IPC 无法覆盖日本专利中包含的大量前沿技术，日本特许厅创立了自己内部专用的分类号系统。日本专利分类体系分为 FI 与 F-term 两种。

FI 是文档索引（file index）的简称。它是对 IPC 分类体系的进一步细分，将 IPC8 中 7 万多条类目细化到超过 19 万条，囊括 IPC 的分类和基于 IPC 的细分类。FI 使用与 IPC 类似的层级结构，涵盖了所有的技术领域和所有的专利文献[92,93]。FI 由 IPC 标识、文件细分类符号、文件识别符三部分组成。其中，文件细分类符号是对 IPC 的细分类，由三位数字组成。文件识别符是对 IPC 和 IPC 细分类号的进一步细分，由一位 A～Z 的英文字符表示，其中 Z 表示其他类别，用于表示那些不属于任何一个文件识别符表示的小组的主题，或者属于一个以上文件识别符表示的小组的主题[92,93]。FI 分类体系的结构如图 2.1 所示[93]。

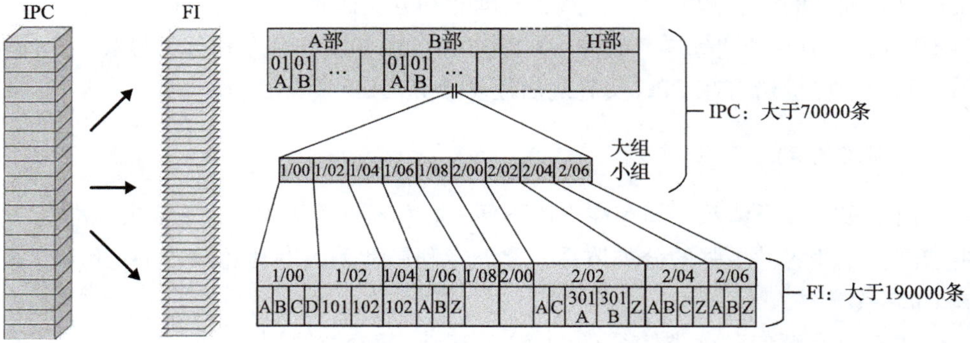


图 2.1　文档索引 FI 分类体系的结构[93]

F-term 是文档构成术语(file forming term)的简称。随着专利文件数目的增长以及不同技术的结合与复杂化发展，IPC 以及基于 IPC 细分的 FI 已经无法满足更高效的检索，因此日本特许厅设计了专门用于计算机检索的分类系统 F-term。F-Term 是一种面向分面检索的分类体系，从多个技术角度(如应用、功能、结构等)对 IPC 某一特定领域进一步细分或重分类，形成对专利的“立体”分类[92,93]。至今 F-term 分类系统已归类了大约 2600 个技术主题，其中约 1900 个技术主题已经被进一步扩展成了二维表的结构。F-term 是一种等级表，一个 F-term 分类号一般由“5 位主题代码+2 位观点号+2 位数字”构成。主题代码(theme code)代表专利所属的技术领域，观点号(view point)表示专利发明的用途、结构、材料、目的、制作方法等，最后两位数字是对观点号表征的技术特征的进一步细分[93,94]。F-term 分类系统对同一主题的多个 FI 组成的技术主题从多角度(观点)标引发明特征，使得 F-term 针对同一篇专利文献中的同一技术内容尽可能从不同角度给出分类号[93,95]。F-term 分类号的基本构成的应用举例如图 2.2 所示[93]。

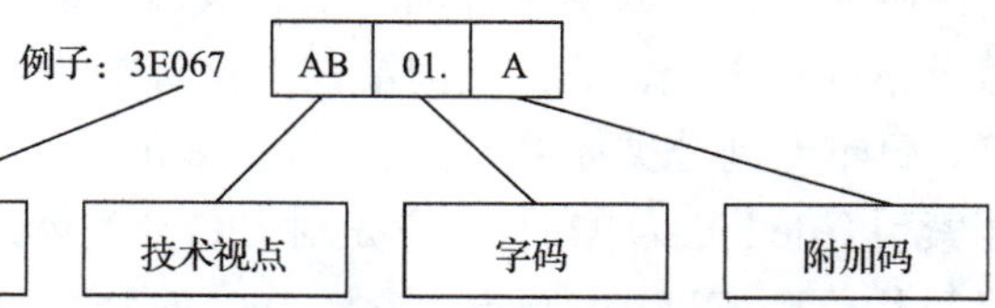


图 2.2　文档构成术语 F-term 分类体系举例[93]

FI 系统与 USPC、ECLA 类似，都是针对 IPC 的细化与扩展，使专利分类号覆盖更多高科技领域；而 F-term 系统的建立，则是源自多角度表征技术内容的需求。日本专利分类号系统最鲜明的特色是对每一条专利提供非常多的分类项，甚至高达 50 个[92,93]。它从尽可能多的视角给出分类号，满足多元检索需求[92,93]。

### 2.1.2　专利本体

专利分类号主要通过层次关系来对专利技术信息进行组织，而本体是一种功能更强大的知识组织方式，可以构造丰富的概念间语义关系。本体作为一种语义网发展下的新型知识表示方式，将知识扩展到语义层次上[96]。本体构建的主要任务是获取概念性知识和抽取知识之间的语义关系[97]。

利用本体来描述专利技术信息，除知识概念之外，还包含了知识之间的语义关系，可更全面、更深入地对技术信息进行知识组织，以支持深度技术挖掘[98]。根据 Giereth 等的研究，专利本体可分为三个子本体：专利元数据本体、专利内容本体、专利知识组织体系本体[98]，如图 2.3 所示。其中，专利元数据本体与专利内容本体数据来自原始专利文献数据。专利元数据本体存储专利文献元数据信息，如专利权人、发明人等；专利内容本体存储专利文本信息，如专利权利要求(独立权利要求、从属权利要求)、专利摘要等；专利知识组织体系本体数据来自对专利文献关键词抽取组成的知识分类体系，是从原始专利文献中抽取出来的隐性知识，为进一步技术挖掘提供基础[98]。

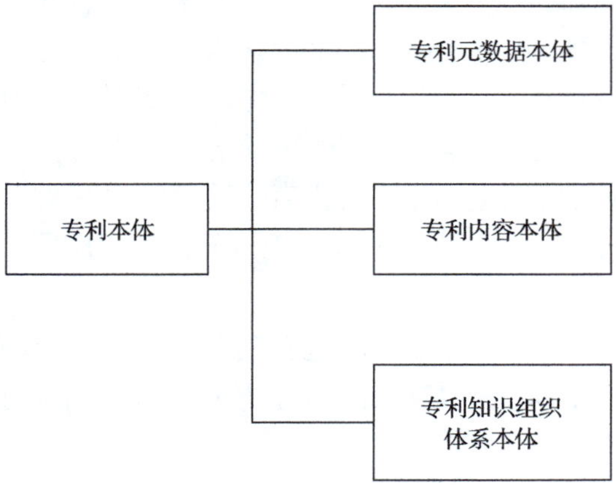


图 2.3　专利本体结构[98]

专利本体的构建流程是先通过广泛的专家咨询定义出一个全面的专利本体结构来对专利进行知识描述，然后将专利文献中的相关信息映射成专利本体中的实例[98,99]。

现有专利信息库中，很多产品的术语描述不统一，部分企业为了达到专利审查要求的新颖性与创新性，将同一种产品冠以不同的名称，如绿色空调、环保空调、健康空调等。使用专利本体可以很好地解决表达不统一的问题，采用“关联本体”可以把同一个概念的不同描述统一起来，用函数进行映射[96]，这是专利本体的一种应用。

专利本体最典型的研究项目是 PATExpert。它的目标是通过构建全面、规范的本体来对专利信息进行全方位语义表示，以支持语义层面上的专利信息分析与利用[98,99]。PATExpert 的核心本体包括专利元数据本体、专利结构本体、专利内容本体与专利图例本体[98,99]。PATExpert 是一个有大量专家参与的庞大的专利知识工程项目。此外，还有一些针对特定领域应用的专利本体研究，如 IBM 公司的研究人员利用本体对生物医药类专利建模，开发了 BioPatent Miner 系统，实现了基于生物医药术语与关系的语义检索[100]；Ghoula 等通过构建本体来对专利进行语义标注[101]；姜彩红等利用本体对中文专利摘要进行抽取，为构建专利知识库提供基础语料[102]。

总之，专利本体的优点是可以多层次、多角度揭示专利技术信息及其之间的语义关系。但其缺点也显而易见，在现有技术条件下，构建专利本体需要大量领域专家参与，人力成本和时间成本昂贵[32]。

### 2.1.3 向量空间模型

专利本体可以深入地揭示专利技术信息，对其进行语义关联。但是专利本体的构建是一项庞大的知识工程，费时费力，不能满足个性化专利技术挖掘的敏捷性要求。向量空间模型(vector space model，VSM)作为一种经典的文本表示模型，可以用于快速揭示专利技术信息。向量空间模型将各种信息对象如文档、技术、概念、术语、检索等简化为向量空间的特征向量来进行计算，对文本进行信息处理后，通过计算文本在空间上的相似度来表达语义的相似度[103]。向量空间模型因其简单易懂的表示过程、成熟多样的算法工具而被广泛应用于文本检索和文本挖掘领域[104]。

采用向量空间模型来对专利技术信息进行揭示，最简单的方法是将专利文档直接表示成关键词权重向量。该方法本质上是对专利文档进行基于关键词的语义索引。具体过程如下：

对给定专利文档集 $D=\{d_i\}(i\in[1,n])$，从专利文档集中抽取一定量的关键词作为特征词。定义特征词集合为 $K=\{k_j\}(j\in[1,m])$，那么专利文档 $d_i$ 可以表示成[105]

$$d_i = w_i \cdot K \tag{2.1}$$

式中，$w_i=(w_{i1},\cdots,w_{ij},\cdots,w_{im})$，$w_{ij}$ 表示第 $j$ 个特征词 $k_{ij}$ 在专利文档 $d_i$ 中的权重。

基于关键词权重向量的专利文本表示方法在专利技术挖掘中得到了广泛应用。例如，Yoon 和 Park 研究以关键词向量为基础，绘制专利技术关联图[106]；Lee 等同时用关键词向量表示产品资料、科技论文和专利文献，通过关键词在三种文献中的分布，制作了基于关键词的技术路线图[107]；Kim 等研究了基于关键词向量的专利聚类及可视化方法，并用于新兴技术的预测[63]。

总之，利用 VSM 来揭示专利技术信息具有成熟易用、可操作性强的优点。针对特定技术领域，可快速以关键词的形式揭示专利技术信息。但由于关键词通常是名词或名词词组，相互之间缺乏语义关系，所以基于关键词的向量空间模型不能描述专利技术信息之间的语义关系，难以应用于深层次的专利技术挖掘[43]。

### 2.1.4　比较分析

对专利分类号、专利本体、向量空间模型三种专利知识表示技术进行比较分析，具体结果见表 2.2[43]。

**表 2.2　三种专利知识表示技术比较[43]**

| 比较指标 | 专利分类号 | 专利本体 | 向量空间模型 |
| --- | --- | --- | --- |
| 表现形式 | 专利分类号系统 | 专利本体 | 关键词向量 |
| 模型复杂度 | 非常复杂 | 复杂度由专利本体结构决定 | 简单 |
| 语义关系 | 上下位层次结构 | 丰富、个性化 | 无 |
| 构建难度 | 非常复杂，由大量专家人工构建 | 复杂，构建工程量巨大 | 简单、易操作 |
| 研究现状 | 由专利主管部门或商业公司构建 | 公开报道少，多为面向具体知识库的应用 | 研究应用较少 |
| 研究热点 | 联合专利分类号 | 构建个性化专利本体 | 中观、宏观层面技术路线图分析 |
| 优点 | 权威、规范、技术覆盖面广 | 多层次、多角度揭示技术信息 | 简单、成熟易用 |
| 缺点 | 技术领域宽泛，没有反映 TRIZ 技术特性 | 需要大量专家参与，费时费力 | 缺乏语义关系 |
| 适用的技术挖掘层次 | 宏观、中观层面技术挖掘 | 微观层面技术挖掘 | 宏观、中观层面技术挖掘 |

从表 2.2 可看出，每种专利知识的表示方法均存在一定的优点和缺点。专利分类号虽然是由特定机构指定，具有权威、规范、技术覆盖面广的优势，但它对技术领域描述过于宽泛，没有反映专利特有的 TRIZ 技术特性。因此，专利分类号一般用于宏观或中观层面的技术挖掘，如专利自动分类、技术主题聚类等，不适用于针对特定技术领域的专利技术挖掘。从理论上看，本体是专利技术信息的最佳组织形式。专利本体可以多角度、多层次对专利技术信息进行深入揭示与语义关联，但构建专利本体是一项周期长的知识工程，不能满足专利技术挖掘的敏捷性要求。基于关键词的向量空间模型具有成熟易用、可操作性强的优点，可以针对特定技术领域，快速揭示专利技术信息，但它不能描述专利技术信息之间的语义关系，难以应用于深层次专利技术挖掘，不适用于微观层面的专利技术挖掘。

## 2.2 TRIZ 理论

TRIZ 理论是一门在技术系统演变的客观规律基础上，关于指导创造性地发现问题和解决问题的创新方法学[108]。借助 TRIZ 理论，人们能够打破思维定式，拓宽思路，准确发现产品或系统中存在的问题，高效地找到创新性技术方案[108]。目前，TRIZ 理论已经广泛应用于各个学科领域的发明创造与辅助创新中，成为创新方法体系的重要内容。

### 2.2.1 TRIZ 理论的形成

TRIZ 是苏联发明家阿奇舒勒创立的一套解决发明问题的综合理论体系。阿奇舒勒认为，人们在进行发明创造和解决技术难题时，会遵循一种客观存在的科学方法与原则[29,109]。自 1946 年开始，阿奇舒勒带领一批学者开始分析专利文献，经过 50 多年对全世界 250 多万件发明专利的搜索、分析、研究、整理、归纳，发现了各种技术发展进化遵循的规则模式以及解决各种技术矛盾和物理矛盾的创新方法和原则[29,109]。阿奇舒勒等发现：第一，在解决发明问题的实践过程中，人们遇到的各种各样的矛盾以及相应的技术方案总是反复出现；第二，用来彻底而不是折中解决技术矛盾的创新原理与方法的数量并不多，一般科技人员可以通过学习掌握；第三，解决特定领域技术问题的最有效的原理与方法，往往来自其他并不相关领域的科学知识和经验[29,110]。因此，基于所归纳的原则，并综合多学科领域的原理和法则，阿奇舒勒等最终建立了一套基于知识的解决发明问题的系统性方法[29,109,111]。

TRIZ 理论旨在研究人类在进行发明创造和解决技术难题的过程中所遵循的科学原理和法则，它的前提是技术进化和发明创造并不是一个随机的过程，而是具有一定规律性[21]。

### 2.2.2 TRIZ 的基本概念

TRIZ 理论中涉及矛盾、技术系统、理想度等概念，这些概念贯穿于整个 TRIZ 理论体系，是理解 TRIZ 的基础。

1. *矛盾*

阿奇舒勒认为，矛盾(contradiction)普遍存在于产品设计当中，它是指由于系统内所需特征明显不兼容而引起的问题或冲突，解决矛盾即可解决问题[29,109,111]。TRIZ 研究的矛盾主要分为技术矛盾和物理矛盾。技术矛盾是指技术系统中两个参数之间存在相互制约，即某些发明问题是两个或多个元素之间的矛盾，改进其中一个元素的参数，会引起另一个参数的恶化。例如，桌子的面积和重量是一对技术矛盾，拓宽桌子的面积会导致桌子重量增加[108]。而物理矛盾是一种内在矛盾，当技术系统中同一工程参数具有相反的需求时，就会存在物理矛盾。例如，雨伞尺寸大有助于防雨，但是又不能太大，否则会因为非常笨重而不方便携带，即雨伞的尺寸要求(用于防雨的大伞和用于方便的小伞)构成物理矛盾[109,111]。

2. 技术系统

技术系统(technical system)是一种由物质组件组成，为满足人们需求而实现某种功能的系统[29,109]。任何一个技术系统都包括一个或多个子系统，每个子系统既可执行自身功能，也可分为更小的系统。这些技术系统的发展通常都遵循一定规律性[29,109]。在 TRIZ 中，最简单的技术系统由两个元素以及两个元素间传递的能量组成。例如，“汽车”由“引擎”、“换向装置”和“刹车”等子系统组成，而“刹车”又由“踏板”、“液压油”等子系统组成。所有的子系统均在更高层系统中相互连接，任何子系统的改变都将影响到更高层系统，解决技术问题时，常常需要考虑子系统与更高层系统之间的相互作用[112]。

3. 理想度

阿奇舒勒提出了理想度(ideality)的概念。理想度来源于一个所有部分均以最大的能力运行的“理想机器”。这种“理想机器”状态也被称为 IFR(the ideal final result，理想的最终结果)[109,111]。TRIZ 的一个基本的观点就是“系统是朝着不断增加的理想状态进化”。这样的理想状态具有不消耗材料、不消耗能量、不占空间、没有经济成本等特性。

理想度是对技术系统能够达到的最佳状态的程度的度量，为系统向用户提供的收益之和除以交付这些收益的成本之和与其他可能发生的负面影响之和[109,111]，其计算方式如下：

$$\text{Ideality} = \frac{\sum \text{Benefits}}{\sum \text{Costs} + \sum \text{Harms}} \tag{2.2}$$

技术系统向提高理想度的方向进化是最重要的一种进化模式[113]。利用 TRIZ 解决问题的目标就是提高理想度，即推动系统向理想解的方向发展。通过理想度来定义问题的最终理想解的方式，既能够保证问题的解决过程具有明确目标且获得最终的理想解[113]，同时也能保证技术系统中现有的资源得到最大化的利用[112]。

4. 资源

TRIZ 理论认为，任何没有达到理想状态的系统都有可用资源(resource)。这些资源可分为八类，包括自然资源、时间资源、空间资源、系统资源、物质资源、能量/场资源、信息资源和功能资源。从问题解决角度又可分为系统内资源和系统外资源两类。对资源进行分类、详细分析并深刻理解是解决创新问题的有效途径[113]。

### 2.2.3 TRIZ 的体系结构

TRIZ 是一种基于经验总结的通用的创新方法体系。依托自身具备的不同专业技术知识，人们可以借助 TRIZ 的理论和工具进行分析，从而产生新的创新思路并解决发明创造过程中的问题。经过数十年的发展，TRIZ 理论已经形成了以技术系统演进规律为核心的庞大理论体系。基于原理与法则，阿奇舒勒及其研究团队提出了一系列的解决工具，这些工具为创新理论的软件化提供了基础，从而为 TRIZ 的实际应用提供了条件[108,112]。

依据这些原则和工具的不同功能和性质，可以将其大致分为三类：TRIZ 的理论基础、分析工具、知识数据库[112]。其中，TRIZ 的理论基础对于发明创新具有重要指导作用，以技术系统八大进化法则为核心；分析工具是 TRIZ 用来解决矛盾的具体方法或模式，它们使 TRIZ 理论在实际中得以应用，其中包括用于解决技术矛盾的矛盾矩阵、物-场分析模型、发明问题解决算法（algorithm for inventive problem solving，ARIZ）、九屏幕法等；而知识数据库则是 TRIZ 理论解决矛盾的精髓，包括 48 个工程参数、40 条发明原理、76 个标准解决方法、科学和技术知识效应库等[112]。图 2.4 展示了 TRIZ 的体系结构，该框架主要由矛盾、资源、演化模型、工具和创新原理等技术方案知识库构成[114]。

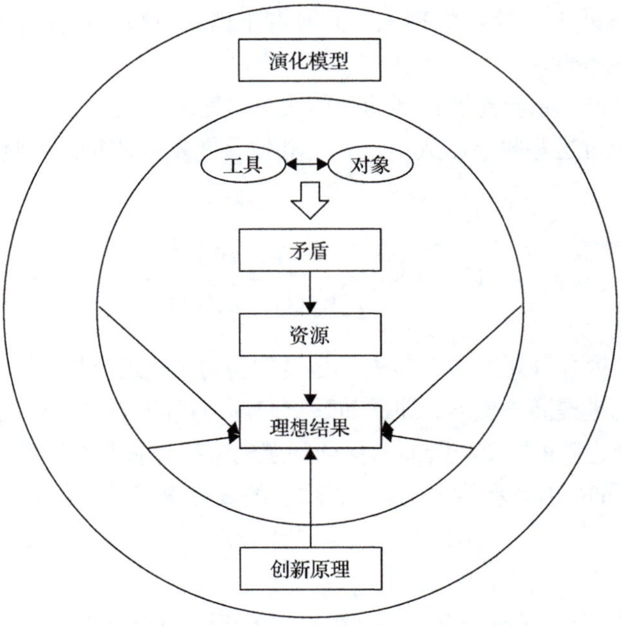


图 2.4　TRIZ 理论体系结构图[114]

1. 矛盾与创新原理

矛盾与创新原理是 TRIZ 理论的核心内容之一。辩证法认为，矛盾无处不在，是事物发展的基本动力，TRIZ 理论的矛盾概念也源于此。经典 TRIZ 理论认为矛盾是推动技术系统不断前进的动力，发明创新的核心就是发现问题、解决矛盾[115]。矛盾指发明中待解决的各种技术问题，阿奇舒勒等将其抽象归纳成为 1201 个标准工程问题。解决这些矛盾冲突的技术方案也经常在不同技术领域重复出现，它们被抽象归纳成 40 条创新原理[58,115]。这 40 条发明创新原理是解决技术矛盾和物理矛盾的概念技术方案，按照这种方法，可以通过定义需要解决的矛盾并综合考虑应用哪一条发明创新原理来克服问题中的“矛盾”。经典 TRIZ 中 40 条创新原理见附表一。

经典 TRIZ 中的矛盾与创新原理本质上是对专利中隐性技术信息进行揭示与归纳，形成新的显性知识[58]。这些知识可帮助研究人员快速发现采用了相似技术方案或解决了相似技术问题的专利，促进专利信息的有效利用，辅助技术创新。研究人员利用矛盾与创新原理的标准流程如图 2.5 所示。首先，研究人员找出现有技术问题中存在的具体技术矛盾；其次，根据技术创新规则将具体技术矛盾转化成抽象的、标准的 TRIZ 矛盾；再次，利用 TRIZ 工具，如矛盾矩阵表，找出该 TRIZ 问题的抽象解，即对应的创新原理；最后，将抽象技术方案具体化，用于解决具体技术问题[116]。

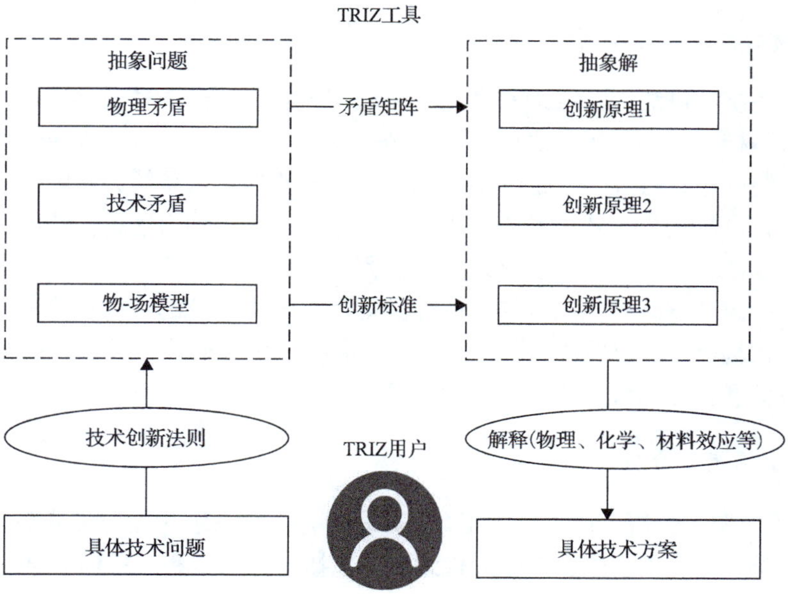


图 2.5　TRIZ 解决问题方法模型[116]

2. 矛盾矩阵

矛盾矩阵是一种解决技术矛盾的重要工具。最新的矛盾矩阵将 48 个通用工程技术参数和 40 条发明创新原理联系起来，是一个 48×48 的矛盾矩阵[117]。矩阵第一列是 48 个需要改进的技术参数，第一行是 48 个引起恶化的技术参数，行与列之间的交叉处构成了技术矛盾，交叉处单元格中列出了解决对应技术矛盾的最有效的创新原理编号。当针对具体问题确认了一个技术矛盾后，根据对矛盾的描述选择通用工程技术参数，参考参数在矛盾矩阵中的位置，选择可用的创新原理消除矛盾[113]。矛盾矩阵是解决技术矛盾的主要工具，通过使用矛盾矩阵，人们可以快速、准确地识别出技术矛盾并找到解决技术矛盾的可能创新原理。表 2.3 为矛盾矩阵的一部分，其中，“运动物体的长度”是恶化参数之一，“运动物体的面积”是优化参数之一，这两个参数之间产生矛盾，推荐的解决原理为第 4、14、15 和 16 条创新原理。完整的 TRIZ 技术矛盾矩阵见附表二。

**表 2.3 技术矛盾矩阵(部分)**①

| 恶化参数 / 优化参数 | … | 运动物体的长度 | … |
|---|---|---|---|
| … | … | … | … |
| 运动物体的面积 | … | 4, 14, 15, 16 | … |
| … | … | … | … |

3. 技术系统演进法则

技术系统演进法则是 TRIZ 理论的基础与核心。阿奇舒勒观察到技术系统和生命系统一样处于不断进化之中，并遵循一些独特的规律，这些规律性可以描述为技术系统的进化模式[29]。通过对发明、开发和改进技术系统方式随时间变化的研究，阿奇舒勒提出了八项基本技术系统进化法则，分别为完备性法则、能量传递法则、动态性进化法则、提高理想度法则、子系统不均衡进化法则、向超系统进化法则、向微观级进化法则和协调性法则[29]。技术系统的八大进化法则可以应用于研究市场需求、定性技术预测、进行技术和专利的布局等[108]，对提出高质量的技术方案和预测系统进化趋势十分重要。

4. 物-场模型分析

物-场模型是分析系统功能的工具，其原理为所有系统功能都可分解为两种物质和一种场，即一种功能由三个元件组成，包括两种物质和一种场。根据物-场模

① https://triz-journal.com/contradiction-matrix/

型可以对系统功能进行详细分析，如功能三元件是否完备，是否存在有害功能等[113]。基于物-场模型，阿奇舒勒提出了 76 个标准解决方法，从微观角度对复杂的技术问题进行建模[29]。

5. 发明问题解决算法

发明问题解决算法(ARIZ)是基于技术系统进化法则提出的一种通过识别和解决矛盾以找到创造性技术方案的算法，目标是解决非标准问题。该算法集成了 TRIZ 中的很多概念,采用一套逻辑过程将初始问题程序化,不断对问题进行细化,直到找出问题的技术方案[113]。ARIZ 是对创新问题的系统化思考，能够帮助使用者将初始问题暴露出来，从而找到相应的技术方案。随着时间推移，ARIZ 已经推出了多个版本，各版本之间差异在于设计步骤数目的不同。例如，ARIZ-85 包括九大步骤：分析问题、分析问题模型、陈述最终理想解和物理矛盾、动用物-场资源、应用知识库、转化或替代问题、分析解决物理矛盾的方法、利用解法概念、分析问题解决的过程[21]。

6. 科学和技术效应知识库

效应是指不同科学领域的一些自然规律，例如热胀冷缩是典型的物理效应。专利研究显示，很多创新方案是在特定工程领域内应用未使用过的科学效应而得到的[113]。为了帮助工程人员更好地应用科学效应以解决创新问题，TRIZ 创建了科学和技术效应知识库。阿奇舒勒与其同事以“从技术目标到实现方法”方式组织科学和技术效应知识库，在此基础上发明者可以先根据物-场模型决定需要实现的基本功能(技术目标)，然后从中检索出推荐的实现方法[112]。随着 TRIZ 理论的发展和扩充，TRIZ 吸收和采纳了众多领域已发现并且成功应用的科学和技术效应知识。通过对海量专利的分析、归纳和总结，经典 TRIZ 的科学和技术效应知识库包含了超过 2500 条科学和技术效应，技术系统最常见的功能共 30 余种，每种功能都有相对应的推荐科学和技术效应[81]。

### 2.2.4 TRIZ 的发展及应用

1. TRIZ 理论的发展与完善

随着技术的不断进步，经典 TRIZ 理论的缺陷不断暴露出来，其存在的问题主要有以下几点：①阿奇舒勒提出的经典 TRIZ 理论主要是通过分析工程领域的专利数据得来，能够较好地适用于工程领域，却甚少涉及非工程领域的问题，如管理矛盾等；②经典 TRIZ 理论存在理论较松散、结构过于复杂的不足，例如不同创新问题需要不同处理方式，但是对如何选择特定工具，TRIZ 未给出清晰的建议；③TRIZ 工具在使用过程中也暴露出一系列问题，例如现有通用工程技术参数和发明创新原理已不能很好地描述生命、信息技术、新材料、环境等领域的新技术要素[113,118]。

基于经典 TRIZ 理论，国内外大批 TRIZ 专家对其理论、工具所存在的缺陷进行了改进，使得 TRIZ 理论能够更好地用于解决各个领域的创新问题。例如，对于矛盾矩阵的改进，Creax 公司和 Ideation International 公司的科学家共同合作，分析 1985～2002 年的 15 万个专利后推出了面向工程技术领域的新的矛盾矩阵，新矛盾矩阵具有 48 个技术参数，能够与工程技术领域的问题产生更紧密的联系[119]。黄洪钟等使用 MATLAB 人工神经网络工具箱，将矛盾矩阵变换为一个三层反向传播（BP）人工神经网络模型[120]。

在物-场模型和 ARIZ 算法改进方面，RLI 公司针对物质-场模型的不完备性，提出了新物-场三元分析法 Triads[113]。此外，该公司简化了传统 ARIZ 问题的解决步骤，开发了八个问题解决算法，很大程度提高了生成技术方案的效率[113]。Yan 等对 TRIZ 的标准解进行扩展，并结合进化法则和发明创新原理，将扩展得到的 84 个标准解划分为七类，为进一步掌握和运用标准解提供了更加简约的方式[116]。

在技术进化系统改进方面，国内学者刘力萌等和刘晓敏等将 TRIZ 理论与其他理论方法结合，建立了产品创新概念设计过程模型，并实现了 TRIZ 矛盾解决原理与模糊前端阶段产品创新设计理论的集成[121,122]。张建辉等提出搜索产品进化潜力预测系统的方法，可以帮助企业快速了解产品的技术走向[123]。

### 2. TRIZ 理论的应用现状

随着 TRIZ 理论面向不同领域改进和发展，其应用范围也不断扩大。目前，TRIZ 理论已经应用于工程技术、商业管理、教育科学等领域。

在工程技术领域，邵云飞等构建了一种新产品设计与开发的新方法，将 TRIZ 理论与约束理论结合，应用于气囊设计中，并在工程实践中验证了该种方法的有效性[124]。Chiu 和 Cheng 利用 TRIZ 理论研究新型油漆材料，在 TRIZ 的技术方案基础上开发出了一种新的油漆[125]。杨培等将 TRIZ 理论引入专利分析中，基于技术成熟度预测分析，设计出了改良版的快递电动车[126]。

在经济管理领域，吕荣胜等通过引入 TRIZ 创新方法，结合公司战略及供应链相关理论提出了 BRP 的推进模式，开发了利用 TRIZ 再造企业关键流程、组织结构和企业文化模型的方法[127]。王君华和刘国新提炼和升华 TRIZ 理论，进而构建了面向 TRIZ 的企业内部协同创新系统的特征和条件[128]。邵云飞等利用 TRIZ 的原理和解决问题的思路，设计出基于 TRIZ 的有效求解企业管理冲突的流程优化模式[124]。

在教育科学领域，牛刚利用 TRIZ 工具来分析研究型大学的产学研创新问题，提出了产学研创新策略[129]。吴迪等借鉴 TRIZ 理论总结出了一种物联网工程专业实践教学体系，帮助提升物联网工程专业学生的创新实践能力[130]。张肃和邹晓红基于 TRIZ 理论，探索了我国当前大学生创新创业能力培养的模式[131]。

除了广泛应用于各个领域的发明创新，基于 TRIZ 理论的专利信息挖掘研究也引起国内外不少学者的关注和尝试。TRIZ 理论是以整个工程技术领域的深度知识为支撑的创新方法体系[132]。从 TRIZ 理论的角度来看，深度知识是适用于各技术领域的科学和技术效应、发明创新原理、技术进化等的知识，因此，基于 TRIZ 理论挖掘专利信息中的隐性知识可以为科技创新提供重要支持。Tong 等在研究 TRIZ 理论的基础上，开发了专利自动分类系统，提高了专利分类效率[58]。王克奇等将 TRIZ 理论与专利检索系统相结合，提高了专利检索的准确性[133]。张建辉等参考 TRIZ 的功能分析和技术进化法则，开发出面向企业专利挖掘和预测产品技术成熟度的软件[123]。Yoon 和 Magee 提出了一套基于可视化专利信息的技术形态分析方法，对 TRIZ 知识进行搜集和整理[134]。

### 2.2.5　面向 TRIZ 的专利技术挖掘

在 TRIZ 理论的发展过程中，大批学者对其不断进行优化和改进，已经形成了经典 TRIZ 和现代 TRIZ 两种体系结构。现代 TRIZ 完善了理论体系，改进了经典 TRIZ 理论的一些不足，“技术问题”与“技术方案”成为现代 TRIZ 体系的核心内容。

在科技创新活动中，一个专业领域面临的科学和技术问题可能在其他领域被解决或部分解决过，而这些技术方案通常蕴含在专利文献之中[135,136]。面向 TRIZ 的专利技术挖掘通过对专利文献中隐含的技术问题与技术方案等 TRIZ 技术信息进行揭示、挖掘与重新组织，以形成新的显性知识。这些知识可以帮助研究人员快速发现解决了相似技术问题或采用了相似的技术方案的专利，而这些技术问题或技术方案往往分布在不同的技术领域之中，这种跨领域的技术挖掘与知识发现对技术创新和科学发现具有重要意义[12]。

## 2.3　语义 TRIZ

### 2.3.1　语义 TRIZ 诞生的背景

专利数量日渐庞大，覆盖技术领域愈加广泛，直接利用 TRIZ 归纳标准技术问题与技术方案来进行技术挖掘存在较大缺陷。具体表现如下：①主要依靠分析机械、工程类专利得出结果，无法准确反映出信息技术、生命科学、材料科学等领域专利的特性。②从专利中总结出来的一般性原则与规律，难以直接映射到某一具体专利。③未能有效揭示出技术矛盾与创新原理之间的语义关系。④标准技术问题与技术方案长时间结构保持稳定，更新缓慢，难以描述目前新增海量专利的技术特征。

语义 TRIZ 正是在专利数量与覆盖技术领域都日益增长的背景下，对经典 TRIZ 进行的语义扩展。语义 TRIZ 最初由美国学者 Mikhail 在 2004 年正式提出[79]，其核心思想在于通过识别专利文本中的语义结构以深度理解专利的技术内涵。后来，美国发明机器公司将语义 TRIZ 作为商标进行注册，并用于其旗舰产品 Goldfire Innovator（一个面向 TRIZ 的技术挖掘与计算机辅助创新系统，以下简称 Goldfire）中[79,137,138]。

### 2.3.2 语义 TRIZ 的关键概念

目前学界尚没有关于语义 TRIZ 的统一规范与标准定义，现对语义 TRIZ 及其相关的关键概念阐述如下。

#### 1. 语义 TRIZ

学术界对语义 TRIZ 的通常看法是，它是一种面向 TRIZ 应用的语义索引、一种特殊的知识组织体系，并不是整个经典 TRIZ 体系的语义化。从表现形式来看，它是一种面向 TRIZ 应用的特殊知识组织体系；从技术方式来看，它对专利技术信息进行语义索引与知识表示；从构建目的来看，它对专利中隐性技术信息进行深度揭示与语义关联；从应用领域来看，它为专利技术检索、挖掘提供高质量的基础数据支撑。

#### 2. SAO 三元组

关键词大多是名词或名词词组，语义信息较弱、难以准确反映专利技术信息，尤其是主体与客体之间的动作、功能性信息，而这些信息恰好是专利技术挖掘关注的重点。鉴于关键词语义表示能力的不足，研究人员借鉴语义网中利用主语-谓语-宾语（SAO）三元组来表示知识元的思路，利用 SAO 三元组作为基础语义单元来表示专利的技术内涵。SAO 具有较丰富的语义表示能力、结构简单、抽取技术成熟等优点。基于 SAO 的专利技术挖掘已经成为研究的热点。SAO 结构是语义 TRIZ 的微观层技术维度，是整个语义 TRIZ 其他层面技术维度的基础。

#### 3. 技术问题与技术方案

技术问题与技术方案由经典 TRIZ 理论中的矛盾与创新原理发展而来，已成为现代 TRIZ 体系与语义 TRIZ 应用的核心内容。在语义 TRIZ 中，标准化矛盾与创新原理被还原成具体的技术问题与技术方案。技术领域不同，专利数量不同，技术问题与技术方案也会随之变化。在本书中，技术问题与技术方案被当作语义 TRIZ 的中观层技术主题。

### 2.3.3　语义 TRIZ 的关键技术

TRIZ 理论来源于阿奇舒勒及其研究团队对海量专利文献的人工阅读与分析。在使用 TRIZ 理论及工具对专利进行分析的过程中，Mikhail 提出了三个问题：第一，分析大量专利时，矛盾矩阵在统计学上是否能保持稳定；第二，技术演化趋势在统计学上是否依旧稳定；第三，如何基于 TRIZ 创新理论，为特定的创新思想推荐最佳方法[79]。基于上述问题，Mikhail 提出了语义 TRIZ 方法，即使用计算机自动化和人工智能技术模拟人工阅读专利文献和提炼 TRIZ 技术要素的模式，以求对专利文献中的主题词和潜在语义进行深度理解[23,79]。Mikhail 认为语义 TRIZ 的理想目的就是让计算机足够“智能”地去“理解”专利文献中蕴含的技术信息，实现此目标的关键是对专利技术信息进行语义索引[79]。

一个句子的含义是由其主语、谓语和宾语的语法结构来表达，这种语法结构又称为语义结构。虽然在句子中可能存在多种语法变化形式，但是如果这些变化形式具有相同的主语、谓语和宾语，那么这些结构表达了相同的含义[81]。SAO 语义索引从语句中提取出主语、谓语和宾语等语义术语，以 SAO 三元组作为基础语义单元来表示具体技术信息，它已成为语义 TRIZ 的关键技术。以语句“The compact interferometer can be used to measure small linear displacement”为例，通过 SAO 语义索引，它的主语是 compact interferometer，谓语是 measure，宾语是 linear displacement；而基础语义单元是以“compact interferometer-measure-linear displacement”形式的 SAO 三元组。该 SAO 可以回答“如何测量线性位移(linear displacement)”此类“技术问题”。如果对整篇专利文献进行类似语义索引，就可以得到大量的 SAO 三元组，它们分别从不同角度描述了该专利文献蕴含的具体技术信息。将该语义索引进一步扩展到整个技术领域，即可得到该领域所包含的具体技术内容[81]。

语义 TRIZ 正是运用“对象”与“行为”之间的 SAO 结构，来深入挖掘 TRIZ 理论中的技术和创新问题。它采用语义技术对海量专利隐含的技术信息进行自动或半自动语义建模，能够表示专利特有的技术问题、技术方案、技术功能与技术效果等技术信息。

### 2.3.4　语义 TRIZ 的典型应用——Goldfire

Goldfire 是语义 TRIZ 最典型的一项应用，它由美国发明机器公司主导，大批 TRIZ 专家共同合作开发。Goldfire 可以帮助工程师、研发设计人员和技术人员缩短新产品发明创新的周期，快速解决现有产品面临的问题、改进产品生产工艺[81]。此外，Goldfire 还是一个集成化的发明和创新问题求解的计算机辅助创新平台，旨在为用户在发明创新中分析和求解问题提供更多和更好的工具支撑[81]。

Goldfire 以 TRIZ/ARIZ 为理论基础，结合现代语义技术、设计方法学和价值工程、计算机辅助创新技术，内嵌了丰富的知识源，涵盖了超过 9000 条各个领域的科学原理和全球 70 多个专利库，与全球 3300 多个专业技术网站实时相连[81]。应用 Goldfire 软件，用户首先需要依次进行描述初始问题、对问题进行根源因果分析、定义核心问题、对核心问题进行系统分析并建立系统模型。其次，参考软件求解问题模块提供的方法和原理查找效应和示例，获得解决问题的方法[139]。对于科研人员、技术人员，学习 Goldfire 软件在分析问题领域所使用的结构化发明创造方法，以及在用户的专业知识内和专业知识外进行发明创新的知识检索，能够快速、高效地获取知识，加速发明创新的速度，极大地提升了创新工作效率[81]。对于企业，Goldfire 可以帮助企业获取和重用内部知识，提高创新速度和运营效率，做出最优决策[81]。目前，Goldfire 已经被广泛应用于航空航天、机械制造、国防军工、船舶、汽车工业、石油化工、能源、半导体装备、生物医药等领域技术创新[81]。

Goldfire 由任务流程分解、Goldfire 资源库、SAO 语义索引、知识棱镜以及根因分析、问题分析、创新趋势分析、内部知识管理等应用模块和功能组成，是一个“一站式”技术信息挖掘平台和集成的创新开发工具。下面简要阐述其中几个较为重要的功能模块。

1. 任务流程

Goldfire 提供全面的任务流程（task list）分解，可以为用户打造一种基于知识的可持续、可重复的创新流程。其任务流程大致分为四步[81]。

第一步是定义问题，包括根因分析（root cause analysis，RCA）、设备功能分析（device analysis，DA）等。Goldfire 首先帮助用户确定问题并了解潜在的根本原因，然后建立结构化根本原因分析模型以确定需要解决的根本原因，最后得到定义根本原因的潜在技术方案列表；

第二步是产生创意，用户可以使用 Goldfire 建立设备模型，并为每个组件定义功能；

第三步是评估和实现，Goldfire 基于 TRIZ 等理论方法详细评估创意、组件功能，并通过价值工程对设计进行优化；

第四步是质量检查和风险管理，用户通过将功能模型数据等导入失效模式和效果分析（failure mode and effect analysis，FMEA）框架，Goldfire 可以生成失效模型的定义和影响，从而发现失效原因，评估故障模式的技术方案。

Goldfire 的创新流程如图 2.6 所示。

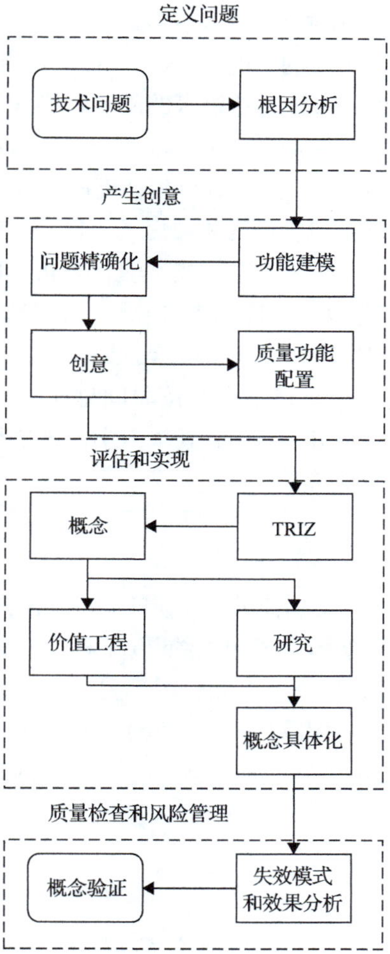


图 2.6　Goldfire 创新流程[81]

2. Goldfire 资源库

Goldfire 具有庞大的数据资源库，其中包括超过 9000 万项专利的世界专利库、9000 多个科学效应库，以及发明创新原理、因果分析、系统进化模型等资源。

3. SAO 语义索引

SAO 语义索引是语义 TRIZ 的核心技术，Goldfire 自 1999 年就开始探索语义索引技术和基于语义的自然语言搜索技术。与单一的关键词索引不同，SAO 语义索引不仅对以名词或名词词组形式存在的关键词进行索引，还进一步对关键词之间的语义关系进行了索引。基于海量的 SAO 语义索引，Goldfire 突破了传统的关键词搜索技术，可提供类似自然语言的语义搜索功能，能高效地从大量专利中找到用户输入问题的可能技术方案[81]。

以检索问题“如何测量基底的温度”(How can I measure the temperature of the substrate)为例。Goldfire 首先将该自然语言的问题转换成 SAO 结构，即“method (subject)-measure(action)-temperature of the substrate(object)”。然后，利用语义相似度技术与专利知识库的 SAO 语义索引进行相似度匹配计算。最后，按照语义相似度对结果进行排序，返回若干包含最高相关度的可能技术方案的专利[79,81,137]。

基于 SAO 语义索引还可进一步进行技术演化分析。Goldfire 通过对返回的技术方案按照时间段、方案类型进行排列组合，形成待分析问题技术方案的演化历程图。以“如何检测汽油泄漏”(How can we detect a gas leak?)这一问题为例，Goldfire 可自动对该问题的相关技术方案按时间排序，帮助用户快速发现“汽油泄漏检测系统”(gas-leak-detection systems)从声学、热学和机械设计到向光学、音视频和光谱技术的完整进化过程[79,81,137]。

4. 知识棱镜

除了基于 SAO 的语义检索功能外，最新的 Goldfire 还提供基于研究主题的快速分析。Goldfire 可针对检索结果按照大约 70 多种可能的技术类别进行分类，这 70 多种技术类别被称为知识棱镜。例如，用户要研究滚动轴承的课题，在查询中输入“ball bearing”后，迅速得到关于滚动轴承的定义、概念、优点、缺点、应用、应用条件和应用位置等一系列的分类，协助用户迅速收集、分类研发课题的相关信息，提高问题检索效率[81]。

### 2.3.5　现状与挑战

传统 TRIZ 研究历史悠久，已取得众多研究成果，但语义 TRIZ 研究尚处于起步阶段。语义 TRIZ 的核心内容与关键技术是 SAO 语义索引。下面从 SAO 研究、发展历程来阐述语义 TRIZ 的研究情况与挑战。

最初，为满足生物信息学的研究需要，SAO 被用来揭示科技文献的知识内容。生物学家希望能够从大量生物医学文献中挖掘出蛋白质与基因间的相互作用，从而发现基因的特定功能[140-144]。鉴于 SAO 表示科技文献知识内容的优越性，美国国家医学图书馆整合相关资源，启动了面向整个生物医学领域的语义知识表示(semantic knowledge representation，SKR)项目。SKR 以一体化医学语言系统(unified medical language system，UMLS)为基础，结合专家知识库系统，从海量生物医学文献中自动抽取 SAO 结构，来揭示生物医学文献的知识内容[145]。

很快，SAO 语义索引技术被应用到专利上。Cascini 等较早研究利用自然语言处理技术从专利文献中抽取 SAO 结构用于技术功效分析，并以此为基础开发了 PAT-Analyzer 系统[146,147]。Sheremetyeva 根据美国专利权利要求语言表述特点，利用谓语词典研究如何归并具有同义 Action 的 SAO 结构[148]。Kim 等研究了利用句法分析与模式匹配技术，从专利中自动抽取语义 TRIZ 核心要素“技术问题”和“技术方案”的方法，并进行了小规模实证[149]。Yang 等专门针对专利权利要求，扩展 SAO 语义表示，将专利权利要求表示成效用(utility)、功能性(functionality)、拥有(contain)等八种语义类型[150]，在此基础上，Yang 和 Soo 进一步研究了利用依存树将专利权利要求表示成基于 SAO 的语义概念图，建立起 SAO 之间的语义联系[151]。Choi 等深入研究了基于 WordNet 及专利功效分类对 SAO 进行数据清洗，构建 SAO 本体，实现面向功效的专利检索[152]。胡正银等研究了利用主题模型进行 SAO 降维的方法，在此基础上研究面向“技术问题”和“技术方案”的专利知识表示[12,16,17,32]。

鉴于基于 SAO 的索引技术的巨大优越性，美国发明机器公司在 2004 年正式提出了基于 SAO 索引的语义 TRIZ 概念[79]，推出了第一个商业语义 TRIZ 产品 Goldfire[153]。Creax 公司通过深入分析 8000 万条专利，提供面向 Problems-Solving 的知识挖掘服务[154]。AULIVE 公司提供基于功能、物质形态的 TRIZ 应用检索服务[155]。

目前，语义 TRIZ 的构建由商业公司主导，学术界、产业界广泛利用商业语义 TRIZ 产品进行专利技术挖掘研究以及具体技术创新、产品创新设计。Zhang 等利用 Goldfire 提供的语义 TRIZ 数据，结合术语收敛与技术路线图，系统研究了如何定位与发现染料敏化太阳能电池领域的潜在新兴技术[41,156]。Gomila 和 Marro 以储能系统为研究对象，系统研究了如何组合技术挖掘与语义 TRIZ 进行快速、高效的技术预测分析[157]。Yoon 和 Kim 以及 Choi 等利用语义 TRIZ 工具抽取 SAO 结构，分析技术演化趋势、探测新兴技术、构建技术分类树[36,158]。Kim 等进一步将 SAO 语义索引与社会网络分析方法结合起来，利用社会网络分析的相关方法来挖掘专利中的创新知识与重要技术信息[159]。

虽然语义 TRIZ 在专利技术挖掘时占据优势，且被广泛利用，但它仍然存在一定局限性，不能满足个性化、深度专利技术挖掘的需求。具体表现如下：

#### 1. 技术结构较简单，索引维度单一

从体系结构上看，由于商业语义 TRIZ 定位是以提供面向 TRIZ 的语义检索服务为主，其结构较简单、索引维度较单一。以 Goldfire 为例，它主要是提供基于 SAO 索引的检索服务以发掘潜在“技术方案”，因此 Goldfire 的索引维度以 SAO 为主，未对 SAO 进行组织与语义挖掘，也没有全面揭示技术问题、技术方案、技术功能与技术效果四个 TRIZ 技术特性。

#### 2. 粒度较粗

从构建方式上看，现有语义 TRIZ 以自然语言处理技术为主，较少引入机器

学习等数据挖掘方法来构建语义 TRIZ。因此，SAO 的数据量较大，信息粒度较粗，语义比较发散，缺乏必要的收敛与规范，导致应用时查准率较低。

3. 领域较泛

从服务方式上看，商业语义 TRIZ 面向所有技术领域，提供的通用信息检索服务缺乏特定技术领域专利的个性化语义索引。因此，其索引的层次较浅、缺乏个性化，不能满足个性化、深度专利技术挖掘需求。

4. 使用受限、成本较高

商业语义 TRIZ 的使用方式多以单机服务或局域网服务为主，不支持多用户开放协同使用与群智创新，使用不便。此外，商业语义 TRIZ 产品费用昂贵，单次使用成本很高，导致其应用范围受限。

总之，语义 TRIZ 基于 SAO 对专利技术信息进行语义索引，可以揭示专利特有的技术问题、技术方案、技术功能与技术效果等技术信息。与专利本体相比，语义 TRIZ 无须设计复杂的语义模型，因此构建程序更为简单快捷。与基于关键词的向量空间模型相比，语义 TRIZ 又具有一定语义表示能力。语义 TRIZ 已被广泛应用于技术演化分析、探测新兴技术、构建技术分类树、技术预测等专利技术挖掘研究和具体技术创新活动。然而，现有语义 TRIZ 还存在技术结构简单、索引粒度较粗、覆盖技术领域较泛、使用受限与成本较高等不足，尚难以满足针对细分技术领域个性化、深度专利技术挖掘的需求。

# 第3章　语义TRIZ体系结构与构建方法

本章结合专利技术挖掘的实际需求，提出一个基于多维索引的语义TRIZ体系结构。从知识组织视角看，该语义TRIZ体系结构可分为微观层基础语义单元SAO、中观层技术主题、宏观层技术范畴三个层次；从情报分析视角看，又可分成概念空间、索引空间、应用空间三个部分。基于情报分析视角，本章进一步从概念空间、索引空间、应用空间三方面探索构建上述语义TRIZ的流程与方法。

## 3.1　专利文献著录项技术特征分析

### 3.1.1　专利文献技术信息著录项介绍

专利文献著录项是各国知识产权局或相关主管部门为揭示专利的技术情报特征、法律情报特征、经济情报特征而编制的著录条目[160]。为了促进专利的国际合作与交流、便于专利工作者能快速而准确地利用各国专利文献，世界知识产权组织下属的工业产权信息常设委员会(PCIPI)牵头制定了专利文献著录项国际标准代码(internationally agreed numbers for the identification of(bibliographic) data，INID)。1997年，PCIPI发布了最新版的专利文献著录项标准ST.9“Recommendation concerning bibliographic data on and relating to patents and SPCs”(关于专利及补充保护证书的著录数据的建议)。在ST.9中，专利文献著录项目被分为九大项：文献标志、专利或补充保护证书申请数据项、优先权数据项、文献公知数据项、技术信息、参考文献信息、人员相关信息、与国际公约(除巴黎公约之外)有关的数据、与专利或补充保护证书有关的人事引证[161]。ST.9建议的专利文献技术信息著录项详见表3.1，其中除国际分类号与专利题目属于必须提供的著录项外，其他著录项供各国专利主管部门参考。

表3.1　ST.9规定的专利文献技术信息著录项[161]

| 编码 | 著录项常见名称 | 著录项描述 |
| --- | --- | --- |
| 51 | 国际分类号，如IPC | international patent classification<br>international classification for industrial designs |
| 52 | 地区或国家分类号，如USPC等 | domestic or national classification |
| 54 | 专利题名(title) | title of the invention |
| 56 | 已发表对比技术文献 | list of prior art documents，if separate from descriptive text |
| 57 | 摘要或权利要求 | abstract or claim |
| 58 | 专利审查时需检索学科范围 | field of search |

除了上述 ST.9 规定的技术信息著录项外，一些国家或商业专利数据库的专利文献提供了附加技术信息著录项，以进一步揭示专利技术特征。美国发明专利中可检索的附加技术信息著录项包括描述/规范(description/specification)，该著录项的进一步细化项包括技术领域(field of invention)、背景信息(background)、技术概览(summary)、实施例详细描述(detailed description of embodiments)等[162]。德温特世界专利创新索引(derwent innovation index，DII)是科睿唯安(Clarivate Analytics)公司研发的高质量专利数据库，集成了学科专家对原始专利数据进行加工整理的二次专利数据，包括改写的专利标题、增加的新颖性摘要、创造性摘要等。DII 将“世界专利索引”和“专利引文索引”的内容整合在一起，可统一检索全球 60 多个专利机构的 1430 余万条基本专利。DII 采用专家标引的方式，对收录的专利技术信息进行高附加值的标引。DII 附加标引的技术信息著录项包括新颖性摘要(abstract of novelty)、创造性摘要(abstract of advatage)、实用性摘要(abstract of use)、技术焦点(technology focus)等。现有专利文献技术信息的著录项归纳分析见表 3.2。

**表 3.2　现有专利文献技术信息著录项分析**

| 著录项 | 表示形式 | 揭示技术内容 | 适用范围 |
|---|---|---|---|
| 分类号 | 结构化分类表 | 技术主题 | 专利检索，宏观、中观层专利技术挖掘 |
| 题名 | 非结构化文本 | 发明技术内容与标识 | 专利检索，NLP 分析 |
| 摘要 | 非结构化文本 | 发明内容(技术、法律信息)概括 | 专利检索，NLP 分析 |
| 新颖性摘要 | 非结构化文本 | 专利的有益效果 | 专利检索，NLP 分析 |
| 创造性摘要 | 非结构化文本 | 专利采用的技术方案 | 专利检索，NLP 分析 |
| 实用性摘要 | 非结构化文本 | 专利的技术功能、具体应用 | 专利检索，NLP 分析 |
| 技术焦点 | 非结构化文本 | 专利采用的关键性技术手段、流程 | 专利检索，NLP 分析 |
| 技术领域 | 非结构化文本 | 描述与专利相关的技术领域 | 专利检索，NLP 分析 |
| 背景信息 | 非结构化文本 | 描述现有技术现状、不足等背景 | 专利检索，NLP 分析 |
| 技术概览 | 非结构化文本 | 全景式技术特征描述 | 专利检索，NLP 分析 |
| 权利要求 | 非结构化文本 | 专利保护权利范围的界定 | 专利检索，NLP 分析 |
| 实施例详细说明 | 非结构化文本 | 根据具体实施例，详细描述专利技术信息 | 专利检索，NLP 分析 |

从表 3.2 可以看出，专利的技术信息除了分类号是以结构化知识组织体系的形式存在外，其他都以非结构化文本的形式存在。专利文本的不同区域，侧重表示不同内容的技术信息。以 DII 技术信息著录项为例，新颖性摘要著录项侧重描

述技术产生的有益效果，即技术效果信息；创造性摘要著录项侧重描述专利采用的具体技术手段，即技术方案信息；而实用性摘要著录项侧重描述专利技术的功能信息，即技术功能信息。因此，虽然绝大部分的专利文献技术信息著录项以非结构化文本形式存在，但是不同著录项侧重描述不同维度的技术信息，有利于多维度挖掘专利技术信息。

### 3.1.2　专利文献技术信息著录项的局限性

专利文献技术信息著录项从不同角度描述了专利技术信息，相当于专利技术特征索引，方便用户检索和利用专利文献，但是如果直接利用这些技术信息著录项进行专利技术挖掘，存在以下问题：

(1) 除分类号外，这些技术信息著录项大都以非结构化文本的形式存在，有利于专家进行人工阅读，但不利于计算机进行比较、分析、计算。

(2) 除分类号外，这些技术信息著录项大都没有揭示专利所属的具体技术领域特征。分类号揭示的技术主题信息普遍宽泛、抽象，难以应用于特定领域专利技术挖掘。

(3) 在专利技术挖掘中，用户更希望从 TRIZ 角度揭示专利技术特征以了解专利采用什么技术方案、解决了什么样的技术问题、实现了什么样的技术功能、达到了什么样的技术效果，但现有专利文献技术信息著录项并未直接反映以上 TRIZ 技术特征。

## 3.2　语义 TRIZ 的体系结构研究

### 3.2.1　知识组织视角下语义 TRIZ 的技术维度分析

直接利用专利文献技术著录项进行专利技术挖掘存在一定缺陷，为了满足需求则需从中发掘新的技术维度。本节结合已有研究成果[18]及实际专利技术挖掘需求，从知识组织视角出发，分析与归纳出各种专利技术挖掘场景所需要的技术维度，详见表 3.3。

表 3.3　专利技术挖掘场景与技术维度分析

| 技术挖掘场景 | 挖掘层次 | 技术挖掘目的 | 需要的技术维度 |
|---|---|---|---|
| 专利技术演化 | 微观层<br>中观层 | 挖掘领域核心基础技术、新兴技术、萌芽技术等；全景式展示领域技术问题和技术方案演化过程 | 微观层：关键词、SAO<br>中观层：技术问题、技术方案、技术功能、技术效果 |
| 面向 TRIZ 的专利自动分类 | 中观层<br>宏观层 | 挖掘领域技术问题、技术方案、技术功能、技术效果，构建个性化分类体系；对专利自动分类 | 中观层：技术问题、技术方案、技术功能、技术效果<br>宏观层：技术对象、发明原理、应用领域、技术效应 |

续表

| 技术挖掘场景 | 挖掘层次 | 技术挖掘目的 | 需要的技术维度 |
| --- | --- | --- | --- |
| 技术主题聚类 | 微观层<br>中观层 | 挖掘领域技术主题分布 | 微观层：分类号、关键词、SAO<br>中观层：技术问题、技术方案、技术功能<br>技术效果 |
| 技术创新路径识别 | 微观层 | 分析现有技术到理想技术可能及优选的技术路径 | 微观层：SAO<br>中观层：技术问题、技术方案、技术功能、技术效果 |
| 核心专利判别 | 微观层 | 从技术层面发现领域具有高影响力的核心专利 | 微观层：SAO<br>中观层：技术问题、技术方案、技术功能、技术效果 |
| 热门专利预测 | 微观层 | 从技术层面预测未来可能具有较广阔应用前景的专利 | 微观层：SAO<br>中观层：技术问题、技术方案、技术功能、技术效果 |
| 技术跨界应用分析 | 微观层<br>中观层 | 挖掘现有技术在其他领域重用的潜力 | 微观层：SAO<br>中观层：技术问题、技术方案、技术功能、技术效果 |
| 技术趋势分析 | 中观层<br>宏观层 | 基于技术路线图，在中观或宏观层次预测技术未来可能发展趋势 | 中观层：技术问题、技术方案、技术功能、技术效果<br>宏观层：技术对象、发明原理、应用领域、技术效应 |
| 面向 TRIZ 的专利智能检索 | 微观层 | 检索采用相似技术方案、解决相似技术问题的专利 | 微观层：SAO<br>中观层：技术问题、技术方案 |

从表 3.3 可以看出，专利技术挖掘所需要的技术维度包括微观层的关键词、分类号、SAO，中观层的技术问题、技术方案、技术功能、技术效果，宏观层的技术对象、发明原理、应用领域、技术效应。上述技术维度中，除了分类号可从专利文献著录项中直接获取，其他信息都以隐性或显性信息的形式存在于专利文本之中。为了满足专利技术挖掘的需求，需要从专利文本中挖掘出这些技术信息，并进行有效的组织与知识表示。本节从知识组织视角，归纳了个性化语义 TRIZ 包含的技术维度及这些技术维度之间的关系，详见表 3.4。

从表 3.4 可以看出，微观层面的技术维度来源于专利文献技术信息著录项或直接从专利文本中抽取，属于显性信息，本书研究建立的个性化语义 TRIZ 中，依旧选择 SAO 作为微观层基础语义单元。中观与宏观层面的技术维度则需要通过信息提炼、归纳得到，属于隐性信息。根据 TRIZ 中矛盾与创新原理的归纳、生成过程，认为中观层的技术维度可通过对微观层技术维度(如 SAO、关键词、分类号等)进行一定的信息加工从而归纳生成；宏观层的技术维度则由中观层技术维度进一步归纳生成[16,79]。

**表 3.4　个性化语义 TRIZ 的技术维度及关系**

| 层次 | 名称 | 类型 | 用途 | 说明 |
|---|---|---|---|---|
| 微观层次 | 分类号 | 显性信息 | 直接用于专利技术挖掘 | 专利著录项数据 |
| | 关键词 | 显性信息 | 直接用于专利技术挖掘；<br>SAO 的组成部分 | 利用 NLP 技术，从专利文本中抽取 |
| | SAO | 显性信息 | 直接用于专利技术挖掘 | 以主-谓-宾的形式直观显示专利所包含的具体技术信息；<br>语义 TRIZ 基础语义单元 |
| 中观层次 | 技术问题 | 隐性信息 | 直接用于专利技术挖掘；<br>用于生成宏观层技术对象 | 领域通用技术问题；<br>由具有 problem 属性且语义相近、关系密切的 SAO 生成 |
| | 技术方案 | 隐性信息 | 直接用于专利技术挖掘；<br>用于生成宏观层发明原理 | 领域通用技术方案；<br>由具有 solution 属性且语义相近、关系密切的 SAO 生成 |
| | 技术功能 | 隐性信息 | 直接用于专利技术挖掘；<br>辅助说明技术方案维度；<br>用于生成宏观层应用领域 | 描述专利实现技术功能；<br>由具有 function 属性且语义相近、关系密切的 SAO 生成 |
| | 技术效果 | 隐性信息 | 直接用于专利技术挖掘；<br>辅助说明技术问题维度；<br>用于生成宏观层技术效应 | 描述专利达成的技术效果；<br>由具有 effect 属性且语义相近、关系密切的 SAO 生成 |
| 宏观层次 | 技术对象 | 隐性信息 | 直接用于专利技术挖掘 | 由领域中频繁共现技术问题维度，通过聚类方式生成 |
| | 发明原理 | 隐性信息 | 直接用于专利技术挖掘 | 由领域中频繁共现技术方案维度，通过聚类方式生成 |
| | 应用领域 | 隐性信息 | 直接用于专利技术挖掘 | 由领域中频繁共现技术功能维度，通过聚类方式生成 |
| | 技术效应 | 隐性信息 | 直接用于专利技术挖掘 | 由领域中频繁共现技术效果维度，通过聚类方式生成 |

从数据挖掘的角度看，信息归纳的过程就是一个数据降维的过程。通过对微观层 SAO 进行降维，生成一系列中观层的技术主题；对中观层技术主题进一步降维，生成一系列宏观层的技术范畴。从知识组织体系角度看，这一过程是一个自底向上构建层次化知识组织体系的过程[163]。通过一系列归纳、生成过程，就得到个性化语义 TRIZ 所包含的技术主题及其之间的语义关系。

### 3.2.2　情报分析视角下语义 TRIZ 的数据空间划分

对于专利情报分析人员，他们更习惯从专利技术挖掘流程理解和利用语义 TRIZ。根据具体专利技术挖掘流程，本书将个性化语义 TRIZ 分为概念空间、索引空间和应用空间 3 个数据空间。每一个数据空间都包括基础数据与语义索引数据两部分，基础数据指专利文献及能直接从专利文献中获得的著录项信息，如专利号、专利题目等；语义索引数据指个性化语义 TRIZ 中包含的各种技术维度，如 SAO、技术主题等(参照 3.2.1 节)。情报分析视角下对个性化语义 TRIZ 的数据空间划分，本质是为语义 TRIZ 的构建流程提供指导。

本节归纳了概念空间、索引空间与应用空间包含的语义索引数据及其用途、特征，详见表 3.5。

**表 3.5　个性化语义 TRIZ 空间划分说明**

| 名称 | 索引数据 | 用途 | 说明 |
|---|---|---|---|
| 概念空间 | 微观层<br>中观层 | “精、准”式专利技术挖掘；<br>重点、核心专利阅读；<br>索引空间的学习训练集与映射参照集 | 由领域核心概念数据组成；<br>语义索引构建以专家人工标引，结合 NLP 完成；<br>数据量较小 |
| 索引空间 | 微观层<br>中观层<br>宏观层 | 全景、外延式技术挖掘；<br>数据检索；<br>跨界技术分析；<br>技术演化、趋势分析 | 领域外围专利数据+核心专利数据组成；<br>外围专利的语义索引以机器学习为主、专家人工干预为辅；<br>数据量较大 |
| 应用空间 | 微观层<br>中观层<br>宏观层 | 技术挖掘结果或数据的重用 | 对技术挖掘结果或数据进行开放式索引 |

从表 3.5 可以看出，概念空间是领域核心概念组成的集合，它是个性化语义 TRIZ 的核心概念集。具体专利技术挖掘时，情报分析人员首先需要通过各种检索、分析、咨询来确定待分析领域中最核心的专利数据，包括核心专利、核心术语、核心技术等。这些数据不仅是专利技术挖掘进行“精、准”分析的基础数据，也是扩展外围数据的依据与参照。本书将这部分核心数据定义为语义 TRIZ 概念空间。概念空间的数据量较小，只包含微观层与中观层技术维度的语义索引数据。概念空间的构建以专家人工标引为主、计算机协助索引为辅。

索引空间是针对领域完整专利数据的语义索引。对核心专利数据进行分析之后，情报分析人员还需要将核心专利数据扩展到外围专利数据，以保证专利技术挖掘结果的全面性。索引空间基础专利数据由核心专利与外围专利两部分组成。相对于概念空间，索引空间的数据量大得多。它包括微观层、中观层与宏观层三个层面所有技术维度的语义索引数据。索引空间的构建以计算机通过数据挖掘、机器学习加工为主，以专家人工干预为辅。

需要说明的是，概念空间与索引空间并非一个完全静止的空间，而是一个可动态调整的数据空间。通过后续分析，部分索引空间的数据可能被调入概念空间，概念空间数据也可能被调出到索引空间。部分不符合技术挖掘目的、会带来杂音的数据会被剔除掉。

应用空间是对具体专利技术挖掘中间或最终结果的语义索引。在专利技术挖掘过程中，情报分析人员常常会形成很多重要的分析结果或数据，如数据清洗过程中形成的领域叙词表、对专利分类时形成的分类体系等。这些结果或数据经常会被不同的技术挖掘场景重复使用，其语义索引存放在应用空间。应用空间具有开放性的结构，可存储不同类型的技术挖掘结果的语义索引。

在实际专利技术挖掘过程中，很多中间分析结果或数据都不能简单地由概念空间或索引空间的数据通过一定检索策略或算法自动生成。这些数据同时也包含一定的专家人工加工成分。因此，应用空间语义 TRIZ 不能简单理解成由概念空间或索引空间的数据加分析策略组成，而是一组相对独立的语义索引数据，是个性化语义 TRIZ 的重要组成部分。

### 3.2.3　语义 TRIZ 的体系结构

通过上述分析，从知识组织的视角归纳出本书研究的个性化语义 TRIZ 的体系结构。它由微观层、中观层与宏观层三个层面的技术维度构成。

为了便于统一称呼，本书将微观层的技术维度定义为基础语义单元(atom semantic unit)，中观层的技术维度定义为技术主题(tech topic)，宏观层的技术维度定义为技术范畴(tech domain)。个性化语义 TRIZ 的微观层 SAO 基础语义单元和中观层的技术主题都可以分为技术问题(problem)、技术方案(solution)、技术功能(function)和技术效果(effect)四种语义类型。与之对应，宏观层技术范畴分为技术对象(tech object)、发明原理(invention principle)、应用领域(application field)和技术效应(tech promotion)四种语义类型。

个性化语义 TRIZ 的体系结构见图 3.1[17]。从图中可以看出，本书研究的个性化语义 TRIZ 在体系结构上类似于 IPC 专利分类号。它也是采用层级结构的分类形式，将技术内容分解为技术范畴(宏观层面)、技术主题(中观层面)、SAO(微观层面)三个层级，逐级形成完整的知识组织体系。表 3.6～表 3.8 分别给出了个性化语义 TRIZ 微观层 SAO、中观层技术主题、宏观层技术范畴的语义索引示例，表 3.9 则是个性化语义 TRIZ 体系结构的完整示例。

从表 3.6～表 3.9 可以看出，针对每一个层级的技术维度，个性化语义 TRIZ 都从技术问题、技术方案、技术功能与技术效果四个 TRIZ 技术特征对其进行多维度描述。这种多维体系结构类似于日本专利分类号中的 F-term 的多元技术视点。但 F-term 的多元技术视点不完全是从满足 TRIZ 应用的角度出发，而是从有利于专利检索的角度出发对技术内容进行描述。因此，F-term 的多元技术视角比较发散，给出非常多的分类项，有时高达 50 多个[92]，不利于专利技术挖掘。本书研究的个性化语义 TRIZ 从四个 TRIZ 特征维度出发，对特定技术领域专利蕴含的技术信息进行“个性化、细粒度、多维度”深度揭示与语义关联，使之可计算。

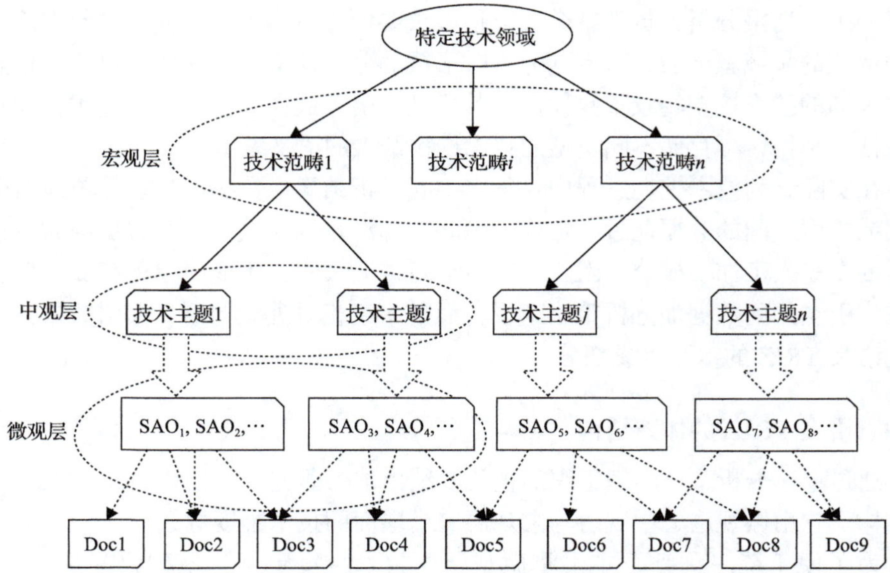


图 3.1　个性化语义 TRIZ 体系结构图[17]

**表 3.6　个性化语义 TRIZ 微观层 SAO 语义索引示例**

| 语义类型 | 主语(Subject) | 谓语(Action) | 宾语(Object) |
|---|---|---|---|
| 技术问题 | method | PRODUCE(manufacture) | interferometer |
| 技术方案 | optical axis | INTERACTION(reflect) | illumination beam |
| 技术功能 | interferometer | FUNCTION(used in) | optical signal processing |
| 技术效果 | method | HIGHER_THAN(improve) | accuracy |

**表 3.7　个性化语义 TRIZ 中观层技术主题语义索引示例**

| 技术主题语义类型 | 技术主题编号 | 技术主题语义标签 | 包含的具体 SAO 示例 |
|---|---|---|---|
| 技术问题 | topic1 | produce interferometer device (制造光干涉器件) | method - PRODUCE(manufacture) - interferometer;<br>method - PRODUCE(manufacture) - interferometric system |
| 技术方案 | topic11 | redirect beam (重定向光束) | optical axis - INTERACTION(reflect) - illumination beam;<br>imaging module - INTERACTION(redirect) - reference beam |
| 技术功能 | topic71 | use for optical signal processing (用于光信号处理) | interferometer - FUNCTION(used in) - optical signal processing;<br>optical switch - INTERACTION (Route) - optical signal |
| 技术效果 | topic79 | improve accuracy (提高精确度) | method - HIGHER_THAN(improve) - accuracy;<br>interferometer - HIGHER_THAN(has high) - accuracy |

**表 3.8　个性化语义 TRIZ 宏观层技术范畴语义索引示例**

| 技术范畴类型 | 技术范畴编号 | 技术范畴标签 | 包含的技术主题 |
| --- | --- | --- | --- |
| 技术对象 | TechDomain1 | produce optical device<br>(制造光学器件) | topic1, topic4, topic7, topic8 |
| 发明原理 | TechDomain3 | operate light/beam<br>(操纵光) | topic11, topic12, topic13, topic14, topic15, topic16 |
| 应用领域 | TechDomain9 | optical process<br>(应用于各种光学过程) | topic62, topic63, topic64, topic71, topic72, topic73, topic74 |
| 技术效应 | TechDomain12 | improve advantage<br>(改进的优点) | topic79, topic80, topic81, topic82, topic83, topic84 |

**表 3.9　个性化语义 TRIZ 的体系结构示例**

| 个性化语义 TRIZ 层级 | 语义类型 | 层级编号 | 语义标签/基础语义单元 |
| --- | --- | --- | --- |
| 宏观层 | 应用领域 | TechDomain9 | optical process<br>(应用于各种光学过程) |
| 中观层 | 技术功能 | Topic71 | use for optical signal processing<br>(用于光信号处理) |
| 微观层 | 技术功能 | SAO139 | interferometer - FUNCTION (used in) - optical signal processing<br>干涉仪-功能(用于光学信号处理) |

与商业语义 TRIZ 相比，该语义 TRIZ 具有个性化、细粒度、多维度、可计算、低成本等优点，能更深入揭示专利文献技术信息内涵与更有效地支持专利技术挖掘应用。

(1)个性化。商业语义 TRIZ 面向所有技术领域提供通用的信息检索服务，其语义索引项大都采用一些比较通用或上位的技术术语进行描述。本书所研究的语义 TRIZ 是针对特定技术领域专利构建的个性化语义索引，该语义 TRIZ 中的技术术语直接来源于专利文本，更能体现本领域的技术特征。

(2)细粒度。由于本书所研究的语义 TRIZ 是根据特定技术领域专利进行个性化构建，所以它对专利文献技术信息揭示与描述的粒度比商业语义 TRIZ 或分类号更细致、更专业。

(3)多维度。商业语义 TRIZ 主要基于 SAO 索引单一层级揭示专利技术信息。分类号虽然具有良好的层次结构，但大多从某一个维度(如功能、应用领域)进行知识组织，这种维度标识还具有不明确性。本书所研究的个性化语义 TRIZ 则是通过 SAO、技术主题、技术范畴三个层级对专利技术信息进行描述；针对每一个层级的索引数据，都从技术问题、技术方案、技术功能与技术效果四大 TRIZ 技术特征对其进行多维度的描述。因此，它能从多维度、多视点立体揭示专利技术信息。

(4) 可计算。本书所研究的个性化语义 TRIZ 的中观层技术主题、宏观层技术范畴均由微观层 SAO 通过降维技术自底向上生成。因此，它们相互之间除了具备简单层级关系外，还可以通过定量计算来挖掘更深层次的语义关系。

(5) 低成本。商业语义 TRIZ 费用昂贵，单次使用成本很高。分类号系统的构建与维护更是一项浩大的知识工程项目。本书所研究的个性化语义 TRIZ，可利用相关开源软件、数据挖掘工具自动构建，大幅降低成本。

此外，从知识组织角度的视角看，该语义 TRIZ 的宏观、中观、微观层组织体系可以看作是一个分类体系。与已有分类体系，如专利分类号系统相比较，该分类体系有以下特点：

(1) 它是个性化的分类体系，技术领域不同，应用目的不同，分类体系会随之动态变化。

(2) 该分类体系中的中观层技术维度中包含面向 TRIZ 应用最重要的专利技术特征，即技术问题、技术方案、技术功能和技术效果，可满足深度面向 TRIZ 的技术分类需求。

(3) 该体系的分类粒度更细致、更专业。分类号体系在一些领域，尤其是高技术领域，技术分类过于宽泛，难以满足需求。而基于语义 TRIZ 的分类体系具有个性化、细粒度、多维度的优点。

## 3.3 语义 TRIZ 的构建方法研究

本节基于情报分析的视角，分别从概念空间、索引空间、应用空间出发，研究了构建上述语义 TRIZ 的流程、方法及关键技术，具体构建流程见图 3.2。该方法既适合较小数据量级，也适合较大数据量级专利的个性化语义 TRIZ 构建。

### 3.3.1 角色分析

Porter 将技术挖掘涉及的角色分成三类：情报分析人员、领域知识专家与信息技术人员[15]。根据语义 TRIZ 的构建流程及需求，本书将构建语义 TRIZ 所需要的人员也分为情报分析人员、领域知识专家与信息技术人员三类。他们在语义 TRIZ 构建过程中的分工、定位如表 3.10 所示。

### 3.3.2 概念空间语义 TRIZ 的构建

本节按照核心专利集遴选、SAO 抽取、SAO 清洗、SAO 降维、人工判读共 5 个步骤，结合使用技术挖掘工具、文本挖掘工具与领域专家人工参与的方式来构建概念空间语义 TRIZ。具体构建流程见表 3.11。

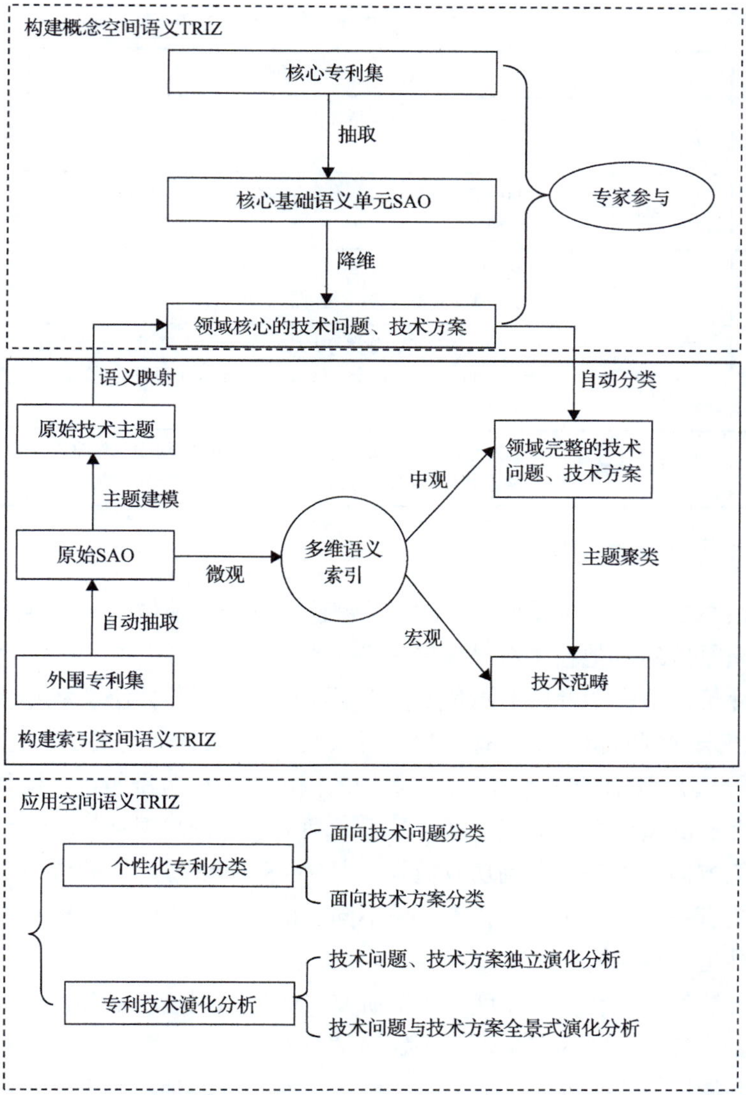


图 3.2　个性化语义 TRIZ 构建流程图[17]

**表 3.10　语义 TRIZ 构建参与角色及分工定位**

| 名称 | 需求 | 分工 |
|---|---|---|
| 情报分析人员 | 精通情报分析流程、数据检索、文本分析 | 制定语义 TRIZ 构建框架、流程；<br>语义 TRIZ 质量控制；<br>协调领域知识专家与信息技术人员 |
| 领域知识专家 | 特定领域知识专家，对本领域技术有广泛的了解 | 人工索引数据，构建学习训练集；<br>协助对语义 TRIZ 数据质量进行控制 |
| 信息技术人员 | 精通数据挖掘、机器学习相关软件、工具 | 根据情报分析人员需求，利用软件进行数据清洗、降维、构建语义索引等 |

**表 3.11　构建概念空间语义 TRIZ 流程**

| 步骤 | 方法 | 说明 | 工具 |
|---|---|---|---|
| 第一步 | 核心专利集遴选 | 根据核心专利评价指标体系，从领域专利集中遴选核心专利集 | R① |
| 第二步 | SAO 抽取 | 利用信息抽取工具从专利相应文本字段中抽取原始 SAO 结构 | OpenIE② |
| 第三步 | SAO 清洗 | 基于术语清洗框架与谓语词典对原始 SAO 进行数据清洗，生成微观层 SAO 基础语义单元 | VantagePoint③ |
| 第四步 | SAO 降维 | 利用因子分析、分类等方法对 SAO 进行降维，生成中观层 Problem、Solution、Function 与 Effect 四种类型的技术主题 | VantagePoint, R |
| 第五步 | 人工判读 | 通过专家人工判读，对各类技术维度进行审核、修改，并撰写相应语义标签，完成概念空间语义 TRIZ 构建 | |

1. 核心专利集的遴选

领域核心专利是指在技术领域处于关键性、基础性地位，对领域技术发展发挥引领性贡献或对其他技术领域发展有着重要作用的专利[164,165]。针对核心专利的识别与评价，很多学者从不同角度提出了相应的指标与方法。从专利文献元数据角度提出来的判断指标主要有专利被引频次[166]、同族专利大小[167]、权利要求数量[168]等，专利被引频次越高、申请保护的国家或地区范围越广、权利要求项越多，那么专利的重要性与价值越高。基于专利文本挖掘来识别核心专利也是一个重要的研究方向，如基于专利功效矩阵[164]、技术主题变迁[169]的核心专利挖掘。核心专利具有一定的相对性，技术领域不同、应用目的不同，对核心专利的界定指标或标准也不尽相同。

上述方法均是从特定的角度或指标研究了如何识别核心专利，没有考虑具体的应用场景，存在一定的局限性。张娴等结合专利分析实际情况，从专利的技术特征、市场特征、法律特征 3 个方面、22 个二级指标评估核心专利，并利用层次分析法与德尔菲专家咨询法相结合来计算各指标的权重及专利核心指数[170]。该方法充分考虑了专利各个方面的特征，在指标权重设计方面充分征求专家意见，更适合个性化技术领域专利分析中核心专利集的遴选。核心专利集数据主要用于整个技术领域技术维度语义映射的参照，考虑到指标的易获得性、客观性，本书采用张娴等提出方法中的部分指标来遴选核心专利集，详见表 3.12[170]。

① https://www.r-project.org/，一种开源的统计分析计算环境

② https://openie.allenai.org/，一个开放域知识抽取工具

③ https://www.thevantagepoint.com/，一个商业的技术挖掘工具

**表 3.12　核心专利文献评价指标体系**[170]

| 一级指标 | 二级指标 | 三级指标 | 权重 | 是否选用 |
|---|---|---|---|---|
| 技术特征（$A$） | 技术覆盖范围（$A_1$） | 国际专利分类号数量（$A_{11}$） | 0.00546 | 是 |
| | | 权利要求数量（$A_{12}$） | 0.01989 | 是 |
| | 技术影响度（$A_2$） | 技术引导度（$A_{21}$） | 0.04766 | 否 |
| | | 技术周期（$A_{22}$） | 0.02508 | 是 |
| | 科学强度（$A_3$） | 科学关联度（$A_{31}$） | 0.00281 | 否 |
| | | 科学周期（$A_{32}$） | 0.00304 | 否 |
| | | 科学影响力（$A_{33}$） | 0.00321 | 否 |
| | 标准化指数（$A_4$） | 标准化指数（$A_{41}$） | 0.12590 | 否 |
| 市场特征（$B$） | 专利家族（$B_1$） | 专利家族规模（$B_{11}$） | 0.02831 | 是 |
| | | 三方技术市场占有比（$B_{12}$） | 0.10277 | 否 |
| | 投入强度（$B_2$） | 人力投入（$B_{21}$） | 0.02408 | 否 |
| | | 合作申请强度（$B_{22}$） | 0.02844 | 否 |
| | 技术实施（$B_3$） | 许可实施（$B_{31}$） | 0.17591 | 否 |
| | | 专利权质押（$B_{32}$） | 0.03548 | 否 |
| | | 专利权转让（$B_{33}$） | 0.07004 | 否 |
| 法律特征（$C$） | 专利寿命（$C_1$） | 专利存活年份（$C_{11}$） | 0.01899 | 是 |
| | | 专利延长（$C_{12}$） | 0.01191 | 否 |
| | | 专利异议抵御（$C_{13}$） | 0.05542 | 否 |
| | | 专利无效抵御或诉讼抵御（$C_{14}$） | 0.05378 | 否 |
| | 当前法律状态（$C_2$） | 授权（$C_{21}$） | 0.06524 | 是 |
| | | 法律地位稳固程度（$C_{22}$） | 0.09659 | 否 |

基于挑选出来的核心专利评价指标及原始权重，本书根据原始权重的相对值重新计算权重，最终核心专利遴选指标及权重见表 3.13。

**表 3.13　本书采用的核心专利遴选指标及权重**

| 指标名称 | 指标权重 | 来源 |
|---|---|---|
| 国际专利分类号数量（$A_{11}$） | 0.0335 | 专利元数据 |
| 权利要求数量（$A_{12}$） | 0.1221 | 专利全文 |
| 技术周期（$A_{22}$） | 0.1539 | 专利元数据计算 |
| 专利家族规模（$B_{11}$） | 0.1737 | 专利元数据 |
| 专利存活年份（$C_{11}$） | 0.1165 | 专利元数据计算 |
| 授权（$C_{21}$） | 0.4003 | 专利检索条件 |

根据表 3.13 所示指标体系及权重，经过归一化处理之后，得到专利文献的核心技术指数[170]：

$$K^* = \left\{ k_i \mid \max_i \sum_{j=1}^{m} (w_j x_{ij}) \right\} \tag{3.1}$$

式中，$m$ 为评价指标数量，在本书中 $m$=6；$x_{ij}$ 为第 $i$ 篇专利文献关于第 $j$ 个指标实测值的无量纲化值；$w_j$ 为指标 $j$ 在整个评价指标体系中的权重；$k_i$ 为第 $i$ 篇专利文献所获的评价值统计量。

对整个领域专利集所有专利计算其核心指数 $K^*$，一般先选取前 15%到前 30%作为核心专利备选集，然后由领域专家进一步筛选、确定领域核心专利集。

2. SAO 的自动抽取

理论上，SAO 能从任意专利文本域中抽取，如摘要、权利要求、实施例详细说明等。但是从所有专利文本中抽取 SAO 结构，一方面会增大后续处理工作量，另一方面专利说明书中有大量外围信息，如背景信息等，会掩盖专利的技术特征，增加技术挖掘时的噪声。因此，实际操作中，一般根据技术挖掘的目的选择最具有代表性的专利文本域进行 SAO 抽取。

有学者认为专利摘要中技术信息相对精准，具有足够长度，适合抽取 SAO[171]。本书关注的技术维度是技术问题、技术方案、技术功能与技术效果，考虑到专利数据库 DII 中有一些经过专家人工重写的高附加值信息，选择了 DII 作为来源数据库，从专利题目、新颖性摘要、创造性摘要、实用性摘要这四个文本域中抽取概念空间原始 SAO。本书选用关系抽取软件 OpenIE 5.1（Open Information Extraction）来实现自动抽取原始 SAO。

3. SAO 的数据清洗

利用软件直接抽取出来的原始 SAO 数量庞大，表达不规范，所以使用前需要进行数据清洗工作，具体流程如下：

第一步，对原始 SAO 结构进行人工预处理。删除明显无意义的 SAO，将多个并列 Subject/Object 术语的 SAO 拆分成多个单 Subject/Object 术语的 SAO，解析指代不清的 Subject/Object 等。

第二步，对 SAO 中的 Subject/Object 进行清洗。按照 Zhang 等提出的术语清洗框架对 Subject/Object 进行清洗[40]。本书利用 VantagePoint 软件，选择通用清洗、深度清洗、术语组合、术语裁剪四个步骤对 Subject/Object 进行清洗。

第三步，对 SAO 中的 Action 进行清洗[135]。利用构建谓语词典的方式来清洗

Action。具体来说，首先基于 WordNet 对 Action 中的原始动词或动词词组按照语义相似度进行初步分类[172]。然后结合已有的谓语词典或领域语义关系金标准进行 Action 对齐。最后由领域专家对分类结果进行人工归纳，形成领域的谓语词典。表 3.14 是谓语词典的一个示例。

**表 3.14　谓语词典示例**

| 规范化谓语 | 原始谓语动词 | 说明 |
|---|---|---|
| ADVANTAGE | is green; is sensitive; is specific; is cost-effective; is easy to use; … | 描述对象优点 |
| AFFECT | affect; alter; stimulate; regulate; enhance; contribute; lead; modify; attribute; trigger; drive; influence; guide; … | 影响关系 |
| ASSOCIATED_WITH | associated with; added to; dispersed into; generated by; mix; react with; linked to; bind; … | 关联关系 |
| CONTAIN | has; equip; contain; comprise;include; involve; integrate; consist of; … | 组成、包含关系 |
| FUNCTION | used for; used in; used at; used as; control; identify; supply; … | 功能关系 |
| INHIBIT | inhibit; decrease; limit; block; alleviate; hamper; suppress; impede; impair; annealing; repress; attenuate; … | 抑制关系 |
| IS_A | is | 等同关系 |
| LOCATION_OF | deposited on; extend from; distributed; located on; formed on; plated on; … | 位置、分布关系 |
| MEASURE | measure; detect; test; evaluate; … | 测量、检测关系 |
| METHOD_OF | obtained by; using; displace; filter; adjust; mix; add; react; collect; stew; insert; determine; is via; process; reduce; form; heat; … | 方法关系 |
| PRODUCE | produce; prepare; manufacture; collect; control; detect; form; perform; synthetize; … | 生产、制备关系 |
| PROMOTE | promote; increase; improve; facilitate; elevate; extend; exceed; enrich; accumulate; upregulate; augment; … | 提升、强化、改进关系 |
| PREVENT | prevent; hinder; eliminate; protect; … | 防止关系 |
| SOLVE | solve; address; account; explore; deal; achieve; … | 解决关系 |
| USE | use; utilize; apply; … | 使用关系 |

第四步，分别完成 Subject/Object、Action 的清洗步骤之后，基于上述清洗步骤形成的词汇映射表对原始 SAO 进行统一清洗。具体包括对原始 SAO 三元组进行统一映射与归并，利用词频-逆文档频率(term frequency-inverse document frequency, TF-IDF)模型裁剪掉一些低频 SAO，领域专家对 SAO 列表进行人工审核、调整等，表 3.15 中归纳了上述 SAO 清洗步骤。清洗完毕后，每一篇专利表示成由一系列规范化 SAO 组成的词袋子。

**表 3.15 SAO 的清洗流程**

| 清洗顺序 | 清洗对象 | 清洗步骤 | 清洗工具/人员 | 方法作用 |
|---|---|---|---|---|
| 第一步 | SAO | 预处理 | 情报分析人员 | 人工对 SAO 结构进行剔除、拆分、增补等预处理过程 |
| 第二步（1） | Subject/Object | 通用清洗 | VantagePoint+通用词表 | 利用通用词表，对 Subject、Object 进行常规清洗，如清理通用概念、术语规范化处理等 |
| 第二步（2） | Subject/Object | 深度清洗 | VantagePoint +领域词表 | 利用自建领域叙词表，对 Subject、Object 同一概念的不同表达进行规范化处理 |
| 第二步（3） | Subject/Object | 术语组合 | VantagePoint | 基于术语共现，利用联合作者网络（combine author network, CAN）脚本，对相似的 Subject、Object 进行分组 |
| 第二步（4） | Subject/Object | 术语裁剪 | VantagePoint | 基于 TF-IDF，对 CAN 脚本清洗之后的术语进行裁剪，删除 TF-IDF 值较小的术语 |
| 第三步（1） | Action | 语义分类 | 自编软件+WordNet | 利用 WordNet 词典，对语义相似度高的 Action 动词进行初步分类 |
| 第三步（2） | Action | 功效归并 | 领域专家 | 专家人工对初步分类的 Action 进行归纳，形成本领域 Action 语义词典 |
| 第四步（1） | SAO | 数据裁剪 | VantagePoint | 利用 TF-IDF 模型，裁剪低频 SAO |
| 第四步（2） | SAO | 语态合并 | NLP Tools/领域专家 | 有些 SAO 表达意义完全相同，但分别用主动语态、被动语态表示，将这些 SAO 予以合并 |

4. SAO 降维中观层技术主题

SAO 数据清洗工作完成后，接下来利用专利-SAO 词袋子模型对 SAO 进行降维以生成技术问题、技术方案、技术功能与技术效果四种语义类型的中观层技术主题。

1）标注 SAO 的语义类型

对 SAO 降维之前要对每一条 SAO 按照技术问题、技术方案、技术功能与技术效果四类语义类型进行标注，表明该 SAO 在特定专利中表达的特定语义类型。专利文献的不同文本域描述了不同技术内容。新颖性摘要字段主要描述专利技术产生的有益效果，即技术效果，那么源自新颖性摘要的 SAO 在该专利中的语义类型是技术效果。同理，源自创造性摘要的 SAO 的语义类型是技术方案，源自实用性摘要的 SAO 语义类型为技术功能。源自专利题目的 SAO 语义类型则可能是技术问题、技术方案、技术功能、技术效果中任一种。对于源自专利题目的 SAO，可通过建立一些分类规则，进一步明确其具体语义类型。例如，可根据表 3.14 所示的谓语词典来建立分类规则，如果 Action 为“used as”等，则该 SAO 被标注为“技术功能”语义类型；如果 Action 为“comprise”，则该 SAO 被标注为“技术方案”

语义类型。为了便于检索与理解，对每一个 SAO 都附加上原始英文句子信息。表 3.16 展示了 SAO 增加了语义类型标注之后的情况。

**表 3.16　专利 WO2011086391 的 SAO 语义索引示例**

| 语义类型 | 主语 | 谓语 | 宾语 | 原始语句 |
|---|---|---|---|---|
| 技术问题 | method | PRODUCE | nanocomposite | Nanocomposite material，useful to produce electronic device and/or structural material，comprises a substrate，optionally functionalized graphene，optional adhesive component to adhere graphene to substrate and an optional protective layer |
| 技术方案 | nanocomposite | CONTAIN | substrate | |
| | nanocomposite | CONTAIN | graphene | |
| | nanocomposite | CONTAIN | protective layer | |
| | nanocomposite | CONTAIN | component | |
| 技术功能 | nanocomposite | FUNCTION | electronic device | |
| | nanocomposite | FUNCTION | structural material | |
| 技术效果 | nanocomposite | HIGHER_THAN | fracture property | The nanocomposite material has improved properties such as fracture properties，increased modulus，increased strength and increased toughness and minimized residual strains |
| | nanocomposite | HIGHER_THAN | modulus | |
| | nanocomposite | HIGHER_THAN | strength | |
| | nanocomposite | HIGHER_THAN | toughness | |
| | nanocomposite | LOWER_THAN | residual strain | |
| | nanocomposite | ADVANTAGE | semiconductive electrical property | The nanocomposite exhibits semiconductive electrical properties |

2)对 SAO 进行降维

针对四种不同语义类型的 SAO 数量及特征，选择合适的降维技术进行降维。概念空间中专利数量不多，一般来说技术问题、技术效果语义类型的 SAO 数量较少，有比较规范的语义规则可循。而技术方案、技术功能语义类型的 SAO 数量相对较多，难以由专家人工发现较完整的语义规则。这种情况下，可采用按语义规则分类的方式对数据量较少的技术问题、技术效果语义类型 SAO 进行降维；而对数据量较多的技术方案、技术功能语义类型 SAO，则采用因子分析方式进行降维。

按语义规则分类降维步骤如下：首先，领域专家基于谓语词典归纳出相应的分类语义规则(语义规则示例见表 3.14)。其次，信息技术人员根据分类规则编写相应分类程序对 SAO 进行分类。最后，由领域专家人工审核、调整、确定分类结果。

因子分析降维的步骤如下：首先，将专利-SAO 词袋子列表按照技术方案、技术功能语义类型拆分成两个专利-SAO 词袋子列表。其次，基于分类后的专利-SAO 词袋子，利用 VantagePoint 或 R 等工具计算 SAO 相关矩阵。再次，设定合适的因子数目，利用上述工具对 SAO 进行因子分析，即根据 SAO 相关度将它们分为不同的簇。最后，领域专家对因子分析结果中的每一个因子进行审核、解读，并撰写相应语义标签。概念空间中观层技术主题示例见表 3.17。

**表 3.17　概念空间中观层技术主题示例**

| 技术主题语义类型 | 技术主题语义标签 | 包含的具体 SAO |
|---|---|---|
| 技术问题 | 生成石墨烯相关材料（produce graphene related material） | method - PRODUCE（prepare） - graphene oxide;<br>method - PRODUCE（produce） - graphene film;<br>… |
| 技术方案 | 涂层方法（coating process） | constriction - LOCATION_OF（deposited on） - electrical communication;<br>substrate - LOCATION_OF（coated with） - conductive material;<br>… |
| 技术功能 | 用于能量存储（use for energy storage） | conductive graphene composition - FUNCTION（used for） - capacitor;<br>nanofiber material - FUNCTION（used in） - fuel cell;<br>… |
| 技术效果 | 改善电气性能（improve electrical properties） | graphene sheet - HIGHER_THAN（improve） - electrical conductivity;<br>nanopore device - HIGHER_THAN（has high） - voltage tolerance;<br>… |

以上探讨了基于小样本空间的核心专利，结合专家人工干预与自然语言处理技术的数据挖掘方法，半自动构建概念空间语义 TRIZ 的流程、方法及关键技术。具体流程简述如下：首先，基于核心专利遴选指标体系，挑选领域核心专利集。其次，利用信息抽取工具从专利相应文本域中抽取原始 SAO。再次，基于术语清洗框架与谓语词典对原始 SAO 进行数据清洗，得到微观层 SAO 基础语义单元。接着，利用因子分析、规则分类等数据挖掘方法对 SAO 进行降维，生成中观层技术问题、技术方案、技术功能与技术效果四种类型的技术主题。最后，专家对概念空间语义 TRIZ 的各类技术维度进行审核、修改，并撰写相应语义标签。表 3.18 总结了构建语义 TRIZ 概念空间的方法、关键技术及工具。

**表 3.18　构建语义 TRIZ 概念空间的方法、关键技术及工具**

| 流程名称 | 关键技术 | 工具/软件 | 得到结果 |
|---|---|---|---|
| 核心专利遴选 | 核心专利评价指标体系 | R | 核心专利集 |
| SAO 自动抽取 | 信息抽取 | OpenIE | 专利-SAO 词袋子 |
| SAO 清洗 | 术语清洗 | VantagePoint | 微观层 SAO 基础语义单元 |
| SAO 降维 | 因子分析、基于规则分类 | VantagePoint，R | 中观层 Problem、Solution、Function 与 Effect 技术主题 |

### 3.3.3　索引空间语义 TRIZ 的构建

与概念空间语义 TRIZ 的构建步骤类似，索引空间语义 TRIZ 的构建步骤可分为四步：SAO 的抽取与清洗、SAO 降维生成中观层技术主题、中观层技术主题降维生成宏观层技术范畴、专家人工判读并撰写语义标签。理论上，在流程方面，构建索引空间语义 TRIZ 与概念空间语义 TRIZ 没有本质区别。但索引空间包含的数据量远大于概念空间相应元素的数量，因此索引空间语义 TRIZ 的构建以机器学习为主，涉及的具体技术、方法与概念空间中的相应技术、方法也有所差异，具体如下：

(1)索引空间的 SAO 数据量较大，如果仿照概念空间那样由专家人工制定分类规则或通过因子分析进行降维，将会耗费大量时间和精力且准确性较低。针对此问题，索引空间采用二次降维的方式生成中观层技术主题。先利用 LDA(latent Dirichlet allocation，隐含狄利克雷分布)对 SAO 进行降维，生成数量较多的没有标注语义类型的原始技术主题；再利用技术主题语义相似度，将原始技术主题往概念空间的技术主题进行语义映射，从而组成完整的中观层技术主题。

(2)索引空间专利数量较多，得到的中观层技术主题也较多，进一步对中观层技术主题进行降维以生成宏观层技术范畴。

表 3.19 阐释了构建索引空间语义 TRIZ 每个步骤的具体内容及利用的相关工具。

**表 3.19　构建索引空间语义 TRIZ 流程**

| 步骤 | 方法 | 说明 | 工具 |
|---|---|---|---|
| 第一步 | SAO 抽取、清洗 | 利用信息抽取工具从外围专利集中专利相应文本域中抽取原始 SAO；<br>对原始 SAO 进行清洗，生成微观层 SAO 基础语义单元 | OpenIE,<br>VantagePoint,<br>R |
| 第二步 | SAO 降维 | 利用 LDA 主题模型，对 SAO 进行降维，生成中观层原始技术主题；<br>基于技术主题间语义相似度，将原始技术主题往概念空间技术主题进行语义映射 | MALLET[①],<br>JWS,<br>WordNet |
| 第三步 | 生成技术范畴 | 技术主题聚类，进一步生成宏观层技术范畴 | R 语言 |
| 第四步 | 人工判读 | 通过专家人工判读，对各类技术维度进行审核、修改，并撰写相应语义标签，完成索引空间语义 TRIZ 的构建 | |

### 1. SAO 的自动抽取与数据清洗

SAO 的自动抽取与清洗步骤与 3.3.2 节所述概念空间的相应步骤基本相同，不再赘述。需要补充说明的是，为保证索引空间信息覆盖度更全面，需要根据具体技术挖掘需求扩大 SAO 抽取的文本字段范围，如技术焦点、权利要求等被纳入原始 SAO 抽取的范围。

### 2. 中观层技术主题的构建

由于索引空间 SAO 数据量巨大，针对专利中许多不同的文本字段，难以采用概念空间中所述方法预先将它们标注成属于技术问题、技术方案、技术功能或技

① http://mallet.cs.umass.edu/，一个基于 Java 的文本挖掘与机器学习工具包

术效果中的某一种语义类型。因此，本书采用二次降维的方式生成技术主题。

(1)采用 LDA 主题模型将 SAO 进行降维，自动生成没有标注语义类型的原始技术主题。LDA 的输入是专利-SAO 矩阵，通过 LDA 主题建模，生成一系列技术主题。LDA 的输出是专利-技术主题矩阵、技术主题-SAO 矩阵。这些技术主题没有被标注语义类型，本书称之为原始技术主题。

(2)将原始技术主题往概念空间技术主题进行语义映射，生成四种语义类型的技术主题。本书采用基于技术主题语义相似度的方法来实现语义映射。技术主题语义相似度的具体计算流程、公式将在 4.3.2 节详细阐述。技术主题间语义相似度计算完毕后，设置一定的阈值，将高于该阈值的原始技术主题与其最相似的概念空间技术主题间建立语义映射关系。低于阈值的原始技术主题，由领域专家人工解读、分类，再与概念空间技术主题进行合并，得到索引空间完整的中观层技术主题。

3. 宏观层技术范畴的构建

经典 TRIZ 通过对机械工程类专利进行信息抽取、分析，归纳出了 40 条发明原理[173]，如分割原理(segmentation)、抽取原理(taking out)、不对称原理(asymmetry)等[57,115]。这些由 TRIZ 科学家抽象出来的基本原理属于宏观层面技术范畴，在技术创新中占有相当重要的地位，起到启发思维和激活灵感的重要作用。

基于上述思想，本书对中观层面的技术主题进行进一步分析、归纳，生成一系列更宽泛的技术范畴。中观层技术主题分为技术问题、技术方案、技术功能、技术效果四种类型。与之对应，生成的宏观层技术范畴分为技术对象、发明原理、应用领域、技术效应四种类型。具体步骤为：首先，基于技术主题的 SAO 词袋子模式，得到技术主题-SAO 矩阵。其次，基于技术主题-SAO 矩阵，遴选出特征 SAO，利用 *K*-means 等聚类算法对技术主题进行聚类，生成对应的宏观层技术范畴。最后，由专家对聚类结果进行解读、调整，并撰写相应语义标签。表 3.20 是一个宏观层技术范畴示例。

**表 3.20 索引空间宏观层技术范畴示例**

| 技术范畴类型 | 语义标签 | 包含的技术主题 |
|---|---|---|
| 技术对象 | 面形测量设备<br>(surface measuring device) | $topic_{15}$ (光激发设备，optical excitating device)；<br>$topic_{79}$ (光干涉器件，optical interferometer)；<br>… |
| 科学效应 | 面形测量方法<br>(surface measuring method) | $topic_{1}$ (产生光干涉，optical interference generating)；<br>$topic_{39}$ (测量光学曲率，optical curvature measuring)；<br>… |
| 应用领域 | 元件表面检测<br>(surface shape testing) | $topic_{10}$ (测量物体表面，surface measuring)；<br>$topic_{14}$ (凸面检测，convex surface checking)；<br>… |

通过多维索引的方式对索引空间微观层、中观层、宏观层技术维度进行索引、存储，构成索引空间完整的语义 TRIZ。

以上探讨了针对较大数据量级(几千条)的专利数据，构建索引空间语义 TRIZ 的流程、方法及关键技术。索引空间语义 TRIZ 的构建标准是“广、全”。在构建过程中，情报分析人员制定流程，以信息技术人员利用机器学习、数据挖掘算法分析为主，领域专家人工干预为辅。3.3.2 节构建的概念空间语义 TRIZ 是其机器学习的训练集与语义映射的参照集。

索引空间语义 TRIZ 的构建流程简述如下：首先，从外围专利集相应文本字域中抽取原始 SAO 并对其进行数据清洗，生成微观层 SAO 基础语义单元。其次，采用“LDA 主题模型降维、技术主题语义映射”两步对 SAO 进行降维，来生成中观层技术主题。再次，对中观层技术主题进行进一步聚类，生成宏观层技术范畴。最后，由专家人工判读、撰写语义标签，并采用多维索引的方式对所有技术维度进行索引、存储，构成索引空间完整语义 TRIZ。表 3.21 总结了构建索引空间语义 TRIZ 涉及的方法、关键技术及工具。

**表 3.21　构建索引空间语义 TRIZ 方法、关键技术及工具**

| 流程名称 | 关键技术 | 工具/软件 | 得到结果 |
|---|---|---|---|
| SAO 的抽取、清洗 | 信息抽取、术语清洗 | OpenIE, VantagePoint，R | 专利-SAO 词袋子、微观层 SAO 基础语义单元 |
| 生成原始技术主题 | LDA 主题模型 | MALLET | 中观层原始技术主题 |
| 原始技术主题的语义映射 | 语义相似度计算 | JWS①, WordNet② | 带语义类型的技术主题 |
| 技术主题聚类 | 聚类 | R | 宏观层技术范畴 |
| 构建多维索引 | 倒排索引 | Solr③ | 可提供检索等服务语义 TRIZ |

### 3.3.4　应用空间语义 TRIZ 的构建

应用空间是一种开放性的语义索引，需要根据具体专利技术挖掘需求或结果进行相应索引结构设计。下面以微观层术语清洗为例，阐述应用空间语义 TRIZ 的构建流程与方法。

在术语清洗过程中会形成一些在现有词表基础上、经过专家人工整理加工过的领域专用叙词表。这些叙词表规范了术语的表达方式，带有鲜明的领域特征，在不同场景的技术挖掘中被反复用到，例如对 Action 按照语义关系分类形成的谓语词典，既可用于 SAO 数据清洗，也被用于 SAO 语义相似度计算、技术主题的语义类

① JWS 是一种基于 Java 与 WordNet 的语义相似度计算软件

② https://wordnet.princeton.edu/，一种基于认知语言学的覆盖范围宽广的英语词汇语义网

③ https://lucene.apache.org/solr/，一个快速、高度可扩展的开源搜索框架

型标注等。因此，Action 语义词典属于技术挖掘过程中重要的中间数据，可考虑对其进行语义索引，存储在应用空间，以服务的形式供情报分析人员直接使用。

谓语词典对抽象的 Action 语义类型，如 MEASURE、PRODUCE、HIGHER_THAN 等有唯一标识符(unique identifier，UI)，这些 UI 可看作是一种索引，可以根据它们检索其原始 ACTION。根据实际技术挖掘应用需求，还需要对谓语词典中的原始 ACTION 动词，如 detect、prepare、promote 等也建立相应 UI，使用户可逆向根据原始 ACTION 动词检索其对象的抽象语义类型。通常采用倒排索引的方式建立原始 ACTION 动词与抽象的 ACTION 语义类型的关联,为了便于情报分析人员理解，有时还需要附带上包含原始 ACTION 动词的 SAO 数据等。这些数据共同组成了以 ACTION 语义词典为核心的多层索引，是应用空间语义 TRIZ 的一个典型应用。

# 第 4 章　语义 TRIZ 关键技术分析

SAO 三元组是语义 TRIZ 的核心。本章围绕语义 TRIZ 构建，分析构建过程中涉及的 SAO 抽取、SAO 清洗、SAO 降维和 SAO 语义网络等关键技术。其中，SAO 抽取主要涉及信息抽取相关技术；SAO 清洗主要涉及术语清洗与排序技术；SAO 降维主要涉及主题模型等数据挖掘技术；SAO 语义网络主要涉及社区探测等复杂网络分析技术。

## 4.1　SAO 抽取技术

信息抽取是一种自然语言处理技术，其目的是抽取非结构化文本里包含的信息，并进行结构化组织[174]。信息抽取的输入是待抽取的原始文本，输出是具有固定格式的信息点。关系抽取是一种特殊的信息抽取，它的目的是从原始文本中抽取出存在的关系[175]，这种关系通常采用“主语-谓语-宾语”三元组的形式进行组织。

SAO 三元组的概念与 SVO（subject-verb-object，主语-动词-宾语）、SPO（subject-predicate-object，主语-谓语-宾语）基本一致，常用于专利技术挖掘。SAO 三元组依次由名词短语、动词短语和名词短语组成。现有三元组抽取工具和软件主要包括商业软件 Goldfire、开源软件 OpenIE、专门针对医学文献的知识抽取工具 Semrep①等。

开放关系抽取是一种能从大规模文本中高效抽取浅层语义信息的技术[176]。相比较于其他抽取方式，开放关系抽取的优势在于工具开源、不需要训练数据、不受限于领域和高效率。OpenIE 是由艾伦人工智能研究所提供技术支持的一个开放关系抽取工具，包含了可从多种类型的句子中进行三元组抽取的功能[177]。事实上，OpenIE 是基于华盛顿大学开发的一系列开放关系抽取工具改进得来，包括 TextRunner、Reverb、Ollie、OpenIE 4.x 等。随着这些开放关系抽取工具不断地优化与改进，最新的 OpenIE 5.1 已经具有关系抽取结果准确、效率较高等优点，可以作为面向英文文献进行关系抽取工具的使用。下面以专利（专利号：WO2010144153A2）为例，详细说明利用 OpenIE，从专利文本中抽取 SAO 三元组的过程。

---

① https://semrep.nlm.nih.gov/

### 4.1.1 数据预处理

首先，从 DII 数据库中检索并下载该专利的相关字段信息，包括专利号、标题、摘要等。然后，结合自建词表对标题和摘要进行删除通用词操作，例如从中删除 preferred components、independent claims、detailed description 等高频通用词。最后，按照 OpenIE 5.1 支持的输入格式(图 4.1)进行规范化，并将最终需要进行 SAO 抽取的专利标题与摘要保存为 UTF-8 格式文件 input.txt。

```
Start WO2010144153A2
Charge storage device, useful as capacitive storage device, comprises a nanostructured, mesoporous material

Charge storage device, comprises a nanostructured, mesoporous material

a charge storage device, comprising: a nanocrystalline, mesoporous, material, where the material comprises many pores, and the
pores ha ve nanocrystal walls; a method for producing a nanostructured, mesoporous material construct, comprising: synthesizing
many metal oxide nanocrystals
…
```

图 4.1　OpenIE 输入数据示例图

### 4.1.2 SAO 抽取

OpenIE 5.1 运行时需要加载 Berkeley 语言模型，对机器内存要求较高，因此最好在 Linux 操作系统上运行，并且机器内存在 10GB 以上。运行的方式有两种，一种是从源码服务器 GitHub 上下载最新源码，进行编译后运行；另一种是直接使用预编译的 jar 包。在运行前的程序准备工作中，首先需要下载预编译的 openie-assembly.jar；然后下载源码中的 WordNet 文件夹和 data 文件夹，重点是要下载其中的 languageModel 文件，并将下载后的两个文件夹和预编译 jar 包放到同级文件夹目录里；最后需要将 input.txt 通过文件传送协议(file transfer protocol, FTP)上传到预编译 jar 包的同级目录里面。在软件工具和输入文件都准备好以后，运行以下命令就可以将 SAO 三元组结果抽取到 output.txt 文件中：

```
java-jar openie-assembly.jar --ignore-errors --encoding utf-8 input.txt output.txt
```

### 4.1.3 数据解析及规范

抽取出来的结果文件格式如图 4.2 所示。如果专利原文中的每一个句子都抽取出了 SAO 三元组，就会显示一条或多条结果，其格式以一个小于 1 的置信度分值开始，抽取出来的短语通过分号间隔存储在小括号里面。

Start WO2010144153A2

Charge storage device, useful as capacitive storage device, comprises a nanostructured, mesoporous material

0.94 (Charge storage device, useful as capacitive storage device; comprises; a nanostructured, mesoporous material)

Charge storage device, comprises a nanostructured, mesoporous material

0.90 (Charge storage device; comprises; a nanostructured, mesoporous material)

a charge storage device, comprising: a nanocrystalline, mesoporous, material, where the material comprises many pores, and the pores have nanocrystal walls;a method for producing a nanostructured, mesoporous material construct, comprising: synthesizing many metal oxide nanocrystals

0.73 (the material; templating ;)

0.89 (a charge storage device; comprising; a nanocrystalline, mesoporous, material)

0.90 (the material; comprises; many pores)

0.93 (a charge storage device; comprising; a nanocrystalline, mesoporous, material, where the material comprises many pores)

…

图 4.2　OpenIE 抽取数据结果示例图

解析抽取结果后形成一个 SAO 三元组列表，还需要对其进行规范处理。首先设置一定阈值对 SAO 三元组列表进行取舍；然后对 SAO 三元组进行停用词处理，使用斯坦福自然语言处理包中的 Lemmatizer 工具对 SAO 三元组中的 Action 短语进行词根还原；最后合并相似 SAO 三元组，生成最终的 SAO 三元组集合。

SAO 的抽取是将专利文本转换成计算机能理解、可计算的语义 TRIZ 索引结构的第一步。该工作并不试图从语义层面上理解原始文本，只是根据给定模式对文档中的相关信息进行结构化处理[175]。

## 4.2　SAO 清洗技术

利用关系抽取软件直接抽取出来的原始 SAO 数量庞大，表达不规范，使用前需要进行数据清洗工作。数据清洗是专利技术挖掘中一项重要的基础性工作，直接决定了后续语义 TRIZ 构建的质量。SAO 数据清洗是一种术语清洗，包括对 Subject/Object 等以名词或名词词组形式存在的关键词清洗和对 Action 等动词或动词词组清洗两部分。

### 4.2.1　关键词清洗

针对 Subject/Object 的数据清洗本质是关键词清洗，相关研究比较成熟，可直接利用相关软件、叙词表。Zhang 等系统地总结了术语清洗步骤、工具、适用范围等，并结合文本挖掘软件 VantagePoint 的具体使用，提出了一个通用的术语清洗框架[40]。该框架详细阐述了术语清洗的一般性流程，包括基于各类叙词表的通用清洗(basic cleaning)、基于模糊匹配的深度清洗(further cleaning)、基于词汇合并的术语组合(term consolidation)、术语裁剪(term pruning)、术语筛选(term screening)等，详见图 4.3。本书按照该框架对 SAO 中的 Subject/Object 进行关键词清洗。

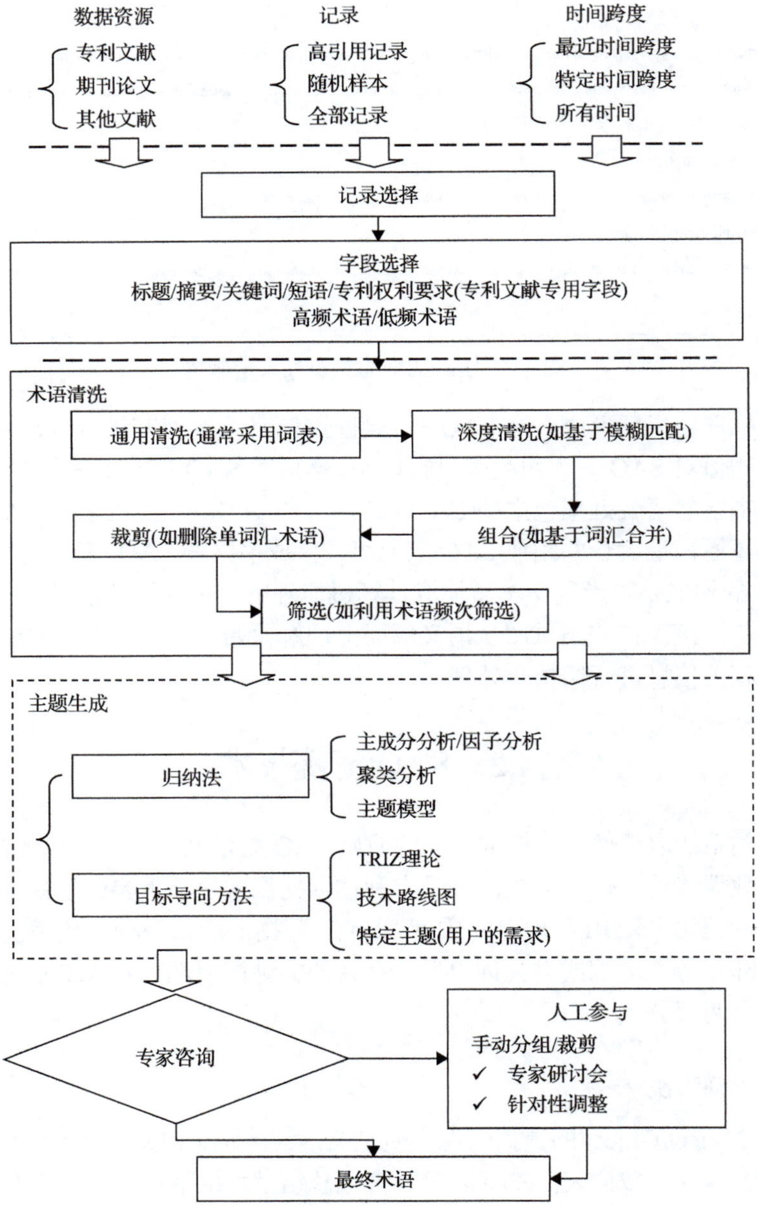


图 4.3　术语清洗流程图[40]

### 4.2.2　谓语清洗

SAO 结构中，谓语(Action)是动词或动词词组，反映 Subject 与 Object 之间的目的、功能等语义关系。为了保证 SAO 结构具有一定收敛性，需要对 Action 进行清洗，将大量语义相近的 Action 归成同一类，形成本领域的谓语词典。例如，promote、increase、enhance 等均表示知识实体之间的一种优化关系，清洗时可统一映射为“PROMOTE”。

Action 分类可供参考的例子包括：AULIVE 公司在其基于语义 TRIZ 的技术创新平台 Production Inspiration 中，将专利文本中常用的 Action 归纳成吸收(absorb)、监测(detect)、混合(mix)等 36 类[155]。美国国家医学图书馆(National Library of Medicine，NLM)在语义知识表达(semantic knowledge representation，SKR)项目中，将生物医药领域术语之间的语义关系归并成影响(affect)、诊断(diagnose)、相互作用(interact_with)等 50 余种基础语义关系，以期作为生命医学领域语义关系金标准[178]。在语义 TRIZ 构建中，领域不同，应用目的不同，Action 的清洗程度有所差别，但方法大都一致，即对语义相近的 Action 进行分类，形成本领域 Action 语义词典。

### 4.2.3　遴选核心 SAO

清洗后的 SAO 虽然形式上较规范，但内容上并不一定全部属于所关注领域，因此需要进一步遴选核心三元组。参照 Fiszman 等提出的相关性(relevancy)、连接性(connectivity)、新颖性(novelty)和显著性(saliency)四原则[179]，以及隗玲等进行的面向知识发现的三元组遴选实践，一般先从新颖性与显著性角度，基于 SAO 频次或 TF-IDF 值对 SAO 的重要性进行排序，然后从相关性角度请专家进行人工筛选，最后得到核心 SAO 数据集[180]。

完成 SAO 清洗工作后，每一篇专利文档被表示成由一系列规范化 SAO 组成的词袋子模式，即

$$\mathrm{Doc}=\{\mathrm{SAO}_1,\cdots,\mathrm{SAO}_i,\cdots,\mathrm{SAO}_n\} \tag{4.1}$$

## 4.3　SAO 降维技术

### 4.3.1　主题模型

主题模型是一系列基于概率模型、旨在发现大规模文档中隐性主题结构方法的统称。它基于文档的术语词袋子模式，通过分析文档集合中术语共现来挖掘文档集中潜在的主题及主题的概率分布。

LDA 是 Blei 等在 2003 年提出的一个经典的主题模型[181]。该模型将文档视作一系列主题的概率分布，而主题则视作一系列术语的概率分布，已广泛应用于科

技文献分析与挖掘中[182]。相对于直接将专利表示成 SAO 词袋子，LDA 生成了新的中间层技术主题，更能揭示专利深层次知识结构，适用于构建复杂、个性化的知识组织体系[80]。一个典型 LDA 文档表示模型如图 4.4 所示[80]。

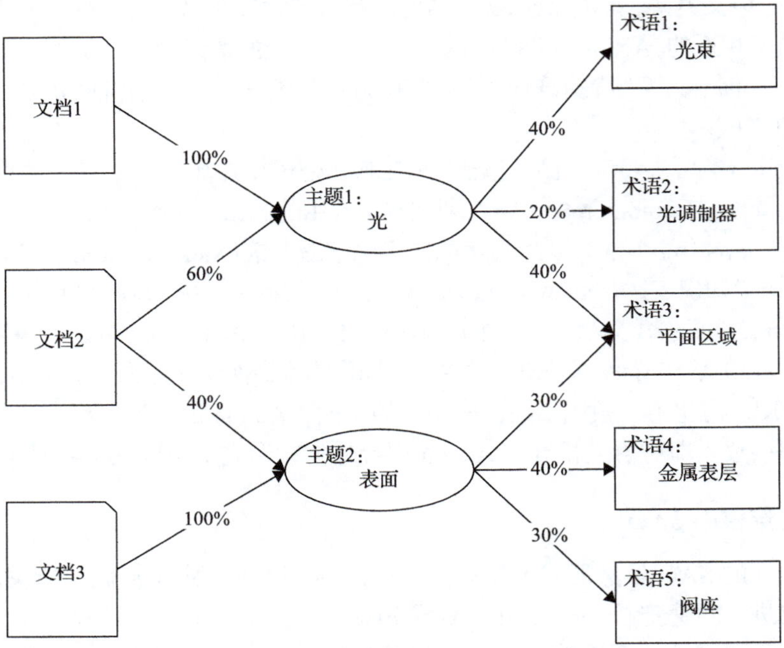


图 4.4　LDA 文档表示模型示意图[80]

LDA 是一个生成式概率模型。对于每篇文档，LDA 假定了如下生成过程。首先，对一篇文档，选择主题概率分布：$\theta \sim \mathrm{Dir}(\alpha)$。其次，对该文档中每一个术语，重复以下过程：从文档对应的主题分布中，选择一个主题 $z_n$：topic $z_n \sim p(z_n|\theta)$。再次，从主题 $z_n$ 所对应的术语分布中，选择一个术语 $w_n$：word $w_n \sim p(w_n|z_n, \beta)$。最后，当文档中每一个术语都被遍历到时，就生成了该文档[181,183]。这个生成过程用图模型表示如图 4.5 所示[181]。

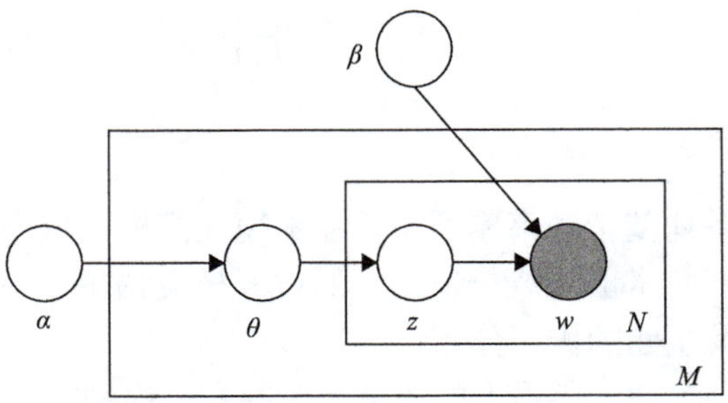


图 4.5　LDA 图模型表示[181]

图 4.5 中的阴影圆圈表示可观测变量，非阴影圆圈表示隐性变量或参数，箭头表示变量间的条件依赖性。方框表示重复采样，方框外部表示文档，内部则表示文档内重复采样的主题与术语[181,183]。$M$ 表示文档个数；$\theta$ 表示某文档关于主题的概率分布，即主题向量，共有 $M$ 个；$w$ 表示术语；$z$ 表示主题[181,183]。$\alpha$ 和 $\beta$ 是两个控制参数，需要预先估计或通过学习得到，确定了这两个控制参数也就确定了 LDA 模型。$\alpha$ 和 $\beta$ 参数详细描述见表 4.1[181,183]。

**表 4.1　LDA 模型控制参数意义**

| 参数名 | 含义 | 作用 |
| --- | --- | --- |
| $\alpha$ | dirichlet 分布参数 | 生成主题向量 $\theta$；决定文档中主题分布 |
| $\beta$ | 计算主题下术语概率分布 | 与主题 $z_n$ 共同决定主题 $z_n$ 中的术语分布 |

当给定了 $\alpha$ 和 $\beta$ 参数之后，主题向量 $\theta$、主题及术语的联合分布如下：

$$p(\theta, z, w \mid \alpha, \beta) = p(\theta \mid \alpha)\prod_{n=1}^{N} p(z_n \mid \theta) p(w_n \mid z_n, \beta) \tag{4.2}$$

本书采用 MALLET 工具集中 LDA 模块来进行主题模型的计算[184]。LDA 是一种非监督机器学习技术，适用于从较大规模专利文档集中挖掘潜在技术主题。它在没有专家人工干预情况下，可基于专利文档-SAO 词袋子模式，直接生成中观层原始技术主题。原始技术主题的具体数学表示式为

$$\text{topic}_i = \left(p_{i1} \cdot \text{SAO}_{i1}, \cdots, p_{ik} \cdot \text{SAO}_{ik}, \cdots, p_{in} \cdot \text{SAO}_{in}\right) \tag{4.3}$$

式中，$p_{ik}$ 是 $\text{topic}_i$ 中 $\text{SAO}_{ik}$ 的条件概率值，由式(4.2)计算得出。

专利文档-SAO 词袋子通过 LDA 主题建模之后，生成的技术主题示例如表 4.2 所示（技术主题语义标签由专家人工撰写）。从表 4.2 可以看出，技术主题被表示成一系列 SAO 的概率分布，专利文档则被表示成一系列技术主题的概率分布。

**表 4.2　LDA 主题模型生成技术主题示例**

| 专利文档 | 技术主题 | SAO |
| --- | --- | --- |
| Doc1<br>(US2003151749) | $\text{topic}_{10}$ ($p$=0.277)<br>(测量物体表面，<br>surface measuring) | method - MEASURE - surface ($p$=0.362);<br>apparatus - MEASURE - semiconductor surface ($p$=0.121);<br>apparatus - MEASURE - disc platter surface ($p$=0.102);<br>… |
| | $\text{topic}_{1}$ ($p$=0.231)<br>(产生光干涉，<br>optical interference generating) | light source - PRODUCE - light ($p$=0.416);<br>reflected light - PRODUCE - interference pattern ($p$=0.118);<br>apparatus - USE - interference pattern ($p$=0.092);<br>… |
| | $\text{topic}_{15}$ ($p$=0.186)<br>(光激发设备，<br>optical excitating device) | optical device - METHOD_OF - light ($p$=0.302);<br>image device - METHOD_OF - interference pattern ($p$=0.209);<br>unit - METHOD_OF - light ($p$=0.116);<br>… |

### 4.3.2 语义相似度

LDA 模型生成的原始技术主题数量较多，语义发散，缺乏技术问题、技术方案、技术功能、技术效果语义类型标注，不能直接用来构建语义 TRIZ 的中观层技术维度，需要将它们映射到概念空间中生成上述四种语义类型的技术主题。这种映射本质是一种分类，分类目标是通过制定分类规则，将原始技术主题自动、准确地分到概念空间相应的技术主题中。

本书基于技术主题之间的语义相似度来对原始技术主题进行分类。技术主题之间的语义相似度是指两组技术主题之间在语义层面上的相似性。技术主题被表示成 SAO 的权重向量(见式(4.3))之后，可基于 SAO 之间的语义相似度来计算技术主题之间的语义相似度。SAO 是由 Subject、Action、Object 组成的三元组，它们之间语义相似度又可基于 Subject、Action、Object 等术语之间的语义相似度来计算。Subject、Action、Object 是具体的英文单词或短语，关于它们相互之间的语义相似度计算，已经有较多现成词典、工具、研究成果可供利用。英文词汇间语义相似度计算一般基于 WordNet 进行。WordNet 是由 Princeton 大学开发、维护的一个英语词汇语义数据库，它将名词、动词等组织成一个同义词集合网络，每个同义词集合都代表一个基本的语义概念[172,185]。WordNet 被广泛应用于自然语言处理、知识工程等领域[172,185]。JWS 是由英国萨塞克斯大学(University of Sussex)的 David 等开发的基于 Java 与 WordNet 的语义相似度计算开源项目[186]。Choi 等基于 WordNet 进行 SAO 语义相似度的研究[152]。本书利用 JWS 工具，在 Choi 等的研究基础上，进一步研究了计算技术主题之间的语义相似度。标记 $\mathrm{SAO}_{ik}$ 与 $\mathrm{SAO}_{jk}$ 的语义相似度为 $\mathrm{sim}(\mathrm{SAO}_{ik}, \mathrm{SAO}_{jk})$，可认为 $\mathrm{topic}_i$ 与 $\mathrm{topic}_j$ 之间的语义相似度 $\mathrm{sim}(\mathrm{topic}_i, \mathrm{topic}_j)$ 是其包含的 SAO 两两之间语义相似度之和的算术平均值，即

$$\mathrm{sim}(\mathrm{topic}_i,\mathrm{topic}_j)=\sum_{r=1}^{n}\sum_{k=1}^{m}\frac{p_{ir}\cdot \mathrm{sim}(\mathrm{SAO}_{ir},\mathrm{SAO}_{jk})}{m\cdot n} \tag{4.4}$$

式中，$n$ 是 $\mathrm{topic}_i$ 中 SAO 个数；$m$ 是 $\mathrm{topic}_j$ 中 SAO 个数。

类似地，$\mathrm{sim}(\mathrm{SAO}_{ir}, \mathrm{SAO}_{jk})$ 之间的语义相似度可以由组成它们的 Subject、Action、Object 之间语义相似度和的算术平均值来计算，具体如下：

$$\mathrm{sim}(\mathrm{SAO}_i,\mathrm{SAO}_j)=w(S)\cdot \mathrm{sim}(S_i,S_j)+w(A)\cdot \mathrm{sim}(A_i,A_j)+w(O)\cdot \mathrm{sim}(O_i,O_j) \tag{4.5}$$

式中，$w(S)$ 表示 Subject 对语义相似度的权重；$w(A)$ 表示 Action 对语义相似度的权重；$w(O)$ 表示 Object 对语义相似度的权重；三者之和为 1。

直接利用式(4.4)来计算技术主题之间的语义相似度，会将语义上可能完全不相关的 SAO 也纳入相似度比较计算范畴，存在大量不必要的比较与计算，降低技

术主题之间语义相似度的准确性。例如，$SAO_i$(method - PRODUCE - graphene film)与 $SAO_j$(nanofiber material - FUNCTION - fuel cell)这两个 SAO 表达的内容在语义上完全不同，计算 sim($SAO_i$, $SAO_j$)结果为零。因此，实际技术主题语义相似度计算过程中，会预先对 SAO 进行分组，分别计算各组内 SAO 对的语义相似性，再计算技术主题间的语义相似度。通过这种方式，可大幅提高技术主题间语义相似度的准确性。在 SAO 清洗过程中，已经形成关于 Action 类型的语义词典，不同 Action 类型的 SAO 之间语义相似度没有实际意义。因此，通常先基于谓语词典对技术主题包含的 SAO 预先进行分组，然后再利用式(4.4)来计算技术主题间语义相似度。

需要说明的是，WordNet 是一个基于认识语言学的数字化的英语词汇数据库，它不包括专业性特别强的术语缩写以及专业术语短语等。因此，直接利用 WordNet 进行语义相似度计算之前，需要整理一个领域专业术语库，由专家定义术语的语义关系。在计算语义相似度时，先检索领域专业术语库，如果不在领域专业术语库中，再去检索 WordNet。

### 4.3.3　其他特征降维技术

除了 LDA 主题模型、语义相似度计算之外，在语义 TRIZ 的构建过程中，本书还用到了按语义规则分类、因子分析、聚类分析三种降维技术。

1. 按语义规则分类

按语义规则分类属于基于规则的分类方法，其分类方式是一系列 IF-THEN 规则集[187]。IF-THEN 规则表示形式如下[187]：

IF condiction THEN conclusion

这里，condiction 就是语义规则，conclusion 指分类主题。一般语义规则与分类主题都由专家事先通过分析样本数据拟定。因此，按语义规则进行分类需要专家深度参与，适用于小样本数据分类。它的优点是分类准确性较高，缺点是需要专家深度参与，不适合较大数据量级分类应用。

本书中，当概念空间专利与 SAO 数量都较少时，可考虑采用按语义规则对 SAO 进行分类，生成特定语义类型的技术主题。表 4.3 是一个对技术效果语义类型的 SAO 分类语义规则示例。

2. 因子分析

因子分析是一种研究从变量群中提取共性因子的统计方法，其基本目的是用少数几个因子去描述多个变量之间的联系，将关系密切的几个变量归在同一类中[40,80,164]。每一类变量被称为一个因子，以较少的几个因子反映原来样本空间的大部分信息，从而达到降维的目的[40,163,164]。

**表 4.3　SAO 分类语义规则示例**

<table>
<tr><th>技术主题语义类型</th><th>技术主题语义标签</th><th>分类规则</th><th>包含的具体 SAO</th></tr>
<tr><td rowspan="3">技术效果</td><td>提高精确度<br>(improve accuracy)</td><td>S -<br>{promote|improve|increase|has high|enhance|is more} -<br>{ accura*| precis*| exact*}</td><td>method - HIGHER_THAN (improve) - accuracy;<br>interferometer - HIGHER_THAN (has high) - precision;<br>…</td></tr>
<tr><td>避免不良效果<br>(avoid unexpected effect)</td><td>S -<br>{avoid|devoid|immune|lower|minimize|overcome|reduce|shorter|} -<br>{unexpected*|contrast*|stiff*| … }</td><td>method - LOWER_THAN (avoid) - unexpected result;<br>method - LOWER_THAN (overcome) - fringe contrast;<br>…</td></tr>
<tr><td>简化流程<br>(simplify process)</td><td>S -<br>{simplify |is} -<br>{ process *| operation*|simple*| easy to use| … }</td><td>method - LOWER_THAN (simplify) - manufacture process;<br>method - LOWER_THAN (is) - easy to use;<br>…</td></tr>
</table>

因子分析是一种无监督的机器学习方式，通过计算变量间的相关系数来实现变量的线性降维[164]。因子分析适用于变量数量较多，且不容易发现相关规则的降维场景[164]。它的优点是不需要专家事先参与，可分析变量间难以直接观测到的隐性因子；缺点是准确性不及按语义规则分类，需要专家事后对生成的因子进行人工解读[164]。

本书中，当概念空间专利与 SAO 数量都较多时，可考虑采用因子分析方式对 SAO 进行降维，再由专家解读生成的因子，生成特定语义类型的技术主题。

3. 聚类分析

因子分析是针对变量(如 SAO)的降维方式，而聚类分析是一种针对样本(如技术主题)的降维技术[63,80]。聚类分析与因子分析都是无监督的机器学习方式，聚类分析的作用是将大量样本按照相似性进行群簇划分[32]。常用的聚类方法有 *K*-means 聚类、层次聚类等。聚类分析的优点是不需要专家事先参与，可直接将样本按照相似性进行组合；缺点是准确性不及按语义规则分类，需要专家事后对生成的聚类簇进行人工解读[32]。

本书中，当生成中观层技术主题之后，可利用技术主题的 SAO 词袋子模型对它们进行聚类，再由专家解读生成的聚类簇，从而生成宏观层面的技术范畴。

## 4.4　SAO 语义网络技术

### 4.4.1　SAO 全局语义网络构建

大量 SAO 构成的语义网络可认为是一种特殊的领域知识图谱，被广泛应用于知识组织、技术挖掘与知识发现等领域[180,188,189]。传统的 SAO 语义网络构建方法是以一个主语为中心，通过谓语连接不同宾语，构造成一个放射性网络，或者以一个宾语为中心，通过谓语连接不同主语，构造成一个放射性网络。图 4.6 是一个由社会网络分析软件 NetMiner①构建的关于诱导多能干细胞的有向语义网络的例子。在该图中，网络的节点代表一个语义概念，相对应的颜色代表语义概念的种类；边代表语义关系，该连边从主语指向谓语，边的颜色和宽度分别代表语义种类以及该语义被描绘的频数。传统的局部 SAO 网络都只能获得关于一个主语和其他宾语(或者一个宾语和其他主语)的局部语义关系，无法得到所有主语和宾语之间的全局语义关系。事实上，NetMiner 难以实现使用一张图来描绘一个不同主语和不同宾语的全局语义关系网络，而构建一个全局的语义关系网对下一步实现技术挖掘与知识发现十分重要。

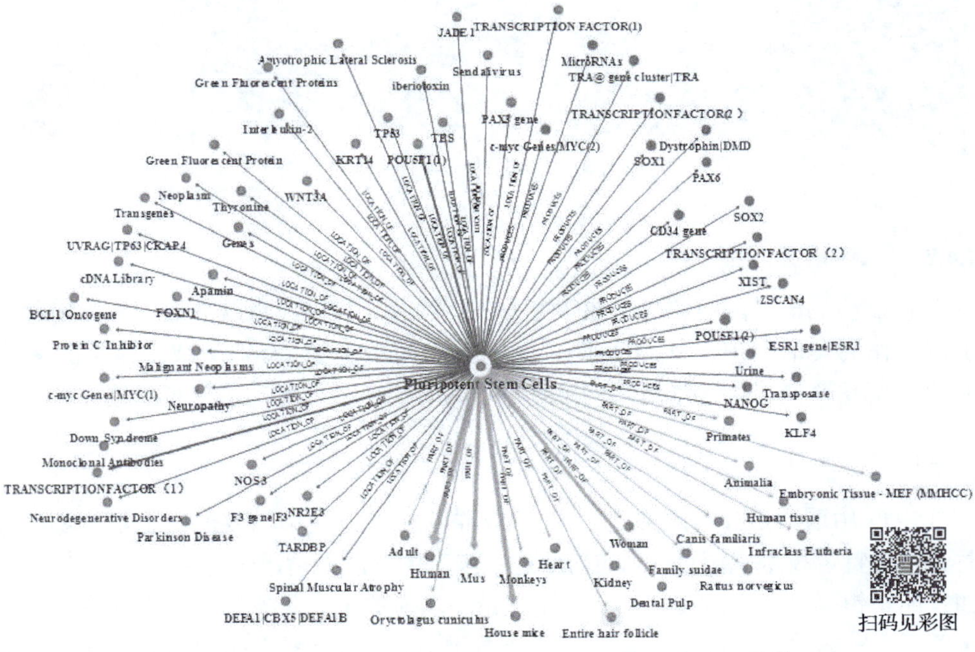


扫码见彩图

图 4.6　一个以诱导多能干细胞为主语的语义网络实例[180]

Zeng 等提出了一种 SAO 全局语义网络构建方法[190]。SAO 全局语义网络可表示为 SN($G_s$, $G_a$, $G_o$, $E^G$)。其中，$G_s$、$G_a$、$G_o$ 分别表示 Subject、Action 和 Object 组成的子图，$E^G$ 是所有关系组成的子图[190]。如图 4.7 所示，每一个圆圈代表一个语义实体。最上层为 Subject 主语网络，中间层为 Action 谓语网络，最下层为 Object 宾语网络，中间的连线表示主语和谓语之间的语义关系，不同的颜色代表

① http://www.netminer.com

了不同的 SAO 结构。例如，图中绿色部分表示通过谓语“Location_of”连接的 SAO 结构。Hu 等通过 Python 实现了 SAO 全局语义网络构建，经试验可支持百万级 SAO 三元组语义网络构建[189]。

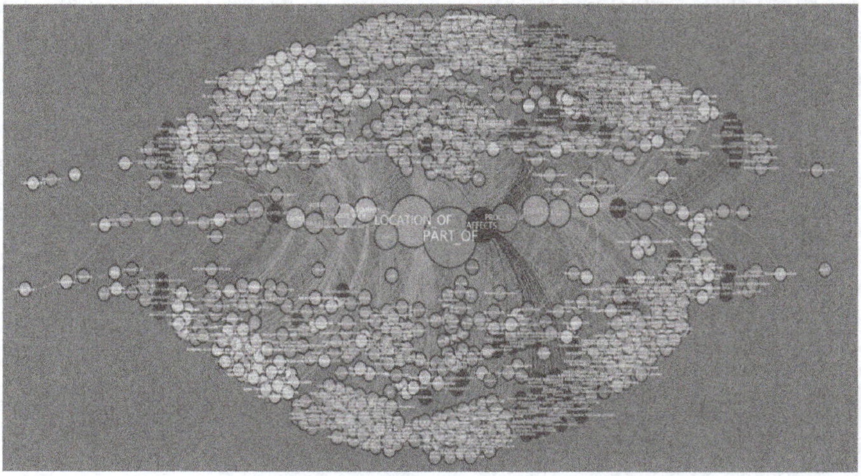


扫码见彩图

图 4.7　基于 SAO 结构的全局语义关系网络[190]

### 4.4.2　SAO 语义网络挖掘

SAO 全局语义网络包含了成千上万的点和边，许多节点既可作为主语出现，也可以作为宾语出现，从而使得这个全局关系网络结构特别复杂。为了能够从 SAO 全局语义网络中清晰地识别出有价值的知识，需要对其进一步挖掘。

1. 谓语分组

SAO 中谓语是分析的关键，在 SAO 清洗之前，谓语的数据可能非常多。有时为实现特定技术挖掘目的，还需要进一步对清洗后的谓语进行语义分组[180]。例如，胡正银等进一步按照“相互作用关系、功能关系、表象关系、比较关系、位置关系、影响关系、共现关系”，对“造血干细胞癌症治疗”领域的谓语进行语义分组[135]。

谓语语义分组一般可分为专家咨询法、语义金标准对齐与自定义分组三种。专家咨询法与语义金标准法主要是咨询领域专家或参考已有的语义分组标准，人工制定谓语分组规则后进行映射[191]。

根据实践，本书提出了一种基于 SAO 结构的谓语自定义分组方法[189,190]。首先，在 SAO 语义网络中，找出与所有谓语动词相关联的主语；选出任何一个谓语，计算其与剩下的每一个谓语在主语部分的重叠程度。其次，根据设定的阈值 $\alpha$(比如：$\alpha$=40%），如果有一个谓语与选定的谓语之间的主语部分重叠程度大于等于阈值 $\alpha$，即可认为这两个谓语是同一类动词；重复执行上述操作，完成任意两个谓语之间主语部分重叠程度的计算，从而实现谓语的分组。具体见算法 4.1。

**算法 4.1**　基于 SAO 语义网络的谓语分组算法

(1) 选出所有谓语；

(2) 选出所有与谓语相关联的主语；

(3) 计算任意两个谓语主语部分的重叠程度；

(4) 根据设定的阈值 $\alpha$，实现谓语分类。

2. SAO 语义网络社区探测

社区有效反映了网络的内蕴性质，通过探测 SAO 语义网络中的不同社区，可以清晰地识别出网络中不同的技术主题。社区探测的本质是聚类，常采用由 Newman 和 Girvan 提出的被广泛接受的模度函数来描述网络的聚类现象，该模度函数定义见式(4.6)[192]：

$$Q=\frac{1}{2m}\sum_{vw}\left(A_{vw}-\frac{k_v k_w}{2m}\right)\delta\left(C_v,C_w\right) \tag{4.6}$$

式中，$v$、$w$ 表示网络中任意两节点；$k_v$、$k_w$ 分别是节点 $v$、$w$ 的度；$2m$ 表示整个网络的度；$\delta\left(C_v,C_w\right)$ 用来判断节点 $v$、$w$ 是否在同一个聚类(社区)中。

根据该模度函数的定义，SAO 语义网络聚类算法详见算法 4.2。

**算法 4.2**　SAO 语义网络聚类算法

(1) 输入网络的邻接矩阵；

(2) 随机初始化聚类向量；

(3) 进行局部搜索，改善模度函数值；

(4) 根据模度函数值，输出聚类结果。

算法 4.2 中，首先，产生网络的邻接矩阵，把整个网络随机初始化为两个聚类。其次，把初始化的两个聚类分别进一步细分为两个更小的聚类，直至当前每个聚类的模度函数值不再改变，即完成初始化。再次，进行局部搜索，如果用 $C_i$ 和 $C_j$ 表示当前得到的两个不同聚类，其中一个网络节点 $w$ 从聚类 $C_i$ 切换到聚类 $C_j$ 中，其相应的模度函数 $Q$ 的增量，可以按照式(4.7)[193]计算：

$$\Delta Q\left(w,C_i,C_j\right)=\frac{k_w^j-k_w^i}{m}+\frac{k_w\left(a_i-a_j\right)}{m}-\frac{k_w^2}{2m^2} \tag{4.7}$$

式中，$k_w^i$ 代表聚类 $C_i$ 中连接到网络节点 $w$ 的边的数量；$k_w^j$ 代表聚类 $C_j$ 中连接到网络节点 $w$ 的边的数量。

如果该增量为正值，表明网络节点 $w$ 可以切换到聚类 $C_j$ 中；如果该增量为负值，表明当前的切换操作无效，网络节点 $w$ 仍然保留在聚类 $C_i$ 中。当网络节点 $w$ 可以切换到聚类 $C_j$ 中时，需要对聚类 $C_i$ 进行更新。也就是说，对于聚类 $C_j$ 中任一网络节点 $v$,可以得到模度函数 $Q$ 的增量 $\Delta Q$ 的更新数值 $\Delta Q'$ ,其计算方法如下[193]：

$$\Delta Q'\left(v,C_i,C_j\right)=\Delta Q\left(v,C_i,C_j\right)-\left(\frac{k_w^2}{m^2}-\frac{2A_{wv}}{m}\right) \tag{4.8}$$

随着模度函数值的不断增加，局部搜索策略可以选择在每一次切换中向模度函数值最优的方向移动，直到所有聚类中的模度函数值不能再被更新为止。最后，通过 SAO 语义网络聚类算法，可分别得到关于主语和宾语的社区探测结果。

# 第5章 基于语义TRIZ的专利自动分类研究

专利分类既是组织管理专利的一种手段，也是专利技术挖掘的重要应用场景。分类体系是专利分类的基础与前提。现有专利分类体系，如专利分类号，存在领域宽泛、笼统，无法反映专利特有的“技术问题、技术方案”信息等局限，难以满足面向TRIZ应用的个性化专利分类需求。因此，本章将语义TRIZ引入专利自动分类中，提出一种针对具体技术领域、面向TRIZ应用的专利自动分类方法。

首先，本章从理论层面介绍专利自动分类的流程、方法与关键技术，重点阐述如何选取分类特征及训练分类模型。其次，选取大口径光学元件(large aperture optical elements，LAOE)领域专利为研究对象，构建LAOE领域语义TRIZ，形成面向TRIZ的个性化分类体系。再次，构建分类模型实现LAOE专利自动分类，构建LAOE专利辅助创新知识库系统。最后，通过与IPC分类号进行对比，归纳基于语义TRIZ进行专利自动分类的优点。

## 5.1 专利自动分类流程、方法和关键技术

面向TRIZ的专利分类是一种典型的文本分类。文本分类是指对于一个给定的文本对象，从一个事先规定好的分类体系中挑出一个(或者多个)最适合该对象的类别[194]。早期文本分类以人工分类为主，如专家系统。人工分类的结果容易理解，如足球、篮球等都可以归为体育类，但是人工分类费时费力，难以保证一致性与准确性，存在较强的专家主观性。现在，人工分类逐渐被以机器学习为主的自动分类所代替。

文本自动分类是指在给定的分类体系下，根据文本的内容自动确定文本关联的类别。从数学角度看，文本分类是一个映射过程，即将未标明类别的文本映射到已有类别中，该映射既可以是一对一映射，也可以是一对多映射，如式(5.1)所示[195]。与人工分类相比，自动分类可减少人工分类的繁杂工作、提高信息处理的效率、减少人工分类的主观性，自动分类具有相当高精确性，是分类应用的主流，已经在门户网站、图书馆、信息情报部门及政府、企业等领域内广泛应用[194]。

$$f: A \to B \tag{5.1}$$

式中，$A$为待分类的文本集合；$B$为分类体系中的类别集合[195]。

专利文本是一类具有很强技术专指性的特殊类型文本，文档中不同部分用以

描述不同技术内容，适合于自动分类。专利文本自动分类流程可分为定义或选择分类体系、用户人工构建训练集、选择或构建合适的分类特征项、通过反复训练与测试构建分类器、对待分类文档进行自动分类，具体流程见图 5.1[194]。自动分类涉及的关键技术有两项：分类特征项选择或构建与分类模型训练。

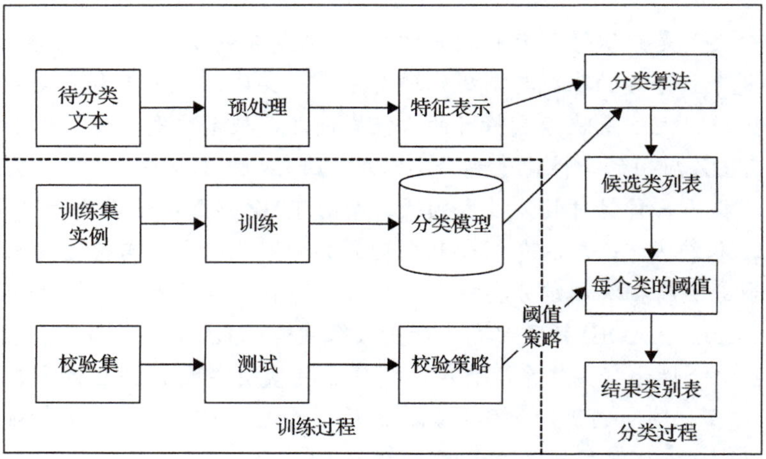


图 5.1　文本分类过程示意图[194]

### 5.1.1　分类特征项

文本是一种非结构化数据，难以直接用于计算机自动分类，因此对文本进行结构化表示是进行文本分类的基础与前提[196]。目前，文档表示模型包括布尔模型、向量空间模型、潜在语义模型和概率模型等，向量空间模型具有成熟易操作的优点，适用于中小规模文档集[32,197]。因此，本书选用向量空间模型对专利文本进行表示，即将每一个专利文本都表示为文档集中特征项(如关键词)的权重向量[197]。

向量空间模型涉及两个方面的关键技术：一是如何选择合适的特征项来对文本进行表示；二是选定好特征项之后如何计算文本关于特征的权重。前者属于特征抽取，后者属于特征权重计算。

1. 特征抽取

专利文档原始向量空间的向量维度一般很高，且相互之间存在依赖关系。如果直接利用它们进行分类，会导致分类准确率低，甚至失败，因此需要进行特征抽取。特征抽取是指从原始候选特征集中选择或提取与任务最相关的特征集，即从总体属性集合中挑选出一些具有较强“类别区分”能力的属性或生成此类属性[194]。通过特征抽取，将高维的原始特征集投射到低维的选定特征集中，可提高分类器的准确性与效率，这是自动分类的关键步骤。特征抽取有两种方式：特征重构与特征子集选取。特征重构是通过组合或变换原始特征集，产生新的低维特征，如主成分分析、主题模型等。特征子集选取则是直接从原始特征集中挑选与任务高度相关的特征[16]。

对于文本分类，常用的特征抽取方式包括文档频率(document frequency, DF)法、信息增益(information gain，IG)法、互信息(mutual information，MI)法、卡方检验(chi-square，$\chi^2$ test)法、主成分分析法等[194]。前四种方法都属于特征子集选择方法，主成分分析法属于特征重构方法。凡是特征子集选择，总是在量化特征的重要程度后再选择，如何量化特征的重要性是各种方法间最大的不同。

文档频率法通过统计候选特征在文档集中出现的频率来选择特征子集。一个特征的文档频率是指文档集中含有该特征的文档数目。该方法采用 DF 作为特征选择，基于如下基本假设：DF 值低于某个阈值的词条是低频词，它们不含或含有较少的类别信息。将这样的词条从原始特征空间中除去，不但能够降低特征空间的维数，而且有可能提高分类的精度。文档频率是最简单的特征选择方法，由于其相对于训练语料规模具有线性的计算复杂度，它能够很容易用于大规模语料统计。而信息检索研究通常认为值低的词条相对于值高的词条具有较多的信息量，不应该将它们完全移除。不同应用对于值的认识不同，因此应根据具体情况来选择该方法。总体而言，文档频率方法简单易行、可扩展性好，在文本分类中经常被使用[194]。

在信息增益法中，特征重要性的衡量标准是参考特征能够为分类系统带来信息量的多少。带来的信息越多，该特征越重要。信息量的多少用熵来衡量。计算特征 $t$ 的信息增益公式如下[194]：

$$\text{Gain}(t)=\text{Entropy}(S)-\text{Expected Entropy}(S_t) \tag{5.2}$$

式中，Entropy$(S)$表示引入特征 $t$ 之前的熵；Expected Entropy$(S_t)$表示引入特征 $t$ 之后的熵。

信息增益的大小是相对训练集而言，并无绝对意义。实际使用时，总是偏向于选择取值多的属性，经常会导致分类过拟合的情况[194]。信息增益率是信息增益的一种改进，它等于信息增益与分裂信息的比值[197]。利用信息增益率选择特征可有效避免信息增益倾向于多属性值属性的不足，因而得到广泛应用，如 C4.5 决策树分类算法采用信息增益率进行特征抽取[197]。

互信息是用来评估两个随机变量 $X$、$Y$ 相关程度的一种度量，即用来评价一个事件的出现对于另一个事件出现所贡献的信息量。其基本思想是：互信息越大，特征和类别共现的程度越大，公式如下[194]：

$$\text{MI}(X,Y)=\sum\nolimits_x\sum\nolimits_y P(x,y)\log\frac{P(x,y)}{P(x)P(y)} \tag{5.3}$$

根据互信息的定义，可以得出如下假设：在某个特定类别出现频率高，但在其他类别出现频率比较低的特征与该类的互信息比较大[198]。在式(5.3)中，将 $X$ 看作特征项 $t$，$Y$ 看作分类类别 $c$，那么互信息 $\mathrm{MI}(t, c)$ 就可用来表示 $t$ 与 $c$ 的共现程度。$\mathrm{MI}(t, c)$ 的值越大，$t$ 对于 $c$ 的区分能力越强[194]。

特征项和类别的互信息体现了特征项与类别的相关程度。对于每一个主题，特征 $t$ 的互信息越大，说明它与该主题的共现概率越大，因此以互信息作为提取特征的评价时应选择互信息最大的若干个特征[199]。互信息计算的时间复杂度类似于信息增益，互信息的平均值就是信息增益。互信息的不足之处在于得分容易受关键词边缘概率的影响[199]。

卡方拟合检验法源于统计学中的卡方分布，使用卡方统计量来度量特征项与类别的独立性。卡方统计量从类别与特征项关联表出发，使用特征项与类别间的关联性来进行量化计算特征项的重要度。该方法假设特征项和类别之间符合具有一阶自由度的分布，特征项与类别间关联性越强，特征项得分越高，该特征项越应该被保留，反之该特征项可以考虑舍弃[194,196]。

2. 特征权重计算

完成特征抽取之后，就可以将文本表示为特征的权重向量。在文本分类过程中，构建文本特征向量的本质是将文本从人类能够理解的形式转换为计算机能够理解、可计算的形式。它要经过两个步骤的量化，第一步是在特征抽取阶段，对候选特征重要程度量化；第二步是选定特征之后，将具体文本转化为特征向量时的特征权重量化[200]。这两个阶段既有关联，又有本质区别。特征抽取阶段，量化是用来选择用于文本表示的特征；特征权重量化阶段，则是计算每一个选用于分类的特征项针对每一篇文本的权重[200]。

完成特征抽取与特征权重计算之后，文档 $d_i$ 被表示成特征项 $w_j$ 的权重向量。特征项 $w_j$ 针对文档 $d_i$ 的特征权重 $w_{ij}$ 有多种计算方法，常用的加权函数有布尔权重、词频权重、基于熵概念的权重、基于词频-逆文档频率等。其中，基于 TF-IDF 权重在文本挖掘中较为常用。TF-IDF 源自如下假设：特征项在整个文本集中出现的频率越高，那么它所包含的信息熵就越小；如果特征项只在少量文本中出现，那么它就拥有较高的信息熵[201]。TF-IDF 的思想和构造的统计量都很简单，但表现了很好的性能，已被广泛应用于信息检索、信息过滤和文本分类等领域[202]。利用 TF-IDF 计算特征权重的公式如下[202]：

$$w_{ij} = w(k_j, d_i) = \frac{\log\left(\mathrm{tf}(k_j, d_i) + 1\right)}{\log T} \log \frac{N}{n_{kj}} \tag{5.4}$$

式中，$\mathrm{tf}(k_j, d_i)$ 指特征词 $k_j$ 在文档 $d_i$ 中出现的频次；$T$ 指文档 $d_i$ 中所有关键词出现的频次总数；$N$ 为文档集中所有文档总数；$n_{kj}$ 指包含特征词 $k_j$ 的文档数。

### 5.1.2　分类模型训练

构建分类模型不能一蹴而就，需要组合不同分类特征项与算法，基于训练集与测试集数据的测试结果，挑选出分类效果最好的组合来构建分类模型。常用的分类算法包括朴素贝叶斯分类(naive bayesian classifier，NB)算法、逻辑回归(logistic regress, LR)算法、迭代二叉树 3 代(iterative dichotomiser 3, ID3)决策树算法、支持向量机(SVM)算法、$K$ 最邻近(KNN)算法、人工神经网络(ANN)算法等[187]。分类模型训练涉及两部分：分类效果评价指标和分类模型校验策略。

1. 分类效果评价指标

为了评估分类模型的优劣，需要采用定量评价指标进行评价。常用评价分类效果指标包括准确率 $P$(precision)、召回率 $R$(recall)与综合评价指标 $F$(F-Measure)。其中，准确率 $P$ 是衡量分类准确性的指标，是已正确分类的文档数与所有分类文档总数的比值，见式(5.5)[105]。召回率 $R$ 是衡量分类全面性的指标，是已正确分类的文档数与所有应该被分到该类文档总数的比值，见式(5.6)[105]。

$$P = \frac{a}{a+c} \times 100\% \tag{5.5}$$

$$R = \frac{a}{a+b} \times 100\% \tag{5.6}$$

式中，$a$ 表示实际属于类 $C_i$，且分类器将其分入该类别的文档数；$b$ 表示实际属于类 $C_i$，但分类器未能将其分入该类别的文档数；$c$ 表示不属于类 $C_i$，但分类器能将其分入该类别的文档数。

从分类理想效果来说，希望 $P$ 与 $R$ 值越大越好。但在实际分类时，这两个指标在某些情况下是有矛盾的。当 $P$ 值大时，$R$ 值变小；反之当 $R$ 值大时，$P$ 值变小。而 $F$ 是综合这二者指标的评估指标，用于综合反映整体的指标。$F$ 是 $P$ 值与 $R$ 值的加权调和平均[105]：

$$F = \frac{(a^2+1)PR}{a^2(P+R)} \tag{5.7}$$

当 $a$=1 时，就是常用的 $F_1$ 值。本书采用 $F_1$ 值对分类效果进行评价，$F_1$ 值较高，说明分类效果较为理想。

2. 分类模型校验策略

基于训练集数据构建分类模型之后，需要利用校验测试集评估分类模型的分类效果。训练集与校验测试集都来自专家人工分类的数据集，训练集是用于训练分类模型的数据，校验测试集则是测试分类模型的数据，用于评估基于训练集生成的分类模型的分类效果[203]。在校验模型训练集前，需要先将专家人工分类的数据集划分成训练集与校验测试集两部分。一般有以下两种策略进行数据集的划分。

第一种策略是随机划分数据集，即将数据集随机按照一定比例（如 3∶1）划分成训练集和测试集，其中 3/4 的数据集用于分类模型的建立，1/4 数据集用于测试所建立模型的效果。通过多次的随机划分数据集，可计算出多次随机划分数据集得到分类模型效果的平均值，该平均值即分类模型的最终分类效果[204]。

第二种策略是交叉检验，是指按一定的方式将数据集划分成训练集和测试集，每条数据既有作为训练集，又有作为测试集。常用的交叉检验方法包括留一交叉验证、*K* 折交叉验证。留一交叉验证是每次选择一个数据作为测试集，其余的 *N*–1 个作为训练集用于测试模型的性能，共执行 *N* 次测试，*N* 次测试的结果作为最终模型的性能。*K* 折交叉验证则是将数据集划分成 *K* 份，每次是其中的 *K*–1 份作为训练集建立模型，剩余的 1 份作为测试集检测模型性能，共执行 *K* 次性能测试[205]。常用的是 10 折交叉验证法。

## 5.2 LAOE 领域面向 TRIZ 的专利自动分类

### 5.2.1 LAOE 领域语义 TRIZ 构建

大口径光学元件（LAOE）是精密光学领域的一种重要的元器件，在民用和国防等尖端技术领域用途十分广泛[206]。通过多维度、细粒度地挖掘 LAOE 领域专利的技术体系，并按照技术体系对 LAOE 专利进行分类，科研人员能更方便地全面了解该领域的重要技术问题与关键技术方案。

本章选择 DII 作为专利检索数据库，LAOE 专利检索策略见表 5.1，共得到 1384

**表 5.1 LAOE 专利检索策略**

| 序号 | 检索策略 |
|---|---|
| #1 | TS=（Interferomet* or Interferometry or（sub-aperture stitch*））and TS=（Interferomet* or Interferometry or SSI）and TS=（shape* or surface* or profil* or "Surface precision" or topograph）<br>上述检索式中，TS 表示主题，Interferometry 为干涉测量法 |
| #2 | IP=G01B-009/02 or IP=G01B-009/021 or IP=G01B-009/023 or IP=G01B-009/025 or IP=G01B-009/027 or IP=G01B-009/029* |
| #3 | #1 and #2 |

*G01B-009/02：干涉仪；G01B-009/021：用全息照相技术；G01B-009/023：用于得出轮廓；G01B-009/025：双重曝光技术；G01B-009/027：实时的；G01B-009/029：按时间平均的。

条专利。由于 LAOE 领域专利数据量较大，将其分为核心专利集与外围专利集两部分。与之相对应，从概念空间与索引空间两部分来构建 LAOE 语义 TRIZ。在专利自动分类完毕之后，将 LAOE 专利知识分类体系及分类结果进行索引并存入应用空间，共同组成完整的 LAOE 语义 TRIZ。

1. LAOE 概念空间语义 TRIZ 的构建

1) LAOE 领域核心专利遴选

综合考虑指标的易得性、客观性以及研究目的，采用表 3.13 所列的指标来遴选 LAOE 核心专利集。表 3.13 中“授权指标($C_{21}$)”的权重高达 0.4003，因此，本章在 LAOE 核心专利遴选时，将授权指标列为必选项，即核心专利集只包括已授权专利。根据式(3.1)对 LAOE 领域专利集中已授权专利计算核心技术指数，选取前 30%作为核心专利备选集。由领域专家进一步筛选，确定 278 条专利为 LAOE 领域核心专利集。

2) SAO 的自动抽取与数据清洗

本节从核心专利的专利题目、新颖性摘要、创造性摘要、实用性摘要字段中抽取原始 SAO。抽取过程中，根据 SAO 的来源及领域专家人工判断，对 SAO 按照技术问题、技术方案、技术功能与技术效果四种语义类型进行标注，以表明 SAO 在特定专利中表达的具体语义类型。同时附上抽取的 SAO 原始语句，便于检索与理解。

本节采用 OpenIE 工具分别从 DII 数据的上述字段中抽取 SAO，共得到 2455 条原始 SAO，再对 SAO 进行清洗，每一步的具体清洗结果见表 5.2。

**表 5.2　LAOE 概念空间 SAO 逐步清洗结果**

| | |
|---|---|
| 概念空间原始 SAO 数据 | |
| SAO<br>其中：Subject/Object<br>Action | 2455 条<br>823 个<br>122 个 |
| 第一步，情报分析专家人工对 SAO 结构进行剔除、拆分、增补等预处理 | |
| SAO<br>其中：Subject/Object<br>Action | 3812 条<br>1295 个<br>74 个 |
| 第二步，情报分析专家利用一系列通用词表对 Subject/Object 进行通用清洗 | |
| (1) Stopword.the (停用词清洗) | Subject/Object　1182 |
| (2) GeneralTerm.the (通用表达清洗) | Subject/Object　1123 |
| (3) BasicEnglish.the (英语规范清洗) | Subject/Object　1107 |

续表

| | |
|---|---|
| (4) NumPunctToSpace.the (数值清洗) | Subject/Object　1021 |
| (5) AcademicTerms.the (学术词汇规范清洗) | Subject/Object　938 |
| 第三步，情报分析专家利用领域词表对 Subject/Object 进行深度清洗 | |
| (1) LAOETerm.the (领域术语规范清洗) | Subject/Object　892 |
| (2) LAOEFuzzyMath.fuz (领域术语模糊匹配) | Subject/Object　782 |
| 第四步，情报分析专家基于术语共现对 Subject/Object 进行术语组合 | |
| CTN Macro (CTN 宏清洗脚本) | 由于数据量较小，跳过该步骤 |
| 第五步，情报分析专家对术语裁剪 | |
| 基于 TF 术语裁剪 (阈值为 2) | Subject/Object　458 |
| 第六步，信息技术专家基于语义相似度对 Action 聚类 | |
| WordNet | Action　20 类 |
| 第七步，领域专家对 Action 聚类结果人工合并、调整 | |
| Action 谓语词典 | Action　12 类 |
| 第八步，信息技术专家对 SAO 进行合并 | |
| 基于上述清洗结果对 SAO 进行合并 | SAO　1452 |
| 第九步，情报分析专家对 SAO 进行裁剪 | |
| 基于 TF 的 SAO 裁剪 (阈值为 2) | SAO　986 |
| 第十步，领域专家对 SAO 进行语态合并 | |
| 意义相同 SAO 的主动、被动语态合并 | SAO　947 |

SAO 清洗完毕之后，LAOE 概念空间一共得到 947 个 SAO，其中，技术问题语义类型 136 个、技术方案语义类型 458 个、技术功能语义类型 258 个、技术效果语义类型 95 个。每一篇专利分别表示成上述四种语义类型 SAO 词袋子，得到 LAOE 领域的 SAO 语义索引样例见表 5.3，LAOE 专利的 SAO 词袋子模式表示见表 5.4。

3) 中观层技术主题的构建

完成 SAO 清洗之后，利用专利的 SAO 词袋子模型对概念空间四种不同语义类型的 SAO 进行降维，生成中观层技术主题。采用按语义规则分类的方式对技术问题、技术效果类型的 SAO 降维，采用因子分析对技术方案、技术功能类型的 SAO 降维。SAO 降维之后，领域专家给每一个技术主题撰写相应的语义标签。

**表 5.3　专利 GB2350719 的 SAO 语义索引样例**

| 语义类型 | 主语 | 谓语 | 宾语 | 原始语句 |
|---|---|---|---|---|
| 技术问题 | method | PRODUCE | junction structure | Junction structure for use in an interferometer comprises a light transmitting semiconductor layer and a substrate below the layer extending beyond the junction |
| 技术方案 | junction structure | CONTAIN | substrate | |
| | junction structure | CONTAIN | semiconductor layer | |
| 技术功能 | junction structure | FUNCTION | optical device | The junction structure is used in optical devices such as an interferometer |
| | junction structure | FUNCTION | interferometer | |
| 技术效果 | method | ADVANTAGE | optical alignment | The invention achieves optical alignment，thus achieving maximum light energy transfer across the junction |
| | junction structure | HIGHER_THAN | light energy transfer | |

**表 5.4　专利的 SAO 词袋子模式表示**

| 专利 ID | SAO 语义类型 | SAO 词袋子 |
|---|---|---|
| 2310 | 技术问题 | {pSAO1，pSAO18} |
| | 技术方案 | {sSAO50，sSAO66，sSAO70，sSAO176，sSAO197} |
| | 技术功能 | {fSAO12，fSAO26，fSAO29，fSAO76} |
| | 技术效果 | {eSAO7，eSAO11，eSAO18} |

LAOE 概念空间一共得到 61 个中观层技术主题，概念空间技术主题示例见表 5.5，各种语义类型的技术主题数量分布及采用的具体降维方式见表 5.6。微观层 SAO 基础语义单元及中观层技术主题共同组成了 LAOE 的概念空间语义 TRIZ。

**表 5.5　LAOE 概念空间中观层技术主题示例**

| 技术主题语义类型 | 技术主题语义标签 | 包含的具体 SAO 示例 |
|---|---|---|
| 技术问题 | 生产干涉仪装置<br>(produce interferometer device) | method - PRODUCE (manufacture) - interferometer;<br>method - PRODUCE (manufacture) - interferometric system;<br>… |
| 技术方案 | 重定向光束<br>(redirect beam) | optical axis - INTERACTION (reflect) - illumination beam;<br>imaging module - INTERACTION (redirect) - reference beam;<br>… |
| 技术功能 | 测量表面粗糙度<br>(measure surface roughness) | interferometer - FUNCTION (analyze) - surface roughness;<br>interferometer - FUNCTION (determine) - surface topography;<br>… |
| 技术效果 | 提高准确性<br>(improve accuracy) | method - HIGHER_THAN (improve) - accuracy;<br>interferometer - HIGHER_THAN (has high) - accuracy;<br>… |

**表 5.6 不同语义类型的 SAO 降维方式**

| 技术主题语义类型 | 技术主题数量 | SAO 数量 | 降维技术 | 说明 |
|---|---|---|---|---|
| 技术方案 | 24 | 458 | 因子分析 | 专家对因子分析结果进行审核、解读，并撰写相应标签 |
| 技术功能 | 20 | 258 | 因子分析 | |
| 技术问题 | 8 | 136 | 按规则分类 | 专家根据 SAO 语义表达方式，人工制定分类规则 |
| 技术效果 | 9 | 95 | 按规则分类 | |

2. LAOE 索引空间语义 TRIZ 的构建

1) SAO 的自动抽取与数据清洗

针对 LAOE 领域外围专利集进行 SAO 的自动抽取与清洗。为保证 LAOE 索引空间技术信息覆盖更全面，需要扩大 SAO 抽取的范围。本章选取专利题目、新颖性摘要、创造性摘要、实用性摘要、技术焦点五个字段来抽取原始 SAO。在外围专利 SAO 信息抽取过程中，由于数据量较大，抽取文本字段更广泛，不预先标注 SAO 的语义类型。

外围专利集的 SAO 抽取与清洗流程、方法及关键技术和概念空间基本相同，不再赘述。LAOE 索引空间、概念空间与外围专利集包含专利的相关数据见表 5.7。

**表 5.7 LAOE 索引空间、概念空间与外围专利集包含专利的相关数据对比**

| 数据类型 | 索引空间 | 概念空间（核心专利） | 外围专利 | 说明 |
|---|---|---|---|---|
| 专利文献 | 1384 | 293 | 1091 | 索引空间：包含 LAOE 所有专利相关数据；概念空间：仅包含 LAOE 核心专利相关数据 |
| SAO | 3658 | 1024 | 3612 | |
| Subject/Object | 1257 | 473 | 892 | |
| Action | 12 类 | 12 类 | 12 类 | |

2) 中观层技术主题的构建

由于外围专利集的专利数量较大，且 SAO 缺乏语义类型标注，所以不能直接生成特定语义类型的技术主题。本节分两步挖掘外围专利集蕴涵的技术主题信息。

第一步，基于专利的 SAO 词袋子模型，利用 LDA 主题模型生成中观层原始技术主题。基于外围专利集中专利的 SAO 词袋子模式，采用机器学习工具集 MALLET 中的 LDA 模块自动生成中观层原始技术主题[16]。LDA 的重要参数包括“主题数目”、“Dirichlet 先验参数”等。参数值设置不合适会导致最终知识分类体系过于宽泛或过于狭窄。经反复实践，本文采用的参数设置原则为：绝大部分专利能被 10%的主题表示，且绝大部分主题能被 1%的 SAO 表示[16,80]。LDA 重要参数配置如表 5.8 所示，在这组参数配置下，72.31%的专利能被 10%的主题表示，78.26%的主题能被约 1%的 SAO 表示。

**表 5.8　LDA 重要参数配置**

| 参数名称 | 参数值 | 参数含义 |
| --- | --- | --- |
| num-topics | 200 | 技术主题数目 |
| num-iterations | 1000 | Gibbs 采样迭代次数 |
| alpha | 0.25 | 估算技术主题分布 dirichlet 参数 |
| beta | 0.01 | 估算 SAO 分布参数 |

通过 LDA，可得到 1091×200 的专利-技术主题分布矩阵及 200×3612 的技术主题-SAO 分布矩阵，矩阵的权重为相应的条件概率值。领域知识专家对生成的原始技术主题进行人工筛选、调整。LDA 主题模型生成原始技术主题示例见表 5.9。

**表 5.9　LDA 主题模型生成原始技术主题示例**

| 专利文档 | 技术主题 | SAO |
| --- | --- | --- |
| Doc1（US2003151749） | $topic_{10}$ ($p$=0.277)（测量物体表面，surface measuring） | method - MEASURE - surface（p=0.362）；<br>apparatus - MEASURE - semiconductor surface（p=0.121）；<br>apparatus - MEASURE - disc platter surface（p=0.102）；<br>… |
| | $topic_{1}$ ($p$=0.231)（产生光干涉，optical interference generating） | light source - PRODUCE - light（p=0.416）；<br>reflected light - PRODUCE - interference pattern（p=0.118）；<br>apparatus - USE - interference pattern（p=0.092）；<br>… |
| | $topic_{15}$ ($p$=0.186)（光激发设备，optical excitating device） | optical device - METHOD_OF - light（p=0.302）；<br>image device - METHOD_OF - interference pattern（p=0.209）；<br>unit - METHOD_OF - light（p=0.116）；<br>… |

第二步，使用原始技术主题向概念空间技术主题语义映射的方式，生成特定语义类型的中观层技术主题。由于待映射的原始技术主题数量(200 个)与概念空间中技术主题数量(61 个)差距小，采用基于技术主题语义相似度的方式来对原始技术主题进行语义映射。为了避免大量的无意义计算，先基于 Action 语义词典对技术主题包含的 SAO 预先分组，再利用式(4.4)计算技术主题语义相似度。设置相似度阈值为 0.4，高于该阈值的原始技术主题有 162 个，低于该阈值的原始技术主题有 38 个。领域专家将低于阈值的 38 个技术主题合并成 27 个，人工分类、撰

写语义标签。通过与概念空间技术主题合并，最后得到索引空间完整的中观层技术主题 88 个。LAOE 索引空间完整的中观层技术主题见附表 3(有 15 个技术主题同时属于 Solution 与 Function 语义类型)。

3)宏观层技术范畴的构建

通过对中观层技术主题进一步降维、归纳，生成宏观层技术范畴。利用技术主题的 SAO 词袋子模型分别对它们进行聚类，经专家审核、调整后得到 2 个技术对象类型、4 个发明原理类型、5 个应用领域类型与 3 个技术效应类型的技术范畴。宏观层所有技术范畴详细信息见附表 4。

LAOE 索引空间语义 TRIZ 的宏观层技术范畴、中观层技术主题、微观层 SAO 基础语义单元数量及分布汇总见表 5.10。

**表 5.10　LAOE 索引空间语义 TRIZ 技术维度数量及分布**

| 技术范畴(宏观层) | 数量 | 技术主题(中观层) | 数量 | SAO 数量(微观层) |
|---|---|---|---|---|
| 技术对象 | 2 | 技术问题 | 10 | 316 |
| 发明原理与方法 | 4 | 技术方案 | 39 | 893 |
| 应用领域 | 5 | 技术功能 | 43 | 514 |
| 技术效应 | 3 | 技术效果 | 11 | 237 |

### 3. LAOE 应用空间语义 TRIZ 的构建

面向 TRIZ 的专利分类是为了帮助用户快速发现领域中的专利采用了哪些技术方案、解决了哪些技术问题、实现了哪些技术功能、取得了什么样的技术效果。对上述 LAOE 语义 TRIZ 的宏观层技术范畴、中观层技术主题适当裁剪，构建 LAOE 领域面向 TRIZ 的个性化分类体系。

该分类体系是一个树形结构，它的根节点是具体技术领域名称，即 LAOE。根节点之下的第一级子节点是宏观层技术范畴，共包括 12 个大类；宏观层技术维度之下的第二级子节点是中观层技术主题，共包括 50 个小类。完整的 LAOE 领域面向 TRIZ 的个性化分类体系见表 5.11。

**表 5.11　LAOE 领域面向 TRIZ 的个性化分类体系**

| 大类序号 | 大类语义标签 | 小类序号 | 小类语义标签 | 语义类型 |
|---|---|---|---|---|
| P1 | 制造光学器件(produce optical device) | P1-01 | 制造光干涉器件(produce interferometer device) | 技术问题 |
| | | P1-02 | 制造微、精光学元件(produce micro & precision optical element) | 技术问题 |

续表

| 大类序号 | 大类语义标签 | 小类序号 | 小类语义标签 | 语义类型 |
|---|---|---|---|---|
| P2 | 光学测量方法或装置（measurement method/device） | P2-01 | 面形测量方法或装置（surface shape measurement method/device） | 技术问题 |
| | | P2-02 | 光干涉测量方法或装置（interferometry measurement method/device） | 技术问题 |
| | | P2-03 | 相位测量方法或装置（phase measurement method/device） | 技术问题 |
| | | P2-04 | 曲率测量方法或装置（curvature measurement method/ device） | 技术问题 |
| S1 | 操纵光（operate light/beam） | S1-01 | 重定向光束（redirecting beam） | 技术方案 |
| | | S1-02 | 传输光（transmitting light） | 技术方案 |
| | | S1-03 | 探测光束（probing beam） | 技术方案 |
| | | S1-04 | 光校准（aligning beam） | 技术方案 |
| S2 | 面形测量光学方法（shape measuring optical method） | S2-01 | 衍射方法（diffraction method） | 技术方案 |
| | | S2-02 | 偏振方法（deflection method） | 技术方案 |
| | | S2-03 | 校准方法（calibration method） | 技术方案 |
| | | S2-04 | 校正光路（correcting optical path） | 技术方案 |
| | | S2-05 | 全息图像法（hologram method） | 技术方案 |
| S3 | 干涉测量法（interferometry） | S3-01 | 分析干涉条纹（analyzing interference fringe） | 技术方案 |
| | | S3-02 | 差动干涉测量法（differential interferometry） | 技术方案 |
| | | S3-03 | 显微干涉测量法（microscopic interferometry） | 技术方案 |
| | | S3-04 | 相移干涉测量法（phase shifting interferometry） | 技术方案 |
| | | S3-05 | 相关干涉测量法（correlation interferometry） | 技术方案 |

续表

| 大类序号 | 大类语义标签 | 小类序号 | 小类语义标签 | 语义类型 |
|---|---|---|---|---|
| S3 | 干涉测量法（interferometry） | S3-06 | 掠入射干涉测量法（grazing incidence interferometry） | 技术方案 |
| | | S3-07 | 斑纹干涉测量法（speckle interferometry） | 技术方案 |
| S4 | 表面示廓（surface profiling） | S4-01 | 测量表面光学特性（measuring surface optical characteristic） | 技术方案/技术功能 |
| | | S4-02 | 表面不规则度探测（detecting surface irregularities） | 技术方案/技术功能 |
| | | S4-03 | 表面形状测量（measuring surface shape） | 技术方案/技术功能 |
| | | S4-04 | 表面粗糙度测量（profiling surface roughness） | 技术方案/技术功能 |
| | | S4-05 | 确定表面结构（determining surface structure） | 技术方案/技术功能 |
| | | S4-06 | 测量表面偏差（measuring surface deviation） | 技术方案/技术功能 |
| | | S4-07 | 表面质量探测（inspecting surface quality） | 技术方案/技术功能 |
| | | S4-08 | 测量波像差（measuring wave aberration） | 技术方案/技术功能 |
| F1 | 测量位置信息（measure location information） | F1-01 | 测量空间信息（measuring spatial information） | 技术功能 |
| | | F1-02 | 定位扰动（locating disturbance） | 技术功能 |
| F2 | 应用于光学器件（application in optical device） | F2-01 | 用于干涉仪（use for interferometer） | 技术功能 |
| | | F2-02 | 用于全息光学元件（use for holography device） | 技术功能 |
| | | F2-03 | 用于微光学元件（use for micro-optic device） | 技术功能 |
| | | F2-04 | 用于精密光学元件（use for precision optic device） | 技术功能 |
| | | F2-05 | 用于集成光学元件（use for integrated optic device） | 技术功能 |
| F3 | 应用于光学过程（application in optical process） | F3-01 | 用于光通信（use for optical communication） | 技术功能 |
| | | F3-02 | 用于光刻（use for lithography procedure） | 技术功能 |

续表

| 大类序号 | 大类语义标签 | 小类序号 | 小类语义标签 | 语义类型 |
|---|---|---|---|---|
| F3 | 应用于光学过程 (application in optical process) | F3-03 | 用于曝光过程 (use for exposure procedure) | 技术功能 |
| | | F3-04 | 用于光信号处理 (use for optical signal processing) | 技术功能 |
| | | F3-05 | 用于精微加工测量 (use for micro & precision fabrication & measure) | 技术功能 |
| | | F3-06 | 校正、校准 (correcting & calibrating) | 技术功能 |
| E1 | 拓展应用 (broaden application) | E1-01 | 新颖用法 (novel usage) | 技术效果 |
| E2 | 改进优点 (improve advantage) | E2-01 | 提升质量 (improve quality) | 技术效果 |
| | | E2-02 | 提升效率 (improve efficiency) | 技术效果 |
| | | E2-03 | 提升灵活性 (improve flexibility) | 技术效果 |
| | | E2-04 | 扩大范围 (expand range) | 技术效果 |
| E3 | 减少缺点 (reduce disadvantage) | E3-01 | 避免不良效果 (avoid unexpected effect) | 技术效果 |
| | | E3-02 | 简化流程与花费 (reduce process & cost) | 技术效果 |

根据面向 TRIZ 个性化分类体系的专利自动分类结果，可以向用户提供按照“技术问题、技术方案、技术功能、技术效果”分类的导航与检索服务，帮助用户快速找到采用了相似技术方案或解决了相似技术问题的专利。

### 5.2.2 LAOE 领域分类特征的选择

本章采用特征子集选取方式来抽取分类特征项。DII 专利的技术效果信息描述集中在新颖性摘要字段。通过咨询专家，发现一般性 Subject/Object 字段对技术效果分类作用不大，Action 字段及一些相关形容词，如 accurate、high sensitive 等对分类意义更大。因此，首先从新颖性摘要字段抽取 Action 动词、形容词及相关名词作为候选分类特征项。

本章分别用卡方检验与文档频率法从候选特征项中挑选出具有高特征值的分类特征项。具体来说，选择 top 20、top 30、top 40 卡方值与 DF 大于阈值 3、5、7 的特征作为分类特征项。利用式(5.4) TF-IDF 来计算挑选出来的特征项的权重，得到每一篇专利的特征项权重向量。根据上述 6 种不同特征选择策略，可得到 6 种不同专利-特征项权重矩阵。

### 5.2.3 LAOE 领域分类模型的训练

将专利表示成为特征项权重向量之后，继续构建分类模型。选取 200 条专利作为分类训练集与测试集。为了尽可能保证数据平衡，分别从 LAOE 核心专利集选取 50 条专利，从外围专利集中选择 150 条专利，按分类号分布比例挑选训练集，领域专家人工将这 200 条专利归入表 5.11 所示的分类体系中。

基于上一步得到的 6 种专利-特征项权重矩阵，分别选择 KNN 算法、C4.5 决策树分类、朴素贝叶斯分类 3 种分类算法，利用 WEKA 工具集中的分类模块进行试分类。

本章采用 10 折交叉验证法进行试分类效果评价。将数据集划分成 10 份，每次将其中 9 份作为训练集建立模型，1 份作为测试集检测模型性能，共执行 10 次性能测试，10 次测试的平均值为模型的分类效果。3 种分类算法在不同特征项下的分类综合评价指标 $F_1$ 值见表 5.12。

**表 5.12 3 种分类算法在不同特征项下的分类综合评价指标 $F_1$ 值**

| 特征项 | KNN 准确率/% | DT 准确率/% | NB 准确率/% |
|---|---|---|---|
| $\chi^2$(前 20) | 67.6 | 74.6 | 70.6 |
| $\chi^2$(前 30) | 68.1 | 72.8 | 71.5 |
| $\chi^2$(前 40) | 64.9 | 76.3 | 72.8 |
| DF(阈值为 3) | 57.2 | 65.2 | 71.2 |
| DF(阈值为 5) | 52.6 | 68.9 | 69.3 |
| DF(阈值为 7) | 59.3 | 61.1 | 65.8 |

分类综合评价指标 $F_1$ 值越高，表示针对待分类专利数据的自动分类能力越强。从表 5.13 可以看出，当选择前 40 卡方值特征项作为分类特征项、DT 作为分类算法时，分类综合评价指标最高，达 76.3%。因此，本节选择该组合构建分类模型对全部 LAOE 专利进行分类，该分类模型在测试集上针对每一个类别的分类效果见表 5.13。

**表 5.13 LAOE 专利技术效果分类指标**

| 类别编号 | 准确率/% | 召回率/% | 综合评价指标 $F_1$ 值/% |
|---|---|---|---|
| C1 | 80.2 | 96.4 | 87.6 |
| C2 | 78.6 | 91.7 | 84.6 |
| C3 | 80.0 | 66.7 | 72.7 |

续表

| 类别编号 | 准确率/% | 召回率/% | 综合评价指标 $F_1$ 值/% |
|---|---|---|---|
| C4 | 83.3 | 71.4 | 76.9 |
| C5 | 68.2 | 57.7 | 62.5 |
| C6 | 66.7 | 28.6 | 40.0 |
| C7 | 66.7 | 60.0 | 63.2 |
| C8 | 1 | 60.0 | 75.0 |
| C9 | 77.8 | 38.9 | 51.9 |
| C10 | 100 | 100 | 100 |
| C11 | 72.7 | 80.0 | 76.2 |
| 加权平均值 | 77.6 | 78.0 | **76.3** |

### 5.2.4　LAOE 领域专利的分类结果

从表 5.13 的分类结果可以看出，分类模型对{C1, C2, C3, C4, C8, C10, C11}分类效果较好，对{C5, C7}分类效果一般，对{C6, C9}分类时召回率值较低。因此，在利用该分类模型对 LAOE 所有专利进行面向技术效果的分类时，需要对{C6, C9}分类结果进行专家人工解读和调整。

利用该分类模型对 LAOE 所有专利分类之后，需要还原分到组合类别{C7, C8, C9, C10, C11}的专利，将分到组合类别中的专利同时映射到该组合类别包含的原始子类中。以分到“C7”组合类别中的专利为例，由于“C7”组合类别由“E2-01”与“E2-02”两个小类组成，因此分到“C7”的专利需要同时映射到“E2-01”与“E2-02”两个小类。此外，对于小类“E1-01”，由专家以关键词“novel”或“new”在新颖性摘要字段中检索后，人工分类。LAOE 专利针对技术效果的分类结果见表 5.14。

**表 5.14　LAOE 专利技术效果分类结果**

| 大类序号 | 大类语义标签 | 小类序号 | 小类语义标签 | 专利数量 |
|---|---|---|---|---|
| E1 | 拓展应用<br>(broaden application) | E1-01 | 新颖用法<br>(novel usage) | 23 |
| E2 | 改进优点<br>(improve advantage) | E2-01 | 提升质量<br>(improve quality) | 849 |
| | | E2-02 | 提升效率<br>(improve efficiency) | 343 |
| | | E2-03 | 提升灵活性<br>(improve flexibility) | 162 |
| | | E2-04 | 扩大范围<br>(expand range) | 139 |

续表

| 大类序号 | 大类语义标签 | 小类序号 | 小类语义标签 | 专利数量 |
|---|---|---|---|---|
| E3 | 减少缺点 (reduce disadvantage) | E3-01 | 避免不良效果 (avoid unexpected effect) | 401 |
| | | E3-02 | 简化流程与花费 (reduce process & cost) | 110 |

从表 5.14 可以看出，LAOE 专利从技术效果上看：41.88%的专利分布在“E2-01”子类，即提升现有技术或产品的质量方面；19.78%的专利分布在“E3-01”子类，即避免或减少现有技术或产品的不良效果方面；16.92%的专利分布在“E2-02”子类，即提升现有技术或产品的效率方面；仅 1.13%的专利分布在“E1-01”子类，即研发全新的技术与产品或将现有技术与产品应用到新的应用领域方面。针对技术问题、技术方案、技术功能的自动分类流程与此类似，不再赘述。

### 5.2.5　分类结果的具体应用

根据面向 TRIZ 个性化分类体系的专利自动分类结果，可以向用户提供按照“技术问题、技术方案、技术功能、技术效果”的分类导航与检索服务，帮助用户快速找到采用了相似技术方案或解决了相似技术问题的专利。它被广泛应用于专利智能检索、专利辅助创新等领域。基于 LAOE 专利的自动分类结果，作者构建了一套 LAOE 专利辅助创新知识库系统，系统相关界面见图 5.2、图 5.3。

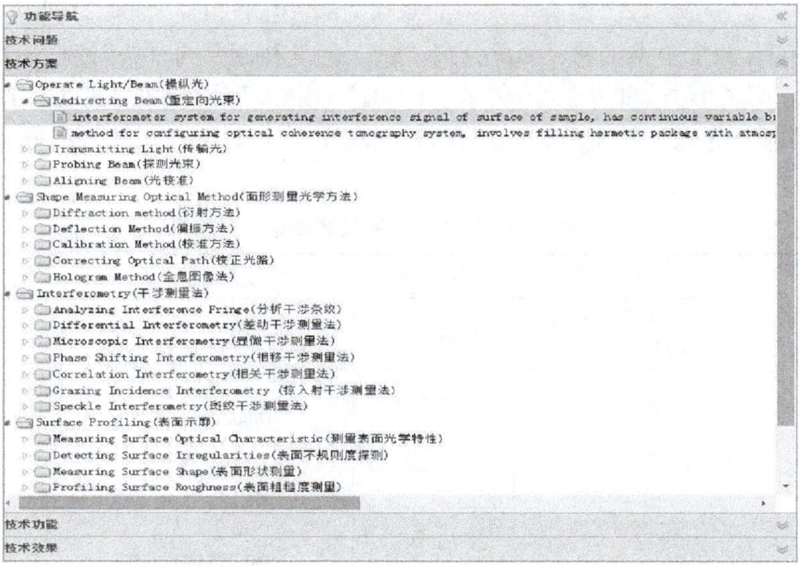


图 5.2　LAOE 专利辅助创新知识库系统按分类体系导航式浏览界面

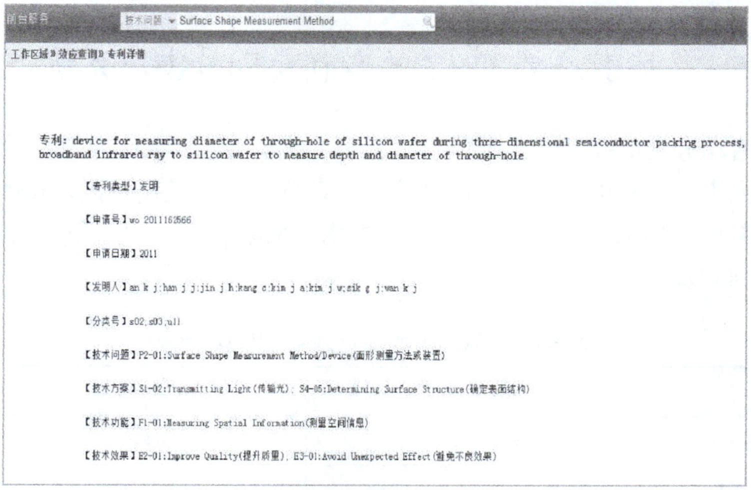


图 5.3　LAOE 专利辅助创新知识库系统按技术主题智能检索界面

该系统基于 LAOE 应用空间语义 TRIZ 构建。为了便于用户检索与重用分类结果，本章将个性化分类的知识组织体系及分类结果索引存储到 LAOE 应用空间，构成了应用空间语义 TRIZ。LAOE 知识组织体系在应用空间的数据结构见表 5.15，专利分类结果在应用空间的数据结构见表 5.16。LAOE 专利辅助创新知识库系统提供：按分类体系进行导航式浏览，按照技术主题、SAO 来进行语义检索。

**表 5.15　LAOE 分类知识组织体系数据结构**

| 名称 | 列名 | 数据类型 | 说明 |
|---|---|---|---|
| 知识分类标识 | fid | int | 主键索引 |
| 所属上一级知识分类标识 | parentfid | int | 表示知识组织体系层级结构 |
| 知识分类序号 | flabel | varchar(45) | 例如，E1-01 |
| 知识分类<br>语义标签 | fslabel | varchar(200) | 例如，novel usage(新颖用法) |
| 叶子节点 | isleaf | int | isleaf=1 表示该知识分类是叶子节点；<br>isleaf=0 表示该知识分类拥有下级分类 |
| 知识分类语义类型 | typeid | int | typeid=1　技术问题；<br>typeid=2　技术方案；<br>typeid=3　技术功能；<br>typeid=4　技术效果 |

**表 5.16　专利分类结果数据结构**

| 名称 | 列名 | 数据类型 | 说明 |
|---|---|---|---|
| 专利标识 | pid | int | 外键索引 |
| 知识分类标识 | fid | int | 外键索引 |

## 5.3　基于语义 TRIZ 的专利自动分类体系优点

专利自动分类的关键是分类体系。基于 LAOE 语义 TRIZ 构建的个性化分类体系维度更丰富、粒度更细致。现将其与 IPC 分类体系进行对比，具体如下：现有分类号系统中如 IPC 分类号与 LAOE 技术领域紧密相关的部分是 G01B-009，它的具体结构及含义见表 5.17[44]。

**表 5.17　2015.01 版 IPC 分类号 G01B-009**

| IPC 分类号 | 英文标签 | 中文标签 | 说明 |
| --- | --- | --- | --- |
| G01B 9/02 | interferometers | 干涉仪 | 大类 |
| G01B 9/021 | using holographic techniques | 使用全息技术 | 小类 |
| G01B 9/023 | for contour producing | 用于得出轮廓 | 小类 |
| G01B 9/025 | double-exposure technique | 双重曝光技术 | 小类 |
| G01B 9/027 | in real time | 实时 | 小类 |
| G01B 9/029 | by time averaging | 按时间平均 | 小类 |
| G01B 9/04 | measuring microscopes | 测量显微镜 | 大类 |
| G01B 9/06 | measuring telescopes | 测量望远镜 | 大类 |
| G01B 9/08 | optical projection comparators | 光学投影比较仪 | 大类 |
| G01B 9/10 | goniometers for measuring angles between surfaces | 用于测量表面之间夹角的测角仪 | 大类 |

通过对表 5.17 中“2015.01 版 IPC 分类号 G01B-009”与 LAOE 领域面向语义 TRIZ 应用的个性化分类体系进行比较，可看出基于语义 TRIZ 构建的 LAOE 分类体系具有以下优点：

(1) IPC 分类号仅从某一个角度分类，如仪器装置（干涉仪）或使用的某种技术（双重曝光技术）。面向语义 TRIZ 的分类体系从技术问题、技术方案、技术功能、技术效果多个维度对专利分类，可以帮助 TRIZ 用户多角度、快速找到所需专利。

(2) IPC 分类号对 LAOE 领域技术结构描述非常简单，只涉及干涉仪、显微镜等通用仪器装置。以及全息技术等极少数技术点。本分类体系来自 LAOE 专利文献本身，覆盖了领域大多数技术点，描述粒度更细致、更专业。

(3) IPC 分类号是一个相对静态的分类体系，面向语义 TRIZ 的分类体系是一种个性化分类体系。用户可以根据具体的技术挖掘需求，在 LAOE 语义 TRIZ 的基础上，调整、裁剪分类体系，满足个性化专利技术挖掘需求。

(4) IPC 分类号结构复杂，提供信息内容较少。面向语义 TRIZ 的分类体系结构简洁直观，能提供丰富的信息内容。除语义标签外，还可通过具体 SAO 语义单元提供更详细的分类信息。

# 第 6 章　基于语义 TRIZ 的专利技术演化研究

技术演化分析是专利技术挖掘的重要场景之一，其主要目的是挖掘领域的核心基础技术、新兴技术、萌芽技术等，为制定研发策略提供参考。现有专利技术演化分析以单维度分析为主，存在分析不够全面、不够深入等局限。因此，本章将语义 TRIZ 引入专利技术演化分析中，进行基于语义 TRIZ 的多维度、深层次专利技术演化研究。

首先，本章从理论层面介绍专利技术演化分析的流程、方法与关键技术，重点阐述如何分析技术主题之间的层级关系、挖掘技术问题与技术方案之间的语义关系等关键技术。其次，选取石墨烯传感器(graphene sensor, GSEN)专利为研究对象，构建 GSEN 领域语义 TRIZ。再次，分别从技术问题、技术方案两个角度出发，分析 GSEN 中观层技术主题演化。然后，研究基于语义 TRIZ 自动挖掘技术问题和技术方案之间语义关系的方法，并以氧化石墨为例，开展深层次专利技术演化分析。最后，归纳基于语义 TRIZ 的专利技术演化分析的优点。

## 6.1　专利技术演化分析方法

专利技术演化分析流程一般可以分为确定待分析技术点、分析技术点层级或语义关系、绘制技术演化图、解读技术演化图四个步骤。本章分析的技术点分别是：中观层“技术问题”与“技术方案”两种类型的技术主题及微观层“技术问题”与“技术方案”(problem & solution，P&S)模式。对中观层技术主题的演化分析，主要分析它们之间的层级关系；对微观层 P&S 模式进行综合技术演化分析，需要挖掘它们之间更复杂的语义关系。因此，本节重点阐述如何分析中观层技术主题之间的层级关系、挖掘微观层 P&S 模式之间的语义关系。

### 6.1.1　中观层技术主题间层级关系分析

对单维度技术点进行技术演化分析时，通常基于层级关系来判断它们之间可能存在的演化关系。技术上，一般采用技术点聚类或分类等数据挖掘方法分析其层级关系。Kim 等提出了一个基于聚类分析来可视化新兴技术的方法，可用于快速分析技术点间的层级关系[63]。方曙等对该方法进行了改进，并成功应用于专利技术演化分析。本章以方曙等的改进方法[19]为基础，来分析“技术问题”、“技术方案”间的层级关系。具体步骤如图 6.1 所示。

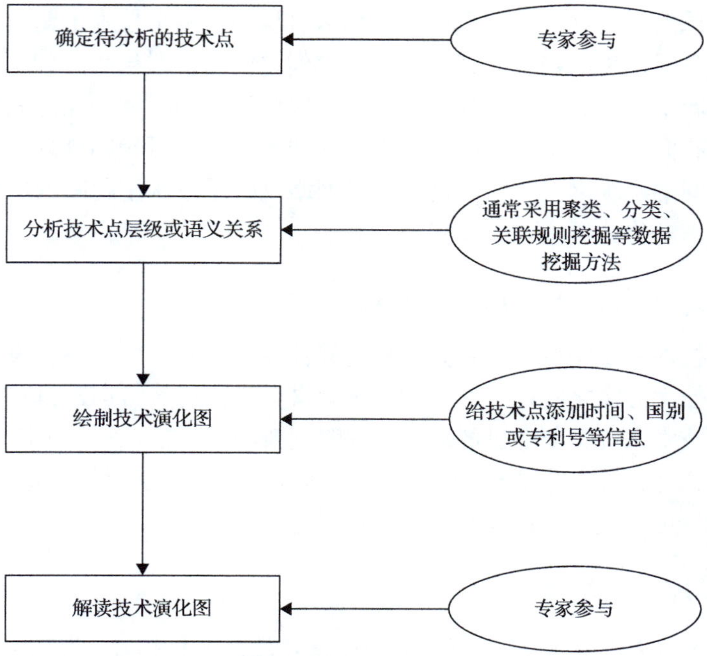


图 6.1　基于文本挖掘的专利技术演化分析流程图[19]

1. 专利文档聚类

按技术相关性，对专利文档进行聚类。本章利用分类号对专利文档进行技术主题聚类。德温特专利数据库中手工分类号(MC)由专家人工标引，较好反映了专利技术属性，适合用于对专利文档进行技术主题聚类[19]。

专利文档聚类的基础是专利文档-分类号权重矩阵，该矩阵的行是专利文档，列是分类号，矩阵具体数值是分类号 $i$ 相对专利文档 $j$ 的特征权重 Weight$(i,j)$。本章利用 TF-IDF 方式来计算特征权重 Weight$(i,j)$，具体公式如下[19]：

$$\text{Weight}(i,j) = f_{ij} \times \log(N / n_i) / \max_i(f_{ij}) \tag{6.1}$$

式中，$f_{ij}$ 表示分类号 $i$ 在专利文档 $j$ 中出现的频率；$N$ 是集合中的专利文档数；$n_i$ 表示包含分类号 $i$ 的专利文档数。

基于式(6.1)可得到专利文档-分类号权重矩阵，以此为基础得到专利文档相似矩阵。在专利文档相似矩阵的基础上，使用 $K$-means 聚类算法对专利文档进行聚类。

2. 形成技术主题层级网络

专利文档聚类完毕之后，形成若干聚类簇。每一个簇包含若干在技术上比较接近的专利。统计技术主题在这些聚类簇中的分布，如果技术主题 Topic$_i$ 与技术

主题 $Topic_j$ 同时出现在一个聚类簇中，那么可认为这两个技术主题之间存在关联关系。它们共同出现的聚类簇越多，说明它们之间的关联越强[19,63]。将技术主题出现在聚类簇中的次数，作为其频率权重予以标记，同时将相互之间存在关联的技术主题用有向线段连接。对所有聚类簇中技术主题进行相同处理，就形成了一个技术主题间的层级网络[19,63]。这个层级网络反映了技术主题间的层级关系，用于下一步技术演化分析。

### 6.1.2　微观层 P&S 模式间语义关系挖掘

中观层技术主题间层级关系是一种比较简单、浅层次的关系，没有深入反映技术问题和技术方案之间内在的各种复杂语义关系。经典 TRIZ 理论认为：技术矛盾是推动技术系统不断前进的动力，发明创新的核心就是解决矛盾[29,115]。也就是说，在技术问题和技术方案之间存在深层次语义关系，通过挖掘这些语义关系，可以更全面、更本质地描述专利技术演化进程。

1. 定义 P&S 模式

对于语义 TRIZ 中构建的微观层 SAO、中观层技术主题、宏观层技术范畴这些技术维度，可以用 Problem、Solution 等去标注它们的语义类型。它们本身并不是具体的技术问题或技术方案，只是描述专利技术信息的一种技术维度，P&S 模式则是用来表示具体技术问题或技术方案的一种方法[41,42]。一般来说，P&S 模式由模式名称、模式具体表述语句、描述 P&S 具体内容的段落或原文三部分组成。其中，模式名称是它的索引信息，一般用 SAO 表示；模式具体表述语句是摘要性描述；段落或原文则是技术内容详细描述。在专利技术挖掘中，一般使用前两项描述 P&S 模式，段落或原文用于专家延伸阅读。本章采用 SAO 作为 P&S 模式的索引。此外，还可以给 P&S 模式增加时间、语义与技术类型等信息，丰富 P&S 模式信息[41,42]。本章定义的 P&S 模式示例如表 6.1 所示。

**表 6.1　P&S 模式示例**

| 编号 | 名称 | 优先权年 | 语义类型 | 技术类型 | 原语句 |
|---|---|---|---|---|---|
| P1 | method - PRODUCE - Lithium battery | 2002 | 技术问题 | 设备(device) | Production of storage battery, e.g. lithium-polymer battery (来自 WO2004008559) |
| S1 | cathode - CONTAIN - metal oxide | 2002 | 技术方案 | 材料(material) | Production of storage battery, preferably based on rechargeable lithium (Li) -polymer cells, comprises laminating an anode mass containing carbon (I) and a cathode mass containing heavy metal oxide (来自 WO2004008559) |

2. 归纳 P&S 模式之间的语义关系

参照 TRIZ 技术进化理论[21]、统一医学语言系统词表①、科技知识组织体系(science and technology knowledge organization system，STKOS)超级词表[207]中概念间语义关系的设定，通过咨询相关专家，作者对技术问题与技术问题之间、技术问题与技术方案之间的语义关系进行了归纳，详见表 6.2 和表 6.3。技术方案与技术方案之间的语义关系与表 6.2 类似，不再赘述。

**表 6.2　技术问题与技术问题之间的基本语义关系**

| 关系名称 | 关系定义 |
|---|---|
| Upper | Problem A 是 Problem B 的上位 Problem |
| Sub | Problem A 是 Problem B 的下位 Problem |
| PartOf | Problem A 是 Problem B 的子集 |
| Co-Relation | Problem A 与 Problem B 具有相同的 Solution |

**表 6.3　技术问题与技术方案之间的基本语义关系**

| 关系名称 | 关系定义 |
|---|---|
| Total Solution | Solution A 是 Problem B 的全面技术方案 |
| Sub Solution | Solution A 是 Problem B 的下位 Problem 的全面技术方案 |
| Part Solution | Solution A 是 Problem B 的子集 Problem(PartOf) 的全面技术方案 |

表 6.2 与表 6.3 较全面归纳了技术问题与技术方案之间存在的各种语义关系。但是在实际应用中存在两个问题：一是自动挖掘这些语义关系非常困难，基本靠专家人工判别；二是在实际专利技术挖掘中，用户更关注的是技术问题与技术方案间的常见语义关系。张嶷等对技术问题与技术方案之间的关系模式进行了总结，归纳成 Relate(相关)、Solve(解决)、Update(更新)与 Evolve(演化)四种语义关系，详见表 6.4[41]。

3. 挖掘具体 P & S 模式之间的语义关系

张嶷等基于表 6.4 所列 P&S 模式之间的语义关系，成功对染料敏化太阳能电池领域中的“能量转换效率”这一技术主题进行了技术路线图分析，但是没有提出自动挖掘上述四种语义关系的方法，更多依靠领域专家的个人判断[41]。本章在其提出的 P&S 模式之间语义关系基础上，增加了 Same(相同)语义关系，用于描

① https://www.nlm.nih.gov/research/umls/index.html

**表 6.4　技术问题与技术方案之间关系模式[41]**

| 关系 | 关系描述 |
| --- | --- |
| 技术问题与技术问题之间 | Relate：两个 Problems 之间存在关联关系，如共享子系统等 |
| 技术问题与技术方案之间 | Solve：Problem 被 Solution 解决 |
| 技术方案与技术方案之间 | Relate：两个 Solutions 共享子系统，是一种渐进性创新；<br>Update：后一个 Solution 是前者的升级，是一种根本性创新 |
| 技术方案与技术问题之间 | Evolve：Solution 用于解决新的 Problem，即 Solution 解决了一个 Problem 之后，又被应用到其他新的技术领域 |

述高度相似的 Problems 或 Solutions；并基于 SAO 语义相似度，提出一种自动挖掘 P&S 模式间语义关系的方法。该方法可以提供一个初步的建议标准，供专家判断。具体阐述如下。

Same 语义关系：Problem 或 Solution 之间具有高度的语义相似性。

Problem 之间 Relate 语义关系：如果技术问题 P1、P2 之间的语义相似度高于某一个阈值，那么初步判断它们之间可能存在 Relate 关系。

Problem 与 Solution 间 Solve 语义关系：如果技术问题 P1 与技术方案 S1 共同属于某一篇专利或同一个专利家族，那么判断它们之间存在 Solve 关系。

Solution 之间 Relate/Update 语义关系：技术方案 S1、S2 同时与一个技术问题 P1 或多个技术问题之间存在 Solve 关系，如果 S1、S2 之间语义相似度高于某一个阈值，那么初步判断它们之间可能存在 Relate 关系；如果 S1 与 S2 之间语义相似度低于某一个阈值，并且 S2 出现的时间晚于 S1，那么初步判断它们之间可能存在 Update 关系。

Solution 与 Problem 之间的 Evolve 语义关系：技术方案 S1 与 S2 之间存在 Same 关系，技术问题 P1、P2 分别与 S1、S2 存在 Solve 关系，如果 P2 出现的时间晚于 P1，那么初步判断 S1 与 P2 之间存在 Evolve 关系。Evolve 关系是专利技术演化中普遍存在的一种关系，即同一种技术方案 S1 解决了一个技术问题 P1 之后，又被应用到其他新的技术领域中。

对上述语义关系挖掘的定量计算判断标准进行总结，具体见表 6.5，其中，P1、P2 表示具体技术问题，S1、S2 表示具体的技术方案。

专家依据表 6.5 的建议标准，通过人工判断可形成完整的技术问题与技术方案之间的语义关系。表 6.6 是自动挖掘技术问题与技术方案之间语义关系的一个示例。

挖掘出技术问题与技术方案之间的语义关系之后，即可用于下一步的技术问题与技术方案全景式技术演化分析。

**表 6.5　技术问题与技术方案之间语义关系定量判断标准**

| | 技术问题 | 技术方案 |
|---|---|---|
| 技术问题 | Same：P1 与 P2 有高度的语义相似性；<br>Relate：P1 与 P2 有一定的语义相似性 | Solve：P1 与 S1 同属于一篇专利文献或一个专利家族 |
| 技术方案 | Evolve：<br>前提条件：S1 与 S2 存在 Same 关系，且 P1 与 S1、P2 与 S2 存在 Solve 关系；<br>如果 P2 在专利集中出现的时间晚于 P1，那么 S1 与 P2 存在 Evolve 关系 | Same：S1 与 S2 有高度的语义相似性；<br>Relate/Update：<br>前提条件：S1、S2 与同一个或多个 Problem 存在 Solve 关系；<br>Relate：如果 S1、S2 具有较高语义相似度，那么 S1 与 S2 存在 Relate 关系；<br>Update：如果 S1、S2 具有较低语义相似度，且 S2 出现时间晚于 S1，那么 S1 与 S2 存在 Update 关系 |

**表 6.6　技术问题与技术方案之间语义关系挖掘结果示例**

| | P1 | P*j* | P*n* | S1 | S*k* | S*m* |
|---|---|---|---|---|---|---|
| P1 | Same | | Relate | Solve | | Solve |
| P*j* | | Same | | | | |
| P*n* | Relate | | Same | Solve | | Solve |
| S1 | Solve | | Evolve | Same | | Update |
| S*k* | | | | | Same | |
| S*m* | Solve | | Evolve | Relate | | Same |

## 6.2　GSEN 领域语义 TRIZ 的构建

石墨烯传感器(GSEN)是一种基于石墨烯材料的高光敏度传感器[208]。得益于石墨烯的纳米结构，这种新型传感器对光线的敏感度超过普通成像传感器千倍，在卫星成像、电子通信以及微纳米结构分析等领域都有着潜在的巨大应用前景[208,209]。本章选择 DII 作为专利检索数据库，由情报分析人员与领域专家共同制定石墨烯传感器的检索策略(表 6.7)。经情报分析人员筛选、合并专利家族

**表 6.7　GSEN 专利检索策略**

| 序号 | 检索策略 |
|---|---|
| #1 | TS=(sensor* or transducer* or (sensing same (element* or devic* or unit* or organ* or apparatus* or system*)) or (sense same organ*) or photosensor* or microsensor* or chemosensor* or multisensor* or hypersensor*)<br>式中，TS 表示主题，sensor、transducer、photosensor 等均为与传感器相关的关键词 |
| #2 | TS=(graphene*)<br>式中，TS 表示主题，graphene 为石墨烯 |
| #3 | #1 and #2 |

后共得到 191 项核心专利，用于分析 GSEN 领域的专利技术演化。由于 GSEN 领域核心专利数据量较小，本章利用第 3 章阐述的概念空间语义 TRIZ 构建流程来构建 GSEN 领域语义 TRIZ。

### 6.2.1 SAO 的自动抽取与数据清洗

本章选取专利题目、新颖性摘要、创造性摘要、实用性摘要四个文本字段进行原始 SAO 的抽取。在 SAO 抽取过程中，根据 SAO 来源字段及领域专家人工判断，对 SAO 按照 Problem、Solution、Function 与 Effect 四种语义类型进行标注，表明 SAO 在特定专利中表达的具体语义类型。同时，附加上抽取 SAO 原始语句，便于检索与理解。

本章采用 OpenIE 分别从 DII 数据的上述字段中抽取 SAO，共得到 2814 条原始 SAO。按照图 4.3 所列清洗流程进行 SAO 清洗，每一步的具体清洗结果见表 6.8。

**表 6.8 GSEN 概念空间 SAO 逐步清洗结果**

| | |
|---|---|
| 原始 SAO 数据 | |
| SAO<br>其中，Subject/Object<br>Action | 2814 条<br>2153 个<br>672 个 |
| 第一步，情报分析专家人工对 SAO 结构进行剔除、拆分、增补等预处理 | |
| SAO<br>其中，Subject/Object<br>Action | 4272 条<br>2912 个<br>382 个 |
| 第二步，情报分析专家利用一系列通用词表对 Subject/Object 进行通用清洗 | |
| (1) Stopword.the (停用词清洗) | Subject/Object 2868 |
| (2) GeneralTerm.the (通用表达清洗) | Subject/Object 2633 |
| (3) BasicEnglish.the (英语规范清洗) | Subject/Object 2521 |
| (4) NumPunctToSpace.the (数值清洗) | Subject/Object 2308 |
| (5) AcademicTerms.the (学术词汇规范清洗) | Subject/Object 1926 |
| 第三步，情报分析专家利用领域词表对 Subject/Object 进行深度清洗 | |
| (1) GSENTerm.the (领域术语规范清洗) | Subject/Object 1782 |
| (2) GSENFuzzyMath.fuz (领域术语模糊匹配) | Subject/Object 1561 |
| 第四步，情报分析专家基于术语共现对 Subject/Object 进行术语组合 | |
| CTN Macro (CTN 宏清洗脚本) | 由于数据量较小，跳过该步骤 |

续表

| | |
|---|---|
| 第五步，情报分析专家对术语进行裁剪 | |
| 基于TF术语裁剪(阈值为2) | Subject/Object　984 |
| 第六步，信息技术专家基于语义相似度对Action进行聚类 | |
| WordNet | Action　20类，168个 |
| 第七步，领域专家对Action聚类结果进行人工合并、调整 | |
| Action语义词典 | Action　12类，98个 |
| 第八步，信息技术专家对SAO进行合并 | |
| 基于上述清洗结果对SAO进行合并 | SAO　2892 |
| 第九步，情报分析专家对SAO进行裁剪 | |
| 基于TF的SAO裁剪(阈值为2) | SAO　1692 |
| 第十步，领域专家对SAO进行语态合并 | |
| 意义相同SAO的主动、被动语态合并 | SAO　1527 |

SAO清洗完毕之后，GSEN概念空间一共得到1527个SAO，Subject/Object有984个，Action有98个、12类。这些SAO按照语义类型划分为：Problem语义类型SAO共229个、Solution语义类型SAO共559个、Function语义类型SAO共557个、Effect语义类型SAO共182个。每一篇专利分别表示成如式(4.1)所述的SAO词袋子。最后得到的GSEN领域的SAO语义索引样例参见表3.16。

### 6.2.2　中观层技术主题的构建

完成SAO清洗之后，利用专利-SAO词袋子对不同语义类型的SAO进行降维，生成中观层技术主题。在GSEN语义TRIZ中，技术问题、技术效果类型的SAO数量较小，具有较规范化的语义表达方式，因此对这两种类型的SAO采用按语义规则分类的方式进行降维。分类规则示例参见表6.9。技术方案、技术功能类型的SAO数量较大，语义覆盖面较广，难以人工归纳总结相应的分类规则。因此，对这两种类型的SAO采用因子分析进行降维。SAO降维完成之后，由领域专家给技术主题撰写相应的语义标签。

GSEN语义TRIZ一共得到62个中观层技术主题，部分技术主题示例见表6.10，所有技术主题详见附表5，各种语义类型的技术主题数量及采用的具体降维方式见表6.11。

**表 6.9　Effect 语义类型 SAO 分类规则示例**

<table>
<tr><th>技术维度类型</th><th>Effect 标签</th><th>分类规则</th><th>包含的具体 SAO</th></tr>
<tr><td rowspan="4">技术效果</td><td>改善电学性能<br>(improve electrical properties)</td><td>S-<br>{promote|improve|increase|has high}-<br>{electri*| volt*}</td><td>graphene sheet - HIGHER_THAN (improve) - electrical conductivity;<br>nanopore device - HIGHER_THAN (has high) - voltage tolerance;<br>…</td></tr>
<tr><td>改善热性能<br>(improve thermal properties)</td><td>S-<br>{promote|improve|increase|enhance}-<br>{therm*|heat*|temp*}</td><td>graphite fibre - HIGHER_THAN (promote) - heat - dissipating capability;<br>composite - HIGHER_THAN (improve) - thermal conductivity;<br>…</td></tr>
<tr><td>提升环境友好性<br>(env-friendly)</td><td>S-<br>{is green|has}-<br>{silent*|low*}</td><td>grapheme drum pump - ADVANTAGE (has) - silent operation;<br>electronic device - ADVANTAGE (has) - low noise;<br>…</td></tr>
<tr><td>…</td><td>…</td><td>…</td></tr>
</table>

**表 6.10　GSEN 语义 TRIZ 中观层技术主题示例**

| 技术主题语义类型 | 技术主题语义标签 | 包含的具体 SAO 示例 |
|---|---|---|
| 技术问题 | 制造碳纳米管<br>(produce carbon nanotube) | Method - PRODUCE (prepare) - carbon nanotube;<br>Method - PRODUCE (prepare) - nano-graphene;<br>… |
| 技术方案 | 使用化学气相沉积法<br>(using chemical vapor deposition) | Method - CONTAIN (include) - chemical vapor deposition;<br>metal film - METHOD_OF (deposited by) - electro - chemical deposition;<br>… |
| 技术功能 | 用于生化传感器<br>(using for bio/chem sensor) | conductive material - FUNCTION (use for) - electrochemical sensor;<br>nano material - FUNCTION (use for) - electrochemical biological sensor;<br>… |
| 技术效果 | 改善理化性能<br>(improve phy/chem properties) | Electrode - HIGHER_THAN (has high) - strength;<br>graphene film - HIGHER_THAN (has high) - elasticity;<br>… |

**表 6.11　GSEN 语义 TRIZ 中 SAO 具体降维方式**

| 技术主题语义类型 | 技术主题数量 | SAO 数量 | 降维技术 | 说明 |
|---|---|---|---|---|
| 技术方案 | 20 | 559 | 因子分析 | 专家对因子分析结果进行审核、解读，并撰写相应标签 |
| 技术功能 | 15 | 557 | 因子分析 | |
| 技术问题 | 20 | 229 | 按规则分类 | 专家根据 SAO 语义表达方式，人工制定分类规则 |
| 技术效果 | 7 | 182 | 按规则分类 | |

## 6.3　中观层技术主题演化分析

技术主题演化分析是一种中观层面的技术演化分析，它从技术主题的角度展示领域专利技术演化，分析的目的是挖掘出领域的基础技术主题、新兴技术主题以及它们之间随时间的变化过程[19,32]。为了更详尽地展示技术主题的演化历程，本节基于 GSEN 语义 TRIZ 从技术问题、技术方案两个角度来分析 GSEN 领域技术主题的演化。

### 6.3.1　技术问题语义类型的技术主题演化分析

1. 技术主题分类

根据 GSEN 语义 TRIZ 将技术问题语义类型的技术主题分为“制备石墨烯相关材料（PRODUCE graphene related materials）”与“生产石墨烯相关器件（PRODUCE graphene related devices）”两大类，具体见表 6.12。

**表 6.12　Problem 语义类型技术主题**

| 编号 | 语义标签 | 类别 |
|---|---|---|
| P1-1 | 制造碳基复合材料（PRODUCE carbon composite material） | 制备石墨烯相关材料（PRODUCE graphene related materials） |
| P1-2 | 制造碳纳米管（PRODUCE carbon nanotube） | |
| P1-3 | 制造石墨烯层（PRODUCE graphene layer） | |
| P1-4 | 制备石墨烯氧化物（PRODUCE graphite oxide） | |
| P1-5 | 制造石墨烯膜（PRODUCE graphene film） | |
| P1-6 | 制造石墨烯片（PRODUCE graphene sheet） | |
| P1-7 | 制造电属性材料（PRODUCE electric material） | |
| P1-8 | 制备催化剂（PRODUCE catalyst） | |
| P1-9 | 分析核酸或 DNA（MEASURE nucleic acid/DNA） | |
| P1-10 | 药物传输载体（ASSOCIATED_WITH drug delivery） | |
| P2-1 | 制造基底（PRODUCE substrate） | 生产石墨烯相关器件（PRODUCE graphene related devices） |
| P2-2 | 制造化学传感器（PRODUCE chemical sensor） | |
| P2-3 | 制造传感器阵列（PRODUCE sensor array） | |
| P2-4 | 制造场效应晶体管（PRODUCE field effect transistor） | |
| P2-5 | 制造分子传感器（PRODUCE molecular sensor） | |

续表

| 编号 | 语义标签 | 类别 |
|---|---|---|
| P2-6 | 制造电极（PRODUCE electrode） | 生产石墨烯相关器件（PRODUCE graphene related devices） |
| P2-7 | 制造储能设备（PRODUCE energy storage device） | |
| P2-8 | 制造纳米复合传感器（PRODUCE nano composite transducer） | |
| P2-9 | 制造磁电传感器（PRODUCE magneto & electric sensor） | |
| P2-10 | 制造图像传感器（PRODUCE image sensor） | |

2. 专利文档聚类

根据 6.2 节所述方法，按技术相关性对专利文档进行聚类。本节利用德温特分类号（MC）对专利文档进行技术主题聚类[19]。

GSEN 专利集中共 114 个 MC，利用式（6.1）可得到专利-德温特分类号原始权重矩阵 $M_1$，它是一个 191×114 的矩阵。由于 $M_1$ 矩阵中有大量 MC 的值为零，为了保证聚类效果，需要对 MC 进行降维。本节采用文档频率法进行降维，将 $M_1$ 矩阵中权重和低于 4 的 MC 变量裁剪掉，得到一个包含 46 个 MC 的降维矩阵 $M_2$。以 $M_2$ 为基础使用 $K$-means 聚类算法对专利文档聚类。经比较，设置聚类簇数目为 10，对专利文档进行聚类。

3. 统计技术主题分布

根据 6.2 节所述方法，统计技术主题在这些聚类簇中的分布，具体见表 6.13。同时，按年统计技术主题的分布，具体见表 6.14。

**表 6.13　Problem 语义类型技术主题在专利聚类簇中的分布**

| 聚类簇编号 | 包含的技术主题编号 | 技术主题类别 |
|---|---|---|
| 1 | P1-1, P1-4, P1-5 | 制备石墨烯相关材料（PRODUCE graphene related materials） |
| 2 | P1-1, P1-2, P1-4, P1-7 | |
| 3 | P1-1, P1-3, P1-5, P1-6 | |
| 4 | P1-1, P1-2, P1-6, P1-7 | |
| 5 | P1-1, P1-2, P1-5, P1-8 | |
| 6 | P1-3, P1-5, P1-6, P1-7 | |
| 7 | P1-1, P1-2, P1-5 | |
| 8 | P1-2 | |
| 9 | P1-2, P1-9, P1-10 | |
| 10 | P1-2, P1-3, P1-4, P1-5, P1-6, P1-7 | |

续表

| 聚类簇编号 | 包含的技术主题编号 | 技术主题类别 |
| --- | --- | --- |
| 1 | P2-1, P2-4, P2-6, P2-9 | 生产石墨烯相关器件（PRODUCE graphene related devices） |
| 2 | 无 | |
| 3 | P2-5, P2-8, P2-9 | |
| 4 | P2-2, P2-6, P2-7 | |
| 5 | P2-3, P2-5, P2-6, P2-8 | |
| 6 | P2-6, P2-9, P2-10 | |
| 7 | 无 | |
| 8 | P2-3, P2-5, P2-9 | |
| 9 | P2-2, P2-3, P2-5, P2-6, P2-8 | |
| 10 | P2-4, P2-6, P2-9 | |

**表 6.14　Problem 语义类型技术主题按公开年的分布**

| 公开年 | 包含的技术主题编号 | 技术主题类别 |
| --- | --- | --- |
| 2004 | P1-2 | 制备石墨烯相关材料（PRODUCE graphene related materials） |
| 2005 | P1-2, P1-7, P1-8 | |
| 2006 | P1-1 | |
| 2007 | P1-1, P1-4, P1-5 | |
| 2008 | P1-1, P1-2, P1-3, P1-5 | |
| 2009 | P1-1, P1-2, P1-4, P1-5, P1-6, P1-7 | |
| 2010 | P1-1, P1-2, P1-3, P1-6, P1-8 | |
| 2011 | P1-1, P1-2, P1-3, P1-5, P1-6, P1-7, P1-8, P1-9, P1-10 | |
| 2004 | P2-7 | 生产石墨烯相关器件（PRODUCE graphene related devices） |
| 2005 | P2-4, P2-9 | |
| 2006 | P2-4 | |
| 2007 | P2-6, P2-9 | |
| 2008 | P2-9 | |
| 2009 | P2-1, P2-4, P2-5, P2-7 | |
| 2010 | P2-2, P2-3, P2-8, P2-9, P2-10 | |
| 2011 | P2-1, P2-2, P2-3, P2-5, P2-6, P2-10 | |

4. 绘制技术主题演化图

根据 6.2 节所述方法，结合表 6.13 数据，统计出每一个技术主题出现在专利聚类簇中的频次及技术主题间共现的频次。以技术主题出现在聚类簇中的频次为纵坐标，以技术主题所属专利的最早公开年(earliest publication year, EPY)为横坐标，绘制技术主题演化图。如果两个技术主题在专利聚类簇中共现度较高，则表示两者间存在技术关联的可能性较大。经领域专家确认两者存在技术关联后，在两者间用有向线段连接。最后得到“制备石墨烯相关材料”与“生产石墨烯相关器件”两类技术主题演化图，具体见图 6.2 与图 6.3。

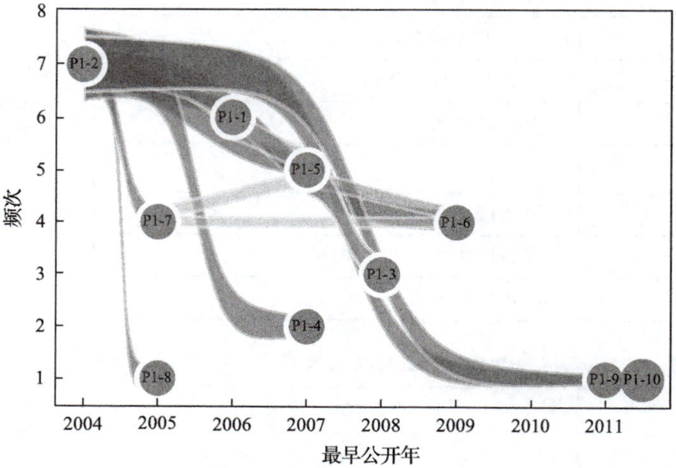


图 6.2　“制备石墨烯相关材料”技术主题演化图(基于最早公开年)

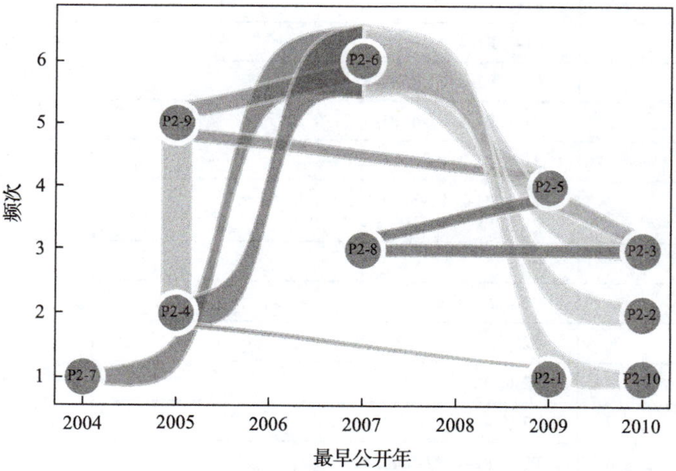


图 6.3　“生产石墨烯相关器件”技术主题演化图(基于最早公开年)

5. 解读技术主题演化图

下面结合技术主题按 EPY 的时间分布对技术主题演化图进行解读。在图 6.2 和图 6.3 中，左上角所示技术点，是最早公开年较早同时又在多个不同技术分类中出现，可认为是基础技术主题，包括制造碳复合材料(P1-1)、制造碳纳米管

(P1-2)、制造磁电传感器(P2-9)等；右下角所示技术点是最早公开年较晚且只在较少的技术分组中出现，可以认为是较新的技术发展方向，包括分析核酸或DNA(P1-9)、药物传输载体(P1-10)、制造传感器阵列(P2-3)、制造图像传感器(P2-10)等。

### 6.3.2　技术方案语义类型的技术主题演化分析

1. 技术主题分类

根据 GSEN 语义 TRIZ 将技术方案语义类型的技术主题分为"使用石墨烯相关材料或器件(using graphene related materials/device)"与"使用方法或过程(using method/process)"两大类，具体见表 6.15。

**表 6.15　Solution 语义类型的技术主题**

| 编号 | 语义标签 | 类别 |
| --- | --- | --- |
| S1-1 | 使用碳纳米管/纳米材料(using carbon nanotube/nano material) | 使用石墨烯相关材料或器件(using graphene related materials/device) |
| S1-2 | 使用石墨烯层(using graphene layer) | |
| S1-3 | 使用石墨烯氧化物(using graphite oxide) | |
| S1-4 | 使用石墨烯膜(using graphene film) | |
| S1-5 | 使用石墨烯片(using graphene sheet) | |
| S1-6 | 使用电属性材料(using electric material) | |
| S1-7 | 使用催化剂(using catalyst) | |
| S1-8 | 使用基底(using substrate) | |
| S1-9 | 使用石墨烯电极(using graphene electrode) | |
| S1-10 | 使用传感器(using sensor) | |
| S2-1 | 使用化学气相沉积法(using chemical vapor deposition) | 使用方法或过程(using method/process) |
| S2-2 | 使用涂层工艺(using coating process) | |
| S2-3 | 使用氧化还原法(using oxido-reduction process) | |
| S2-4 | 使用超声波处理(using ultrasonic process) | |
| S2-5 | 使用剥离处理(using separating process) | |
| S2-6 | 使用热处理处理(using thermal process) | |
| S2-7 | 使用电解或放电过程(using electrolysis/discharge process) | |
| S2-8 | 使用外延生长法(using epitaxial method) | |
| S2-9 | 使用化学合成反应(using chemical reaction) | |
| S2-10 | 使用气化或溶解液制程(using gasification/solution process) | |

### 2. 专利文档聚类

采用 6.3.1 节专利文档聚类结果，不再赘述。

### 3. 统计技术主题分布

统计技术问题语义类型的技术主题在这些聚类簇中的分布，具体见表 6.16。同时，按年统计技术主题的时间分布，具体见表 6.17。

**表 6.16　Solution 语义类型的技术主题在专利聚类簇中的分布**

| 聚类簇编号 | 包含的技术主题编号 | 技术主题类别 |
| --- | --- | --- |
| 1 | S1-4, S1-5, S1-8 | 使用石墨烯相关材料或器件（using graphene related materials/device） |
| 2 | S1-1, S1-5 | |
| 3 | S1-2, S1-8, S1-9 | |
| 4 | S1-1, S1-3, S1-4, S1-5, S1-8, S1-9, S1-10 | |
| 5 | S1-1, S1-3, S1-4, S1-5, S1-6, S1-8, S1-9, S1-10 | |
| 6 | S1-1, S1-3, S1-4, S1-5, S1-6, S1-8, S1-9 | |
| 7 | S1-1, S1-7 | |
| 8 | S1-1, S1-5, S1-8, S1-9, S1-10 | |
| 9 | S1-1, S1-2, S1-4, S1-5,S1-8, S1-9, S1-10 | |
| 10 | S1-1, S1-2, S1-3, S1-4, S1-8, S1-9 | |
| 1 | S2-1, S2-2, S2-6, S2-10 | 使用方法或过程（using method/process） |
| 2 | S2-3, S2-5, S2-7 | |
| 3 | S2-2, S2-6, S2-9 | |
| 4 | S2-2 | |
| 5 | S2-2 | |
| 6 | S2-8, S2-9, S2-10 | |
| 7 | S2-10 | |
| 8 | 无 | |
| 9 | S2-5, S2-6 | |
| 10 | S2-3, S2-4, S2-6, S2-7 | |

**表 6.17　Solution 语义类型的技术主题按公开年的分布**

| 公开年 | 包含的技术主题编号 | 技术主题类别 |
| --- | --- | --- |
| 2004 | S1-1 | 使用石墨烯相关材料或器件（using graphene related materials/device） |
| 2005 | S1-1 | |
| 2006 | S1-1 | |
| 2007 | S1-1, S1-3 | |

续表

| 公开年 | 包含的技术主题编号 | 技术主题类别 |
|---|---|---|
| 2008 | S1-1 | 使用石墨烯相关材料或器件（using graphene related materials/device） |
| 2009 | S1-1, S1-3, S1-4, S1-5, S1-7, S1-9 | |
| 2010 | S1-1, S1-2, S1-3, S1-4, S1-5, S1-6, S1-7, S1-8, S1-9, S1-10 | |
| 2011 | S1-1, S1-2, S1-3, S1-4, S1-5, S1-6, S1-7, S1-8, S1-9, S1-10 | |
| 2004 | S2-2, S2-7 | 使用方法或过程（using method/process） |
| 2005 | S2-3, S2-5 | |
| 2006 | 无 | |
| 2007 | S2-3, S2-6 | |
| 2008 | S2-7, S2-9 | |
| 2009 | S2-1, S2-2, S2-5, S2-6, S2-7, S2-9, S2-10 | |
| 2010 | S2-2, S2-3, S2-6, S2-8, S2-9, S2-10 | |
| 2011 | S2-2, S2-3, S2-4, S2-5, S2-6 | |

4. 绘制技术主题演化图

按照 6.3.1 节阐述绘制技术主题演化图思路，根据表 6.16 和表 6.17 数据，绘制技术问题语义类型的技术主题演化图，具体见图 6.4、图 6.5。

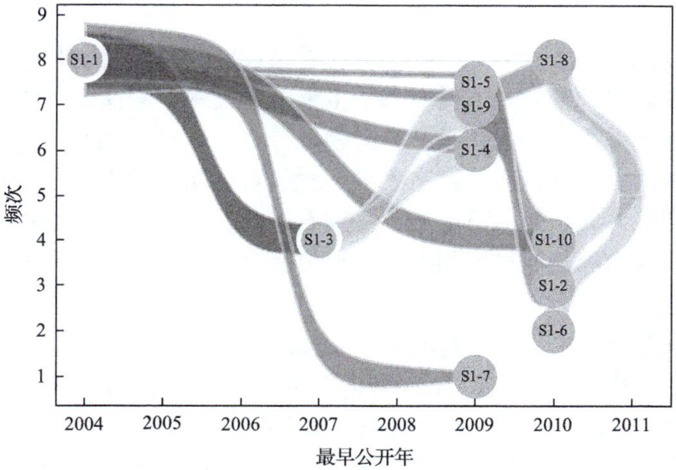


图 6.4　GSEN“使用石墨烯相关材料或器件”技术主题演化图(基于最早公开年)

5. 解读技术主题演化图

按照 6.3.1 节阐述思路，解读技术问题语义类型技术主题演化图。发现石墨烯传感器关注的基础或核心技术方案包括：利用碳纳米管或纳米材料与石墨烯氧化物作为中间体生产石墨烯相关材料或器件、氧化还原方法、涂层工艺；新兴技术方案包括：外延生长法、超声波处理、化学气相沉积法、使用导电材料及传感器制备传感器阵列与生化等。

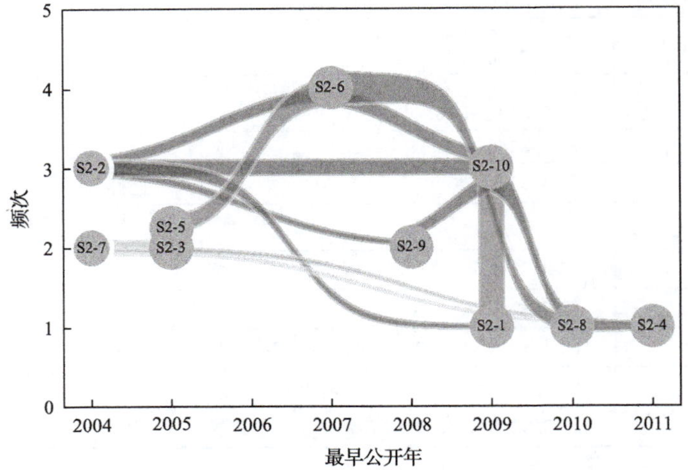


图 6.5　GSEN“使用方法或过程”技术主题演化图(基于最早公开年)

## 6.4　微观层 P&S 模式技术演化分析

微观层 P&S 模式技术演化分析可以更深入反映技术问题和技术方案之间互相交替演进推动技术发展的进程。基于 6.3 节的技术主题演化分析，发现氧化还原方法是本领域重要技术主题。经咨询领域专家，确定氧化石墨(graphite oxide)是本领域重要物质。氧化石墨存在大量的含氧官能团，利用还原去氧反应或简单加热处理就能够将其转变成石墨烯，实现石墨烯材料的大规模制备。另外，氧化石墨可以和聚合物等其他材料相混合并形成复合材料体系，表现出优异的力学和电学性能。

本节选取氧化石墨进行微观层 P&S 模式的技术演化分析。在专家的帮助下，从 GSEN 数据集中选取 11 篇核心“氧化石墨”专利文献作为分析数据集。分析的具体对象是 P&S 模式；分析目的是挖掘 P&S 模式如何交替发展，促进技术进化；分析结果是全景式氧化石墨技术演化图。本节首先归纳出氧化石墨数据集的 P&S 模式。其次，根据 6.1.2 节介绍的方法挖掘技术问题和技术方案之间的语义关系。最后，基于最早专利优先权年绘制氧化石墨技术演化图，并对技术演化图进行解读。

### 6.4.1　P&S 模式构建

本节从每篇专利中各选取一个与“氧化石墨”最相关的技术问题和技术方案

来进行分析。GSEN 语义 TRIZ 对微观层 SAO 的语义类型、来源语句与来源专利进行了标注。基于上述数据，补充来源专利的最早优先权年、P&S 模式的技术类型信息，得到完整的 P&S 模式，具体见表 6.18。其中，$P_i$ 与 $S_i$ 表示来自第 $i$ 篇专利的 P&S 模式。

**表 6.18　氧化石墨 P&S 模式**

| 编号 | SAO | 最早优先权年 | 语义类型 | 技术类型 | 原语句 |
| --- | --- | --- | --- | --- | --- |
| P1 | method - produce - lithium battery | 2002 | 技术问题 | 设备（device） | production of storage battery, e.g. lithium-polymer battery（来自 WO2004008559） |
| S1 | cathode - contain - metal oxide | 2002 | 技术方案 | 材料（material） | production of storage battery, preferably based on rechargeable lithium（Li）-polymer cells, comprises laminating an anode mass containing carbon（I）and a cathode mass containing heavy metal oxide |
| P2 | method - prepare - magnetic graphene | 2004 | 技术问题 | 设备（device） | preparation of magnetic graphitic materials used in e.g. magnetic images in medical science（来自 WO2005123580） |
| S2 | container - contain - transition metal oxide | 2004 | 技术方案 | 材料（material） | providing reactor with container having transition metal oxide, which generates proportion of oxygen gas to cause oxidative attack on graphite |
| P3 | method - modify - graphene oxide | 2005 | 技术问题 | 设备（device） | modified graphite oxide material useful as nanofiller（来自 US2007092432） |
| S3 | method - thermally exfoliate - graphene oxide | 2005 | 技术方案 | 方法（method） | comprises thermally exfoliated graphite oxide having specific surface area |
| P4 | method - produce - graphene oxide film | 2008 | 技术问题 | 设备（device） | producing reduced graphene oxide film used in e.g. sensors（来自 WO2009117628） |
| S4 | method - include - spin coating | 2008 | 技术方案 | 方法（method） | providing mixture of graphene oxide platelets, water, and organic solvent; spin coating the mixture and allowing water and solvent to evaporate; and repeating spin coating |
| P5 | method - synthesize - graphene oxide membrane | 2008 | 技术问题 | 材料（material） | synthesizing a graphene oxide membrane, useful e.g. in a sensor device（来自 WO2010074918） |
| S5 | method - oxidize - layered structure | 2008 | 技术方案 | 方法（method） | exposing a graphite to microwave radiation so as to exfoliate at least a portion of the graphite into a layered structure and oxidizing the layered structure |

续表

| 编号 | SAO | 最早优先权年 | 语义类型 | 技术类型 | 原语句 |
|---|---|---|---|---|---|
| P6 | method - produce - graphene containing composite | 2009 | 技术问题 | 材料 (material) | manufacture of graphene-containing composition used for modification of material (来自 WO2010141348) |
| S6 | method - mix - graphene oxide | | 技术方案 | 材料 (material) | involves mixing graphene oxide with medium containing solid or precursor |
| P7 | method - produce - graphene oxide | 2009 | 技术问题 | 材料 (material) | method of coating of graphene oxide for e.g. radiating unit (来自 KR2011016287) |
| S7 | method - coat - graphene oxide solution | | 技术方案 | 方法 (method) | coating graphene oxide solution on surface of material, drying and heat treating coated solution to form graphene thin film |
| P8 | graphenesheet - used for - lithiumion battery | 2010 | 技术问题 | 设备 (device) | manufacture of graphene sheet used for e.g. lithium-ion battery (来自 WO2011087305) |
| S8 | method - reduce - graphene oxide | | 技术方案 | 方法 (method) | a graphite oxide is reduced using polyvinyl alcohol solution, and deionized water is separated |
| P9 | method - modify - graphene oxide | 2010 | 技术问题 | 材料 (material) | method for surface modification of graphene oxide utilized in e.g. sensor (来自 KR2011105504) |
| S9 | method - disperse - graphene oxide | | 技术方案 | 材料 (material) | dispersing graphene oxide into organic solvent, adding polymer and catalyst to obtained slurry and adding mixture to electromagnetic radiation equipment |
| P10 | method - manufacture - lithium battery | 2010 | 技术问题 | 设备 (device) | method for manufacturing transition metal oxide/graphene composite of e.g. secondary lithium battery (来自 KR2011121583) |
| S10 | method - disperse - graphene oxide powder | | 技术方案 | 材料 (material) | dispersing graphite oxide powder into polyol solvent and mixing dispersion solution and transition metal salt |
| P11 | method - prepare - graphene oxide | 2011 | 技术问题 | 材料 (material) | preparation of graphene oxide, e.g. for transparent electrode (来自 CN102153075) |
| S11 | method - add - graphene powder and sodium nitrate sulfuric acid | | 技术方案 | 材料 (material) | by adding graphite powder and sodium nitrate sulfuric acid, starting ultrasonic oscillation, adding potassium permanganate, reacting, and gradually dropping in deionized water |

### 6.4.2　P&S 模式间语义关系挖掘

根据 6.1.2 节介绍方法来挖掘表 6.18 所列 P&S 模式之间的语义关系。

1. 计算 SAO 的语义相似度

计算 P&S 模式中包含 SAO 的语义相似度。根据 GSEN 语义 TRIZ 包含的 SAO 具体结构，发现 Subject 对 P&S 语义相似度影响不大。因此，本节采用 Action、Object 来计算 SAO 语义相似度，即

$$\mathrm{sim}(\mathrm{SAO}_i, \mathrm{SAO}_j) = w(A) \cdot \mathrm{sim}(A_i, A_j) + w(O) \cdot \mathrm{sim}(O_i, O_j) \tag{6.2}$$

式中，$w(A)$表示 Action 占的权重；$w(O)$表示 Object 占的权重。

由于 Object 数据量较小，形式比较单一，本节简化 Object 之间语义相似度的计算。定义两个 Object 语义相似度为它们语义相同的关键词个数与 Object 中最多关键词数的比值，具体如下：

$$\mathrm{sim}(O_i, O_j) = \frac{\mathrm{same}(O_i, O_j)}{\max(O_i, O_j)} \tag{6.3}$$

式中，$\mathrm{same}(O_i,O_j)$表示 $O_i$、$O_j$ 语义相同的关键词数；$\max(O_i, O_j)$表示 $O_i$、$O_j$ 最大关键词数。

下面，以 P2 的 SAO{method-prepare-magnetic graphene}与 P3 的 SAO{method-modify-graphene oxide}的语义相似度计算为例进行说明。

首先，计算宾语 Object 之间的语义相似度 $\mathrm{sim}(O_2,O_3)$。由于 $O_2${magnetic graphene}与 $O_3${graphene oxide}之间语义相同的关键词“graphene”个数为 1，且 $O_2$ 与 $O_3$ 中最大关键词数为 2，根据式(6.3)，可计算出 $\mathrm{sim}(O_2,O_3)$值为 0.5。

其次，采用 JWS 来计算 Action 之间的语义相似度 $\mathrm{sim}(A_2, A_3)$，sim(prepare, modify)值为 0.59。对于 Problem 语义类型 SAO，考虑到 Action 对 SAO 语义相似度的影响度较低，可给 Action 定义一个较低的权重，此处设定 $w(A)$为 0.2，$w(O)$为 0.8。根据式(6.2)，可以计算出 $\mathrm{sim}(P_2, P_3)$值为 0.518。考虑到 WordNet 计算关键相似性时没有考虑具体语言环境，本节利用了谓语词典进行同义词归纳，例如在 GSEN 语境中，manufacture、prepare、produce、synthesize 这四个词都是“生产”、“制备”的意思，属于同义词，因此定义它们之间的语义相似度为 1。

2. 挖掘 Problem 之间的语义关系

按照上述方式计算出所有 Problem 之间的语义相似度，结果见表 6.19。当两个 Problem 之间语义相似度超过 0.8 时，可认为这两个 Problem 是同义的，标记它

们之间的关系为 Same。当它们之间语义相似度达到 0.5 且小于 0.8 时，可认为这两个 Problem 之间存在相关语义关系，标为 Relate。根据表 6.19 可以计算出所有 Problem 之间的语义关系，具体见表 6.20。

**表 6.19　氧化石墨专利 Problem 之间的语义相似度**

| | P1 | P2 | P3 | P4 | P5 | P6 | P7 | P8 | P9 | P10 | P11 |
|---|---|---|---|---|---|---|---|---|---|---|---|
| P1 | 1 | 0.2 | 0.118 | 0.2 | 0.2 | 0.2 | 0.2 | 0.822 | 0.118 | 1 | 0.2 |
| P2 | | 1 | 0.518 | 0.467 | 0.467 | 0.467 | 0.6 | 0.022 | 0.50 | 0.2 | 0.6 |
| P3 | | | 1 | 0.651 | 0.651 | 0.384 | 0.918 | 0 | 1 | 0.118 | 0.918 |
| P4 | | | | 1 | 1 | 0.467 | 0.733 | 0.022 | 0.651 | 0.2 | 0.733 |
| P5 | | | | | 1 | 0.467 | 0.733 | 0.022 | 0.651 | 0.2 | 0.733 |
| P6 | | | | | | 1 | 0.467 | 0.022 | 0.384 | 0.2 | 0.467 |
| P7 | | | | | | | 1 | 0.022 | 0.918 | 0.2 | 0.918 |
| P8 | | | | | | | | 1 | 0.2 | 0.822 | 0.022 |
| P9 | | | | | | | | | 1 | 0.118 | 0.918 |
| P10 | | | | | | | | | | 1 | 0.2 |
| P11 | | | | | | | | | | | 1 |

**表 6.20　氧化石墨专利 Problem 之间的语义关系**

| | P1 | P2 | P3 | P4 | P5 | P6 | P7 | P8 | P9 | P10 | P11 |
|---|---|---|---|---|---|---|---|---|---|---|---|
| P1 | 1 | | | | | | | Same | | Same | |
| P2 | | 1 | Relate | | | | Relate | | Relate | | Relate |
| P3 | | | 1 | Relate | Relate | | Same | | Same | | Same |
| P4 | | | | 1 | Same | | Relate | | Relate | | Relate |
| P5 | | | | | 1 | | Relate | | Relate | | Relate |
| P6 | | | | | | 1 | | | | | |
| P7 | | | | | | | 1 | | Same | | Same |
| P8 | | | | | | | | 1 | 0 | Relate | |
| P9 | | | | | | | | | 1 | | Same |
| P10 | | | | | | | | | | 1 | |
| P11 | | | | | | | | | | | 1 |

3. 挖掘 Problem 与 Solution 之间的语义关系

根据表 6.5 挖掘 Problem 与 Solution 之间的 Solve 与 Evolve 两种语义关系。

对于 Solve 关系，通过 Problem 与 Solution 之间是否属于同一篇专利来判断，如 S1 与 P1 之间存在 Solve 关系。

现分析 Evolve 关系。根据表 6.5，由于 S1 与 S2 存在 Same 关系，S1 与 P1、S2 与 P2 存在 Solve 关系，而且 P2 在专利集中出现的时间晚于 P1，那么初步判断

S1 与 P2 可能存在 Evolve 关系。最后由专家阅读，判断 S1 与 P2 存在 Evolve 关系。类似地，可以得到所有 Problem 与 Solution 之间的语义关系，具体见表 6.21。

**表 6.21　氧化石墨专利 Problem 与 Solution 之间的语义关系**

| | P1 | P2 | P3 | P4 | P5 | P6 | P7 | P8 | P9 | P10 | P11 |
|---|---|---|---|---|---|---|---|---|---|---|---|
| S1 | Solve | Evolve | | | | | | | | | |
| S2 | | Solve | | | | | | | | | |
| S3 | | | Solve | | | | | | | | |
| S4 | | | | Solve | | | Evolve | | | | |
| S5 | | | | | Solve | | | | | | |
| S6 | | | | | | Solve | | Evolve | | Evolve | |
| S7 | | | | | | | Solve | | | | |
| S8 | | | | | | | | Solve | | | |
| S9 | | | | | | | | | Solve | | |
| S10 | | | | | | | | | | Solve | |
| S11 | | | | | | | | | | | Solve |

4. 挖掘 Solution 之间的语义关系

根据表 6.5 挖掘 Solution 之间的 Relate 与 Update 两种语义关系。由于 P1 与 P8、P10 可认为是同一个 Problem，那么它们对应的技术方案 S1、S8、S10 之间存在 Relate 或 Update 关系。按照式(6.2)计算出它们之间的语义相似度，发现：S8 与 S10 之间语义相似度较高，初步判断它们之间是 Relate 关系；而 S8、S10 与 S1 之间语义相似度较低，初步判断 S8、S10 与 S1 之间是 Update 关系。最后由专家阅读，确定 S8 与 S10 之间是 Relate 关系，它们与 S1 之间是 Update 关系。类似地，可以得到所有 Solution 之间的语义关系，具体见表 6.22。

**表 6.22　氧化石墨专利 Solution 之间的语义关系**

| | S1 | S2 | S3 | S4 | S5 | S6 | S7 | S8 | S9 | S10 | S11 |
|---|---|---|---|---|---|---|---|---|---|---|---|
| S1 | 1 | | | | | | | Update | | Update | |
| S2 | | 1 | | | | | | | | | |
| S3 | | | 1 | | | | Relate | | Relate | | Update |
| S4 | | | | 1 | | | | | | | |
| S5 | | | | | 1 | | | | | | |
| S6 | | | | | | 1 | | | | | |
| S7 | | | | | | | 1 | | Relate | | Update |
| S8 | | | | | | | | 1 | | Relate | |
| S9 | | | | | | | | | 1 | | Update |
| S10 | | | | | | | | | | 1 | |
| S11 | | | | | | | | | | | 1 |

### 6.4.3 P&S 模式全景式技术演化分析

根据上述数据，绘制氧化石墨的 P&S 模式全景式技术演化图，具体见图 6.6。

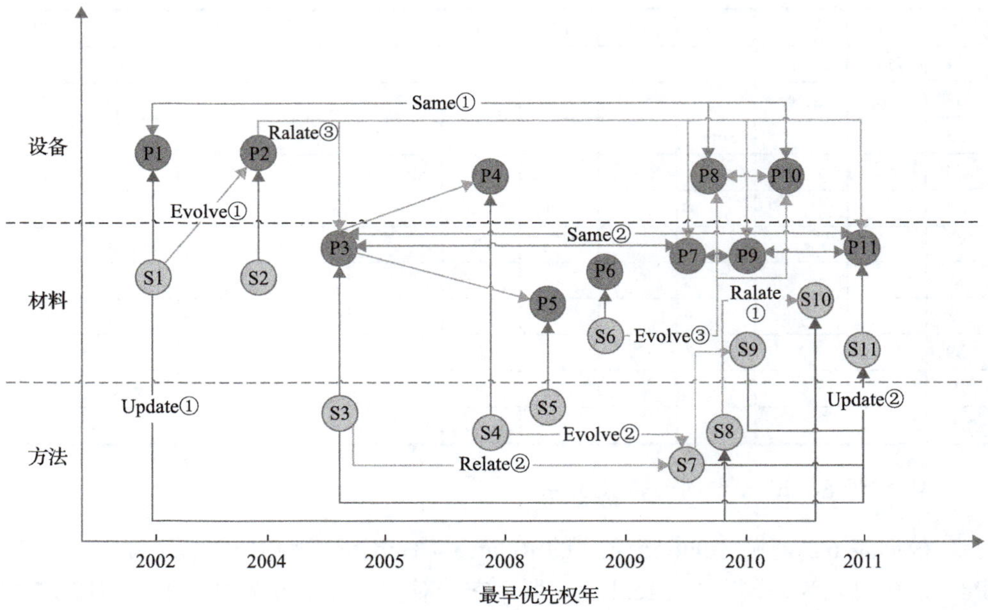


图 6.6　氧化石墨 P&S 模式全景式技术演化图(基于最早优先权年)

邀请专家对该技术演化图进行解读，结果如下：

1. 针对技术问题“制备锂电池、制备石墨烯氧化物”的技术方案演化

制备锂电池(P1, P8, P10)：2002 年，专利 WO2004008559 利用金属氧化物(S1)生产锂电池。2010 年，制备锂电池技术出现了重大突破，专利 WO2011087305 通过还原石墨氧化物的方法来制备锂电池(S8)。紧接着，又有相关技术出现，专利 KR2011121583 通过分散氧化石墨烯粉末，并与金属盐混合的方式来制备锂电池(S10)。通过 P&S 模式语义关系挖掘发现：S8 相对 S1 属于技术的根本性创新(Update)，而 S10 相对 S8 属于渐进性创新(Relate)。这与专家判读结果一致。

制备石墨烯氧化物(P3, P7, P9, P11)：2005 年，专利 US2007092432 通过热膨胀氧化石墨的方式来改善石墨烯氧化物的性能(S3)。2009 年，专利 KR2011016287 将石墨烯氧化物溶液涂在金属表面，通过加热等方式制备石墨烯氧化物(S7)。2010 年，专利 KR2011105504 将石墨烯氧化物分散在溶液中，通过加入聚合物、催化剂等方式来改善石墨烯氧化物性能(S9)。2011 年，专利 CN102153075 将石墨烯粉末与金属盐混合，采用超声波振荡等方式来制备石墨烯氧化物(S11)。基于 P&S

模式语义关系的挖掘，结合专家判读发现：S9、S7 相对 S3 属于渐进性创新(Relate)；S11 相对于前两者，属于技术的根本性创新(Update)。

2. 技术方案“分散、还原石墨烯氧化物”等解决的技术问题演化

利用金属氧化物(S1, S2)：2002 年，专利 WO2004008559 利用金属氧化物(S1)生产锂电池。2004 年，专利 WO2005123580 利用类似的技术方案(S2)生产磁性石墨烯。通过 P&S 模式语义关系挖掘发现：S1 应用于 P2 是技术的跨领域应用，它们之间存在 Evolve 关系，这与专家判读结果一致。

利用涂层工艺(S4, S7)：2008 年，专利 WO2009117628 利用涂层工艺(S4)生产石墨烯氧化物膜。2009 年，专利 KR2011016287 利用类似的技术方案(S7)生产用于辐射单元的石墨烯氧化物。通过 P&S 模式语义关系挖掘发现：S4 应用于 P7 是技术应用的具体化，它们之间存在 Evolve 关系，这与专家判读结果一致。

分散、还原石墨烯氧化物(S6, S8, S9, S10)：2009 年，专利 WO2010062732 利用分散石墨烯氧化物方法(S6)生产包含石墨烯的复合材料。2010 年，专利 WO2011087305 利用类似技术方案(S8)生产用于锂电池的石墨烯片。同年，专利 KR2011105504 利用类似技术方案(S9)改善石墨烯氧化物表面性能。2011 年，专利 CN102153075 利用类似技术方案(S10)生产电极用石墨烯氧化物。基于 P&S 模式语义关系挖掘，结合专家判读发现：S6 相对于 P8、P10 是技术应用的具体化，它们之间存在 Evolve 关系。

## 6.5　基于语义 TRIZ 的专利技术演化优点分析

本节通过 GSEN 专利技术演化分析，发现 GSEN 语义 TRIZ 具有细粒度、多维度、可计算的优点。

### 6.5.1　全面展示技术演化

语义 TRIZ 具有细粒度、多维度的优点，它可以帮助更全面、深入地展示技术的演化过程，具体分析如下：

首先，基于个性化语义 TRIZ 的技术主题演化分析可从“技术问题”、“技术方案”等多个角度分析专利技术的演化进程。它的分析维度更丰富，内容更深入。例如，在以前的技术演化分析中，发现“碳纳米管”技术是石墨烯传感器领域重要的基础技术[19]。但通过本方法可进一步发现，制造碳纳米管(“碳纳米管”作为技术问题)与利用碳纳米管作为中间体生产石墨烯相关材料与器件(“碳纳米管”作为技术方案)都属于本领域重要的基础技术。

其次，通过对“技术问题”、“技术方案”的技术演化图综合解读，可以发

现一些潜在的技术内容。例如，通过本方法可以发现利用导电材料与其他传感器来制备传感器阵列、生化传感器（“导电材料”作为技术方案）是本领域新兴技术方向，而以前通常认为“导电材料”属于本领域基础性技术。

再次，基于个性化语义 TRIZ 细粒度的技术索引，可以发现一些处于萌芽状态的技术。例如，利用石墨烯作为载体来进行药物传输应用、利用石墨烯传感器分析核酸或 DNA 信息属于本领域萌芽状态技术。商业语义 TRIZ 由于索引粒度较粗，而很难发现这些技术。

总之，相比商业语义 TRIZ，基于个性化语义 TRIZ 的技术主题演化分析不仅可以分析出技术主题在本领域目前所处的位置，还可以从“技术问题”、“技术方案”角度深度挖掘技术主题在本领域是一个待解决的技术问题，还是一种技术方案。它可以更全面、更深入分析技术的演化。

### 6.5.2 辅助挖掘 P&S 模式间语义关系

利用 P&S 模式进行全景式技术演化分析是一种重要的微观层面技术路线图应用，P&S 模式间的语义关系主要依靠领域专家人工分析完成[41]。而个性化语义 TRIZ 提供了微观层 SAO 的结构化索引与细粒度描述。通过将 SAO 作为 P&S 模式的索引项，可以通过定量计算，来自动挖掘 P&S 模式间的语义关系。

本节将自动挖掘出来的 P&S 语义关系与专家最后判断结果进行比较，得出自动挖掘语义关系方法的准确率，具体见表 6.23。

**表 6.23　氧化石墨专利语义关系挖掘算法准确度**

| 挖掘关系名称 | 挖掘关系数 | 专家判断关系数 | 挖掘准确率 |
|---|---|---|---|
| 相关关系（Relate）<br>（技术问题与技术问题之间） | 13 | 13 | 100% |
| 相关关系（Relate）<br>（技术方案与技术方案之间） | 2 | 4 | 50% |
| 更新关系（Update）<br>（技术方案与技术方案之间） | 7 | 5 | 71.4% |
| 解决关系（Solve）<br>（技术方案与技术问题之间） | 11 | 11 | 100% |
| 演化关系（Evolve）<br>（技术方案与技术问题之间） | 5 | 4 | 80% |

从表 6.23 可以看出，由于 Problem 之间的 Relate 关系及 Solution 与 Problem 之间的 Solve 关系属于简单语义关系挖掘，专家对自动挖掘的结果认可度很高。而 Solution 之间的 Relate 或 Update 关系需要通过第一步计算得到 Relate 及 Solve 关系之后，再结合时间因素进行第二轮判断，专家对自动挖掘结果认可度不是很

高。尤其是挖掘 Solution 之间属于渐进性创新的 Relate 关系，还是根本性创新的 Update 关系时，准确率较低，需要专家进一步判断。

总之，相比商用语义 TRIZ，本章所述的个性化语义 TRIZ 通过对微观层 SAO 进行细粒度的索引，使得定量计算文本类型 P&S 模式间的语义关系成为可能，可以帮助专家快速、准确界定 P&S 模式间的语义关系，从而进行微观层 P&S 模式演化分析或技术路线图分析。但是，对于微观层面的技术演化分析，专家的领域知识是非常重要的。利用语义 TRIZ 自动挖掘出来的语义关系仅供专家参考，最终还是依靠专家阅读具体专利文献予以确定。

# 第 7 章　基于语义 TRIZ 的领域专利技术挖掘系统

本章在分析主流专利分析工具的特点、适用范围的基础上，结合科技创新活动中面向 TRIZ 的专利技术深度、精准挖掘需求，介绍作者研发的领域专利技术挖掘系统(domain patent techmining system，DPTMS)。DPTMS 采用 SAO 三元组作为基础语义单元对 TRIZ 技术信息进行知识表示，集成文本挖掘技术对专利技术信息进行深度揭示与关联分析，提供领域知识棱镜、面向 TRIZ 的语义检索与专利可视化分析服务。目前，DPTMS 已用于大口径光学元件、超导电子、氨基酸等领域的专利技术挖掘。实践表明，DPTMS 可有效支持对专利进行深度、精准的技术挖掘[12]。

## 7.1　面向 TRIZ 的专利技术挖掘工具现状分析

研究如何高效、准确地挖掘出专利文献中的隐性技术信息，对支持深度的个性化专利技术挖掘意义重大。对此，研究人员开展了广泛、深入的研究并取得丰硕的成果，语义 TRIZ 是其中重要成果之一。面向 TRIZ 的专利技术挖掘不仅分析专利文献的著录项信息，而且更注重研究专利技术的内涵及其相互关联。例如，面向 TRIZ 的专利技术深度挖掘需要识别分析专利技术中包含的简单知识对象(如成分、属性、参数等)，以便全面、深入地掌握专利技术内容；精准挖掘则需要分析专利采用了哪些技术方案、解决了哪些技术问题、实现了什么样的技术功能、取得了什么样的技术效果，以便精准识别技术内涵相似的专利，而这些专利可能分布在不同的技术领域中。

目前，大部分专利分析工具都支持专利著录项信息分析，但支持分析、挖掘专利技术内涵的工具不多。在此选取 3 种典型专利分析工具进行分析：SearchTech 公司的技术挖掘工具 VantagePoint(VP)、Clarivate 公司的 Derwent Innovation 专利数据库(DI)与 IHS 公司的语义 TRIZ 平台 Goldfire Innovator(Goldfire)，重点比较它们在专利技术内涵分析方面的特点、优势与不足等，如表 7.1 所示。

**表 7.1　3 种典型专利分析工具技术内涵分析比较**

| 工具 | VP | DI | Goldfire |
| --- | --- | --- | --- |
| 知识单元 | 关键词、专利分类号 | 关键词、专利分类号 | SAO 三元组 |
| 分析手段 | 共现分析、因子图谱 | 主题聚类、专利主题地图 | 面向 TRIZ 的语义检索、知识棱镜 |

续表

| 工具 | VP | DI | Goldfire |
|---|---|---|---|
| 关键技术 | TF-IDF、主成分分析 | 层次聚类、主题模型 | 语义 TRIZ、主题模型 |
| 优点 | 简单、易用；提供关键词共现矩阵输出，便于与其他数据挖掘工具集成 | 成熟、易用；集成了较先进的数据挖掘算法与技术，支持大数据量的专利文本分析 | 采用 SAO 表示专利的 TRIZ 技术信息，支持面向 TRIZ 的专利技术挖掘 |
| 不足 | 关键词之间缺乏语义关系，不能反映 TRIZ 技术信息；不支持大数据专利分析 | 关键词之间缺乏语义关系，不能反映 TRIZ 技术信息 | 语义 TRIZ 存在结构简单、粒度较粗、领域较泛、成本较高等局限 |
| 适用场景 | 小数据量级的中观层面专利技术挖掘 | 较大数据量级的中观或宏观层面专利技术挖掘 | 面向技术问题或技术方案的语义检索、微观层面技术挖掘、辅助技术创新 |

技术挖掘的基础是对专利技术内涵进行知识表示。专利知识表示的基础知识单元通常包括三种，即关键词、专利分类号与 SAO。形式上，关键词与专利分类号大多是名词或名词词组，其语义信息较弱，难以准确反映专利技术信息，不能表示主客体之间的动作和功能性信息，而这些信息恰好是专利技术挖掘关注的重点。内容上，两者过于宽泛，揭示专利技术信息时细粒度低。因此，关键词与专利分类号常被用于中观或宏观层面的专利技术挖掘。而 SAO 作为一种“主语-谓语-宾语”形式的三元组，可更清晰、精准地表示专利技术信息。不同语义类型的 SAO 可从不同的角度描述专利技术信息，因此，SAO 常被用于微观层面上面向 TRIZ 的技术挖掘。

从表 7.1 可看出，以 VP、DI 为代表的分析工具采用关键词、专利分类号作为基础知识单元，主要采用数据挖掘技术(如主成分分析、聚类、主题模型等)挖掘专利的技术内涵，通常被用于宏观或中观层面的专利技术挖掘。Goldfire 则利用 SAO 三元组作为基础语义单元来表示专利技术内涵，支持面向技术问题或技术方案的语义检索，被广泛应用于微观层面专利技术挖掘与辅助技术创新。但 Goldfire 的定位是面向所有技术领域提供通用的语义检索服务，对具体领域而言，其对专利技术内涵的揭示存在结构简单、粒度较粗、领域较泛、成本较高等局限[137]，尚不能满足深度、精准专利技术挖掘的需求。

## 7.2　领域专利技术挖掘系统介绍

鉴于现有专利分析工具的局限，有必要从面向 TRIZ 的专利技术挖掘的具体需求出发，设计一套领域专利技术挖掘系统。作者基于语义 TRIZ 理论方法，研发了一套领域专利技术挖掘系统(DPTMS)。DPTMS 在对具体领域专利技术信息进行深度揭示与语义关联的基础上，可提供基于知识棱镜的技术导航服务和面向 TRIZ 的语义检索服务及专利可视化分析服务，支持深度、精准的专利技术挖掘应用[12]。

### 7.2.1　DPTMS 的体系结构

参考专利技术挖掘的流程，将 DPTMS 的体系结构分为基础数据层、文本挖掘层和应用服务层。DPTMS 的体系架构如图 7.1 所示。

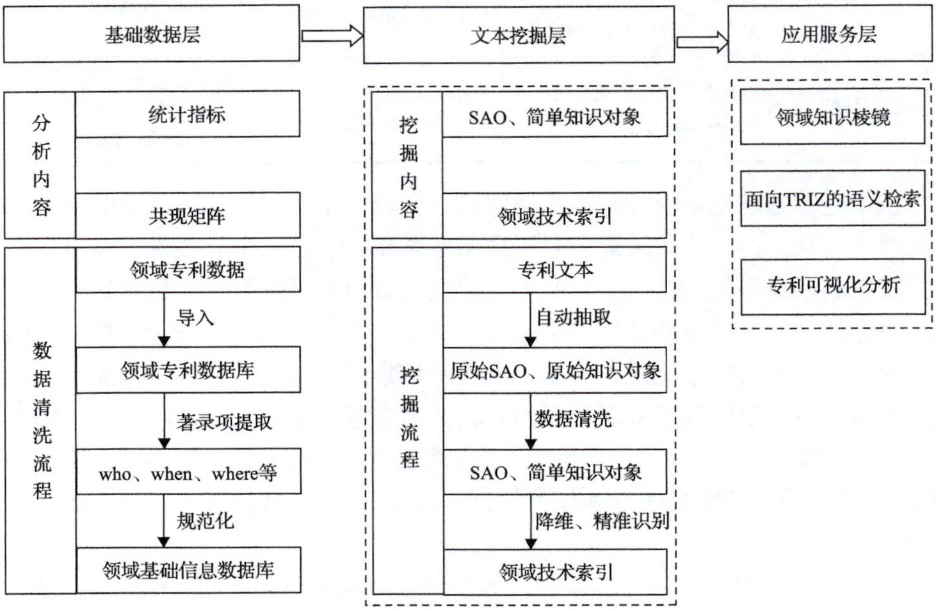


图 7.1　领域专利技术挖掘系统体系结构[12]

基础数据层由专利数据库和分析指标组成，包括领域专利数据库的显性数据(如著录项等)，再经过提取和规范化形成领域基础信息数据库，分析指标主要用于识别核心专利集，分析方法包括共现矩阵等。

文本挖掘层是 DPTMS 的核心，由从显性数据中挖掘出的隐性知识信息组成，主要完成语义索引构建。如前文所述，将语义索引分为概念空间、索引空间和应用空间 3 个维度，将语义 TRIZ 的体系结构分为微观层、中观层和宏观层 3 个技术层面，并将微观层的技术维度定义为基础语义单元、中观层的技术维度定义为技术主题、宏观层的技术维度定义为技术范畴。文本挖掘层从这 3 个技术层面完成概念空间与索引空间的构建。主要流程包括从专利文本中自动抽取原始 SAO 和原始知识对象，经过清洗、降维后形成领域技术索引。

应用服务层主要构建应用空间，提供面向最终用户的专利技术挖掘产品服务，包括面向 TRIZ 的语义检索、领域知识棱镜和专利可视化分析。

### 1. 基础数据层

基础数据层的构建流程包括：导入多源专利数据，提取和规范化处理著录项数据及生成领域专利数据库和领域基础信息数据库。领域专利数据库是 DPTMS 的原始数据集，由本领域各国或地区的专利数据(如美国专利、中国专利、世界专利、欧洲专利等)组成。数据库结构参考欧洲专利局 GPI(global patent index，全球专利指数)设计。领域基础信息数据库由研究机构、专利权人与发明人子库组成。

在此基础上，DPTMS 集成了常用专利统计指标与特征项信息共现分析，主要用于后续的核心专利集遴选。专利统计指标是专利分析的基础，常用指标包括竞争对手指标、创新趋势指标等，详见表 7.2[3,210,211]。共现分析通过分析相同或不同类型特征项信息共同出现的现象来揭示它们之间的关联，包括专利分类号、专利权人、发明人、关键词等共现[210,212]。共现分析是专利数据挖掘的基础，可应用于聚类、关联规则挖掘、主题模型等。

**表 7.2　DPTMS 常用专利统计指标**

| 指标类型 | 指标名称 | 指标内容 | 分析维度 |
|---|---|---|---|
| 竞争对手指标 | 专利权人/发明人研发力分析 | 专利权人/发明人申请专利数量统计 | who |
| | 专利权人/发明人年度申请量分析 | 专利权人/发明人申请专利数量年度统计 | who、when |
| | 专利权人/发明人技术构成分析 | 从专利权人/发明人角度，统计申请专利按分类号的分布情况 | who、what |
| | 新进入/退出者分析 | 专利权人申请专利数量曲线 | who、when |
| 创新趋势指标 | 技术生命周期分析 | 按年度统计专利申请量、专利权人数量，绘制技术生命周期曲线 | when |
| | 专利权人动向 | 按年度统计专利权人数量 | when、who |
| | 技术趋势分析 | 按年度统计专利分类号数量 | when、what |
| | 技术创新的研发分布 | 按专利权人国别统计专利数量 | where |
| 地理分布指标 | 技术保护的地域分布 | 按专利申请国别统计专利数量 | where |
| | 专利权人的市场布局 | 按专利申请国别及专利权人，统计专利数量 | where、who |
| 技术内涵指标 | 技术构成分析 | 统计专利分类号数量 | what |
| | 技术构成分布分析 | 从专利分类号角度，统计专利地域分布 | what、where |
| | 技术构成人员分析 | 从专利分类号角度，统计专利权人/发明人信息 | what、who |
| | 技术宽度分析 | 统计专利分类号的长度及分布 | what |
| | 专利技术地图 | 对专利分类号进行聚类 | what |

2. 文本挖掘层

文本挖掘层是 DPTMS 的核心，其挖掘流程包括：①使用自然语言处理工具从专利文本中自动抽取原始 SAO 与简单知识对象；②基于数据清洗框架对大量杂乱无章的原始 SAO 与简单知识对象进行清洗；③利用文本挖掘技术对 SAO 进行降维，并对简单知识对象进行精准识别来构建领域技术索引。

通过文本挖掘可得到 SAO、简单知识对象与领域技术索引 3 类深加工的技术信息。基于此 3 类技术信息可对专利的技术内涵进行深度揭示与语义关联。

简单知识对象一般是从专利摘要、权利要求文本中抽取的补充说明专利技术信息的名词或短语，例如，干涉仪(interferometer)、粗糙度(roughness)等。与纯粹的关键词标注不同，简单知识对象具有语义类型(attribute)，用于说明该名词或短语在专利中的具体作用。例如，简单知识对象“干涉仪”的语义类型为“装置”，说明专利包含“干涉仪”这种“装置”。其语义类型一般可分为装置(device)、成分(composition)、属性(property)、应用(application)、条件(condition)、参数(parameter)等[79,92]。

通过对 SAO 与简单知识对象进一步降维、挖掘，可生成领域技术索引，深入揭示专利技术信息。领域技术索引是一种层次化的知识组织体系，其主维度包括“技术问题、技术方案、技术功能、技术效果”等通用 TRIZ 技术对象及相关的简单知识对象。每一个主维度可根据领域的具体技术特征继续细分，如大口径光学领域的技术方案进一步细分为光操纵技术、光测量技术、表面示廓技术等。通过上述文本挖掘，DPTMS 可为各种专利技术挖掘场景提供多维度、细粒度的数据支撑，如表 7.3 所示。

**表 7.3　DPTMS 支持的专利技术挖掘场景**

| 场景名称 | 挖掘层次 | 技术挖掘目的 |
|---|---|---|
| 面向 TRIZ 的语义检索 | 微观层 | 检索采用相似技术方案或解决相似技术问题的专利 |
| 核心专利判别 | 微观层 | 从技术层面发现领域具有高影响力的核心专利 |
| 热门专利预测 | 微观层 | 从技术层面预测未来可能具有较广阔应用前景的专利 |
| 技术创新路径预测 | 微观层 | 分析现有技术到理想技术可能及优选的技术路径 |
| 专利异构信息网络 | 微观层 | 结合专利著录项信息，构建专利异构信息网络，挖掘网络中不同类型的节点分布、关联、演化等信息 |
| 构建领域知识棱镜 | 微观层、中观层 | 挖掘领域技术问题、技术方案等技术信息及成分、应用等知识对象，提供可视化技术导航服务 |
| 技术主题聚类 | 微观层、中观层 | 挖掘领域技术主题分布 |

续表

| 场景名称 | 挖掘层次 | 技术挖掘目的 |
| --- | --- | --- |
| 专利技术演化 | 微观层、中观层 | 挖掘领域核心基础技术、新兴技术、萌芽技术等；<br>全景式展示领域 P&S 模式演进历程 |
| 技术跨界应用分析 | 微观层、中观层 | 分析现有技术在其他领域重用的潜力 |

3. 应用服务层

应用服务层提供面向终端用户的专利技术挖掘服务。DPTMS 集成了 3 种服务，即领域知识棱镜、面向 TRIZ 的语义检索及专利可视化分析。领域知识棱镜采用技术树的方式展示领域技术索引，提供可视化的技术信息导航服务。领域知识棱镜采用多维索引的方式对高维复杂数据进行多层次、多角度索引，从技术问题、技术功能、技术方案及技术效果四方面入手构建知识棱镜。面向 TRIZ 的语义检索可直接检索领域专利包含的技术问题、技术方案、技术功能、技术效果等信息，提供多样化的检索维度，满足用户的多元需求。专利可视化分析是结合预设的分析指标及文本挖掘内容，对专利数据进行可视化展示。虽然国内的专利可视化工具数量众多，有些发展也很成熟，但是大部分展示工具仅仅执行初级层次的专利信息统计和分析。目前，国内外主要的专利分析软件仍无法从定性分析、定量分析、数据挖掘、数据预测等方面提供完整的、综合的分析结果。DPTMS 将基础数据层与文本挖掘层的多种数据和分析指标结合，提供面向 TRIZ 的语义检索与专利可视化分析服务。

### 7.2.2　DPTMS 的关键技术

1. SAO 降维

降维的具体技术手段包括主成分分析/因子分析、分类、聚类、主题模型等。从专利文本中初步抽取的原始 SAO 数量庞大、语义较发散，可用于面向 TRIZ 的语义检索，但不能精准、全面地反映领域的技术主题。根据 TRIZ 的矛盾与创新原理，领域技术主题可由 SAO 经过一定的知识加工、归纳而成，即将 SAO 降维，生成技术主题[16,17]。

主题模型是一系列基于概率模型、旨在发现大规模文档中隐性主题结构方法的统称。它通过分析文档集合中关键词共现的频率分布来挖掘文档集中潜在的主题及主题概率分布[181]。LDA 主题模型是一个基于概率模型挖掘文档中隐性主题及其结构的方法，被广泛应用于科技文献分析与挖掘，相对于直接将专利文献表示成关键词或 SAO 向量，LDA 生成了新的技术特征，更能揭示专利深层次知识结构。LDA 主题模型基于文档-词袋子模型，通过分析文档集合中术语的共现生成新的中间层主题，进而将文档表示成主题的概率分布，主题表示成术语的概率分布[181]。DPTMS 基于专利-SAO 词袋子表示模型，结合语义词典，利用 LDA 主题模型、自动分类与聚类技术对 SAO 开展降维和语义标注，最后生成领域技术索引。

1) 生成中观技术主题

由于概念空间专利与 SAO 的数量较少，采用按照语义规则分类的方式降维，即由领域专家人工制定分类规则，按照分类规则对 SAO 分类。之后由领域专家给每一个技术主题撰写语义标签，从而得到概念空间核心技术主题，具体公式表示如下：

$$\text{topic}_j = \left(\text{SAO}_{j1}, \cdots, \text{SAO}_{jk}, \cdots, \text{SAO}_{jm}\right) \tag{7.1}$$

索引空间 SAO 数据量较大，由专家人工制定分类规则直接进行降维不仅费时费力，且准确性极低，所以 DPTMS 采用了二次降维的方式来生成技术主题。

首先，基于 LDA 模型将 SAO 降维，生成一系列原始技术主题。SAO 从微观层面描述了专利包含的具体技术信息，意义相近的一组 SAO 可归纳成一种通用的技术手段或功效，即中观层面的 P&S 主题。基于 SAO 词袋子，LDA 的输入直接表示 SAO 词袋子的专利-SAO 矩阵，通过对 SAO 降维生成一系列 P&S 主题。经过此次主题建模，专利表示成一系列 P&S 主题的概率分布，P&S 主题则表示成一系列语义相近 SAO 的概率分布。

定义 $\text{PS}_{\text{set}}$ 为 P&S 主题集合，$\text{ps}_j$ 是某一具体 P&S 主题：

$$\text{PS}_{\text{set}} = (\text{ps}_0, \cdots, \text{ps}_j, \cdots, \text{ps}_n) \tag{7.2}$$

$$\text{ps}_j = \sum_{i=1}^{l} \text{SAO}_i \cdot p(\text{SAO}_i \mid \text{ps}_j) \tag{7.3}$$

式中，$p(\text{SAO}_i \mid \text{ps}_j)$ 是 $\text{SAO}_i$ 在 $\text{ps}_j$ 中的条件概率。

有两种利用 LDA 的方式：学习模式，即直接从文档集中挖掘隐含的主题分布；推理模式，即通过学习已存在的 LDA 训练模型，推导出新文档集的主题分布[213]。一般来说，推理模式适用于数量比较大的场景，其准确率比学习模式高。由于 SAO 词袋子数目较大，在此 LDA 建模中采用推理模式，即先挑选出部分核心专利作为训练集，运行 LDA 学习模式得到 LDA 训练模型，再基于训练模型，针对所有数据运行推理模式，得到所有专利文献关于 P&S 主题的概率分布及 P&S 主题关于 SAO 的概率分布[16]。

通过 LDA 主题建模，生成了一系列的技术主题，其输出是专利-技术主题矩阵、技术主题-SAO 矩阵，这些矩阵没有标注语义类型，即原始技术主题。其数学表示如下：

$$\text{topic}_i = (p_{i1} \cdot \text{SAO}_{i1}, \cdots, p_{ik} \cdot \text{SAO}_{ik}, \cdots, p_{in} \cdot \text{SAO}_{in}) \tag{7.4}$$

式中，$i$ 是技术主题编号；$ik$ 是该技术主题包含的 SAO 编号；$p_{ik}$ 是以概率方式表示的 $\text{SAO}_{ik}$ 的权重。

其次，将原始技术主题向概念空间技术主题进行语义映射，生成四种语义类型的技术主题，即技术问题、技术方案、技术功能和技术效果。语义映射本质是一种分类，我们将原始技术主题当作待分类的样本，概念空间中已分好类的技术主题是分类学习的训练集与分类标准，即语义映射参照集。

采用技术主题语义相似度指标来完成原始技术主题到概念空间技术主题的自动映射。技术主题表示成 SAO 的权重向量，参见式(7.5)和式(7.6)，SAO 是由 Subject-Action-Object 组成的三元组，可基于 Subject、Action、Object 等术语之间语义相似度计算技术主题之间语义相似度。标记 $\text{SAO}_{ik}$ 和 $\text{SAO}_{jk}$ 的语义相似度为 $\text{sim}(\text{SAO}_{ik}, \text{SAO}_{jk})$，可认为 $\text{topic}_i$ 和 $\text{topic}_j$ 之间的语义相似度 $\text{sim}(\text{topic}_i, \text{topic}_j)$ 是其包含的 SAO 两两之间语义相似度之和的算术平均数[186]，即

$$\text{sim}(\text{topic}_i, \text{topic}_j) = \sum_{r=1}^{n} \sum_{k=1}^{m} \frac{p_{ir} \cdot \text{sim}(\text{SAO}_{ir}, \text{SAO}_{jk})}{m \cdot n} \tag{7.5}$$

式中，$n$ 是 $\text{topic}_i$ 中 SAO 个数；$m$ 是 $\text{topic}_j$ 中 SAO 的个数。

类似地，$\text{sim}(\text{SAO}_{ik}, \text{SAO}_{jk})$ 之间的语义相似度可以由组成它们的 Subject、Action、Object 之间的语义相似度和的算术平均数来计算，具体公式如下[186]：

$$\text{sim}(\text{SAO}_i, \text{SAO}_j) = \frac{\text{sim}(S_i, S_j) + \text{sim}(A_i, A_j) + \text{sim}(O_i, O_j)}{3} \tag{7.6}$$

Subject、Action、Object 是具体的英文单词或短语，先利用基于 WordNet 的 JWS(Java WordNet similarity，基于 Java 与 WordNet 的语义相似度计算)工具来计算 Subject、Action、Object 之间的语义相似度，再利用式(7.5)和式(7.6)来计算技术主题之间的语义相似度。

最后，设置一定的阈值，在高于该阈值的原始技术主题和最相似的概念空间技术主题间建立语义映射关系。低于阈值的原始技术主题，由领域专家人工解读、分类，与概念空间技术主题进行合并，最终得到索引空间完整的中观技术主题。

2) 生成宏观技术范畴

利用 LDA 对技术问题、技术方案、技术功能、技术效果等技术主题进一步挖掘，自动生成一系列更宽泛的主题，由专家将这些主题抽象成宏观层技术范畴。LDA 自动生成的技术主题、技术范畴含有噪声，需要清洗后才能成为分类体系的有效成分。主要通过两种方式清洗：一是将条件概率小于指定阈值主题裁剪掉；二是请领域专家进一步筛选有效主题。此后，请专家给技术主题和技术范畴撰写有意义的标引，生成对应的宏观技术范畴。

### 2. 面向 TRIZ 的语义检索

传统专利检索主要是基于关键词与专利分类号的布尔匹配检索，而 DPTMS 提供面向 TRIZ 的语义检索功能，即针对 SAO 进行检索。

首先，DPTMS 将检索式转化成 SAO 三元组。以检索“check large lens convex surface”为例，将用户提交的检索式转化为 SAO 结构“subject-check-large lens convex surface”。

其次，将该 SAO 与技术索引中的 SAO 集合进行匹配。利用科技知识组织体系（science and technology knowledge organization system, STKOS）的开放查询和推理接口、Action 语义词典对 SAO 进行规范与上下位扩展，提高检索准确率。STKOS 共享服务平台通过建立基于 STKOS 的知识查询和知识推理引擎，将知识组织体系变成一个可以有效对外提供服务的、开放的知识查询和推理引擎，使用户可以通过标准的接口协议实现知识组织体系的深度开发和利用。为了更好地满足第三方应用系统对 STKOS 的深度开发和利用，在 STKOS 引擎开发的基础上建设了一系列标准化、集成化的开放查询和推理接口，为上层的各类应用提供语义支撑，使第三方信息服务机构可以通过模块化选择的集成方式，灵活地将科技知识组织体系的检索、查询和推理功能嵌入到自己的服务应用中。通过 STKOS 开放知识组织系统提供的开放查询和推理接口访问 STKOS，支持第三方应用系统中的扩展检索、缩小检索等相关检索，进而提高系统的查全率和查准率[214]。

最后，返回包含该 SAO 的所有 TRIZ 技术信息与专利文献，计算 SAO 的相似度，返回检索结果并对其排序。

### 3. 领域知识棱镜

领域知识棱镜采用可视化方式展示领域技术索引的结构及其与专利文献之间的联系，帮助用户更有效地利用这些信息[137]。领域技术索引的构建过程分为简单知识对象标引与复杂技术信息索引两个步骤：DPTMS 参照日本专利分析系统 F-term 的多元技术视点对成分、属性等简单知识对象进行识别与标引。F-term 是日本专利局创立的专利技术点分面分类体系，它是一种有效、实用、独特的文献组织方式，可精准检索日本专利情报。F-term 从多个技术角度(如应用、功能、结构、材料、生产过程等)，在 IPC 的基础上对日本专利进行了再分类或细分类。尽管 F-term 是针对日本专利的特点设计的索引体系，仍可借鉴该系统的多元技术视点来标引专利技术信息，实现更精准的检索[92]。DPTMS 采用 SAO 降维对复杂专利技术信息进行结构化索引，以支持更精准的专利技术检索。领域技术索引的构建是一个动态的过程，初期索引结构可结合领域词表与专家咨询的方式来设计，后期可根据专利文本挖掘的具体内容逐渐补充和完善。

多维索引是一种对高维复杂数据进行多层次、多角度索引的技术，广泛应用于科技信息服务系统中。通过对科技文献显性数据、隐性信息等不同维度内容进行索引，它可以帮助用户从多个角度来检索和利用科技文献。例如 Web of Knowledge 平台，除了对科技文献的资源类型、作者、出版年代、来源期刊、作者机构等元数据进行索引外，还对文献所属学科主题等隐性信息进行索引。通过这种多维索引机制，用户可以按照文献资源类型、年代、作者、学科主题等逐渐缩小检索范围，快速定位到所需文献[207,211]。从 TRIZ 应用的角度来看，专利文献包含的技术信息除微观层面的关键词、分类号之外，用户更感兴趣的是微观 SAO、中观层“技术主题”、宏观层面“技术范畴”信息。多维索引可以有效对专利文献中不同层面、不同形式的技术信息进行索引与揭示，帮助用户高效利用信息。

DPTMS 采用 Apache Solr 统一对简单知识对象与复杂技术信息进行多维索引。Solr 是一个基于 Apache Lucene 的开源搜索平台，应用十分广泛。它提供强大的全文检索、高亮显示、分面搜索、动态聚类以及分布式检索和索引复制等功能。作为一种企业级的全文搜索服务器，Solr 在系统响应时间、性能优化以及稳定性等方面都已经比较成熟，且特有的分面搜索技术已被广泛应用，可满足多维索引构建的基本要求[211]。

DPTMS 采用聚类与分面的方式构建领域知识棱镜。具体而言，DPTMS 的分类体系可看成一个树形结构，其根节点是技术领域名称，第一级子节点是宏观层技术范畴，宏观层之下是中观层技术主题。基于上述分类体系，对领域专利从技术问题、技术方案、技术功能和技术效果四个维度进行分类，采用 Weka 中的决策树分类器构建自动分类模型对领域专利的技术效果进行分类，最终确定领域知识棱镜[17]。例如大口径光学领域知识棱镜，如图 7.2 所示。

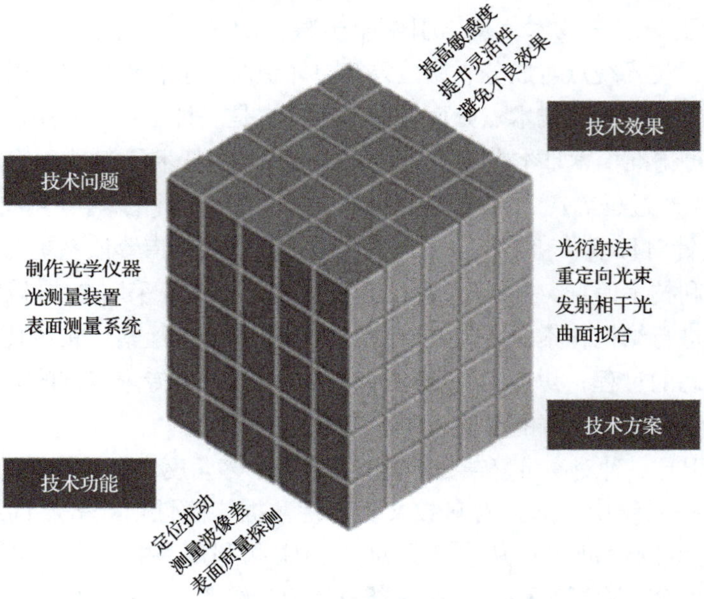


图 7.2　大口径光学领域知识棱镜示意

### 7.2.3　DPTMS 的功能模块

1. 数据导入

该模块实现基础数据层的数据导入、清洗功能。除直接支持 TI 数据格式导入外，DPTMS 还采用 Excel 模板的形式支持多种格式的专利数据导入。DPTMS 采用词表与正则表达式相结合的方式分解、分析和抽取专利著录项数据，并插入到数据库。数据导入界面如图 7.3 所示。

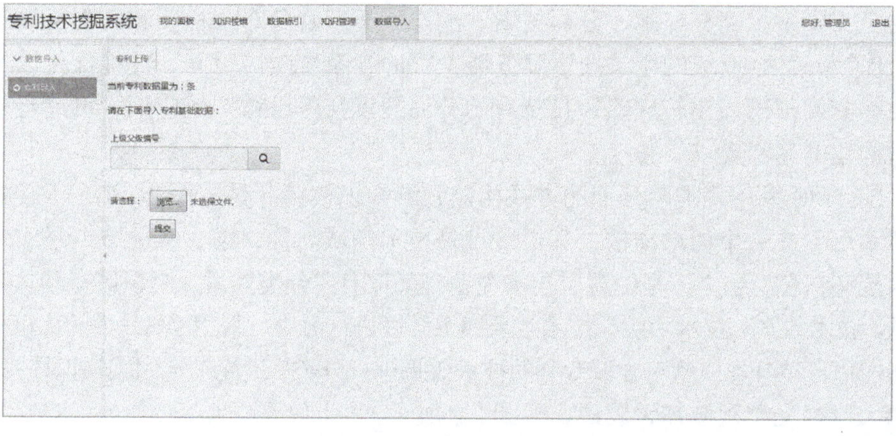


图 7.3　数据导入界面

### 2. 知识管理

知识管理模块主要是利用文本挖掘技术半自动化地构建领域技术索引，有效管理系统的知识组织体系，通过树的形式展示知识组织体系中的所有内容。每条知识类型包含了其英文名称和中文名称等属性，管理员可以对该条知识类型进行修改、删除和添加下级等操作。知识管理界面如图 7.4 所示。

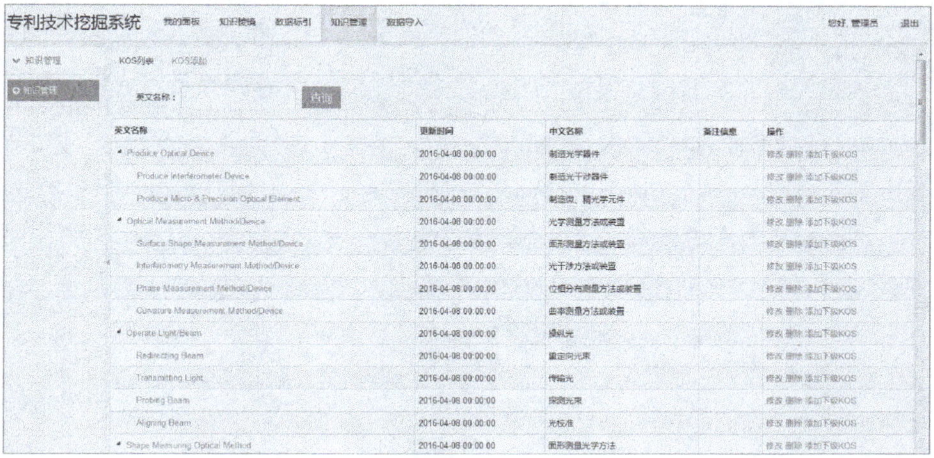


图 7.4　知识管理界面

在知识修改界面中，管理员可以更改每条知识类型的英文名称、中文名称、标签、置顶和排序等属性，如图 7.5 所示。

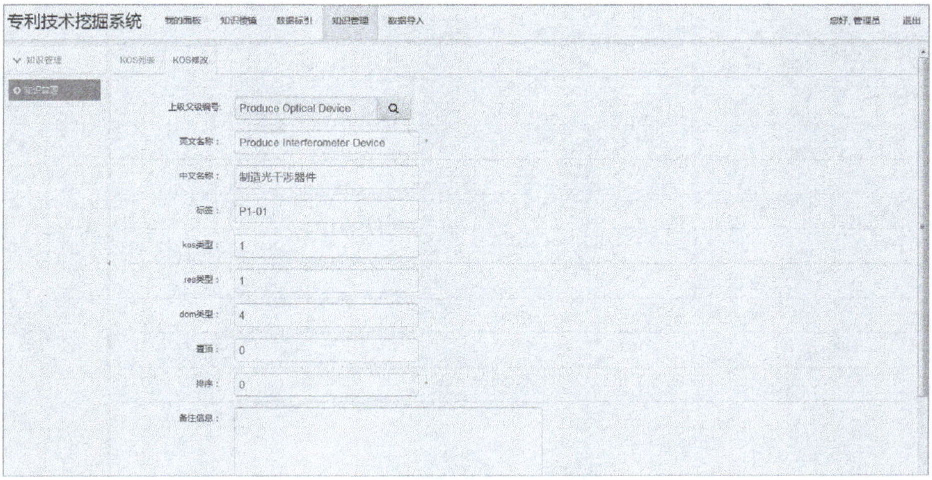


图 7.5　知识修改界面

3. 数据标引

数据标引模块提供人工修改专利基础数据及领域技术索引的窗口，通过表格的形式列出所有专利，如图 7.6 所示，每条专利包含专利标题和专利申请号等属性，管理员可修改、审核半自动标引的简单知识对象、TRIZ 技术信息等。

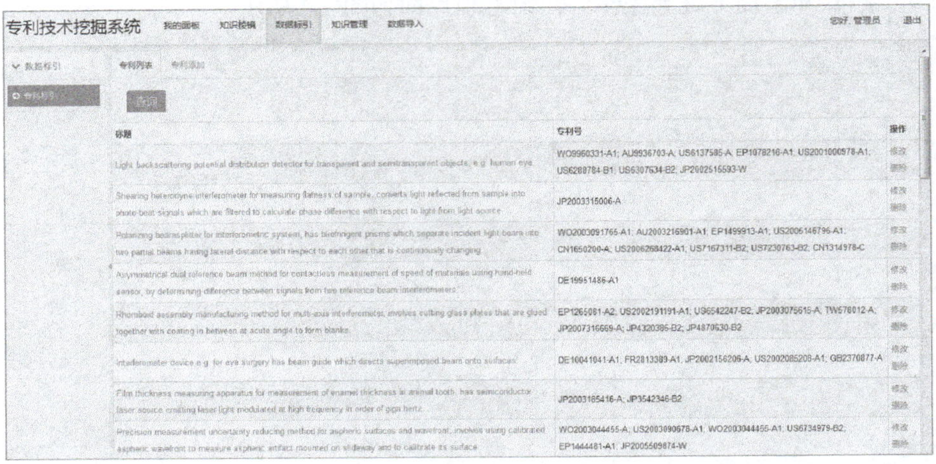


图 7.6　专利数据列表

在专利数据标引界面中，管理员可以打开知识组织体系树的界面，从中选择属于该条专利的知识类型，如图 7.7 所示。

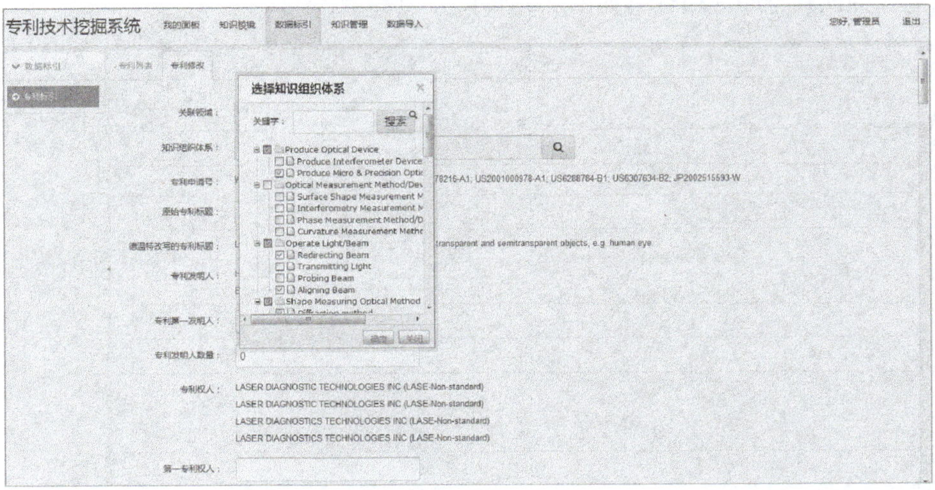


图 7.7　专利数据标引界面

4. 知识棱镜

知识棱镜模块通过构建文本自动分类模型，采用知识挖掘相关技术和知识组织体系，以表格和网络等可视化方式展示专利技术挖掘结果。默认情况下，可以看到未选择具体知识类型的专利列表，如图 7.8 所示。

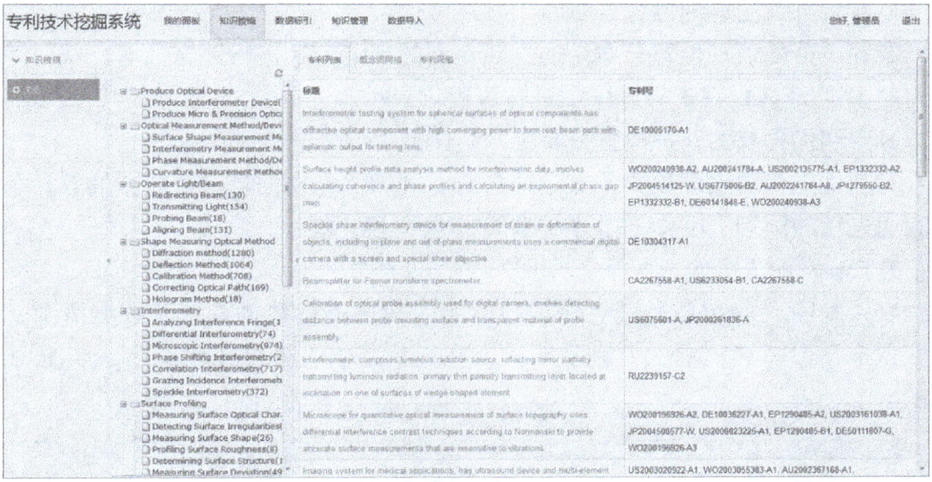


图 7.8　未选择具体知识类型的专利列表

在知识棱镜界面的知识组织体系树中，可以看到每种知识类型对应的专利数量，选择每个具体的知识类型，可以打开属于该知识类型的专利列表，如图 7.9 所示。

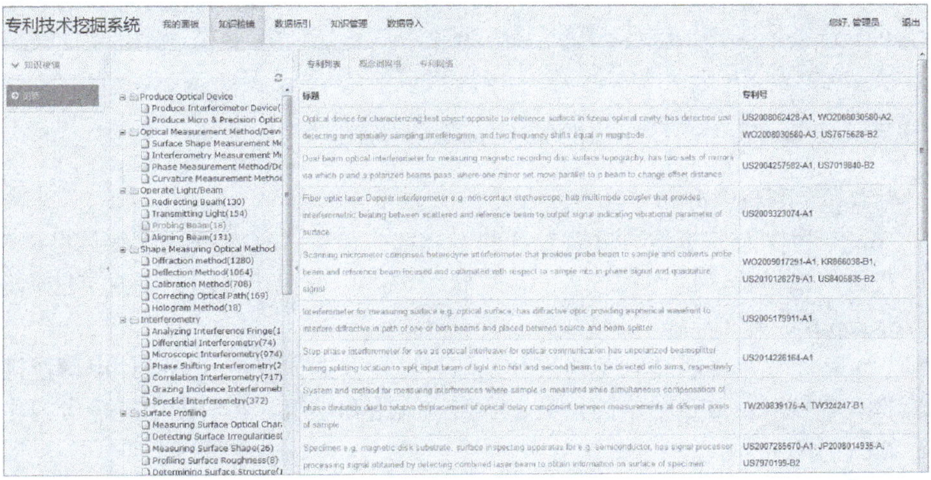


图 7.9　选择具体知识类型后的专利列表

5. 分析面板

分析面板模块集成了基础数据层与文本挖掘层的多种数据和分析指标，提供专利可视化分析服务。分析面板采用曲线图、柱状图、地图、饼图和云图等进行分析结果的可视化展示，部分可视化形式如下所示。

1) 专利申请的地理位置分布

专利申请的地理位置分布是通过对专利的申请信息进行数据抽取，获得专利申请的国别/地区，在世界地图中进行可视化展示。

2) 专利优先权的地理位置分布

专利优先权的地理位置分布是通过对专利的优先权信息进行数据抽取，获得专利优先权的国别/地区，在世界地图中进行可视化展示。

3) Top 发明人分布

Top 发明人分布是通过对专利的发明人信息进行数据抽取和数据清洗，统计获得申请量排名靠前的专利发明人，在柱状图中进行可视化展示，如图 7.10 所示。

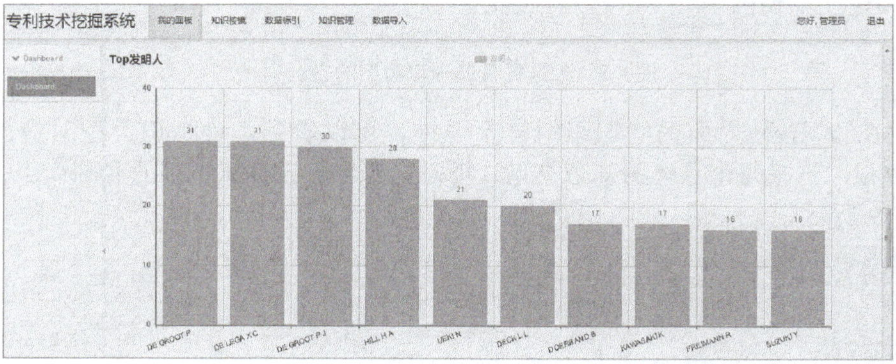


图 7.10　Top 发明人分布

4) Top 专利权人分布

Top 专利权人分布是通过对专利的专利权人信息进行数据抽取和数据清洗，统计获得申请量最多的专利权人，在柱状图中进行可视化展示，如图 7.11 所示。

5) Top IPC 分布

Top IPC 分布是通过对专利的 IPC 信息进行数据抽取，分别统计申请量排名靠前的 IPC 号以及 IPC 号中的大类、小类、大组和小组，在饼图中进行可视化展示，如图 7.12 所示。

6) 概念词分布

专利概念词分布是通过对 SAO 三元组集合中的概念词进行统计分析，对出现次数最多的概念采用词云图的可视化形式进行展示，如图 7.13 所示。

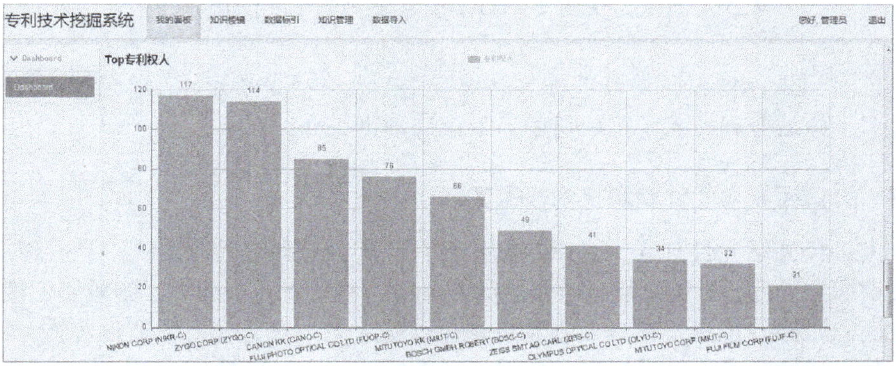


图 7.11　Top 专利权人分布

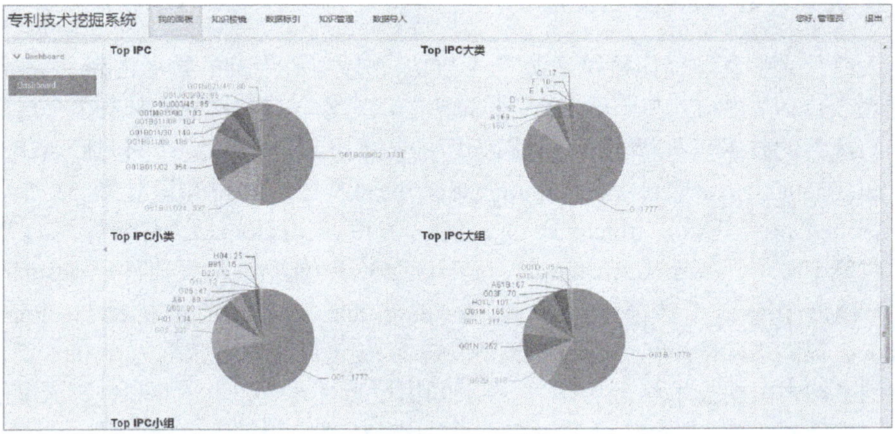


图 7.12　Top IPC 分布

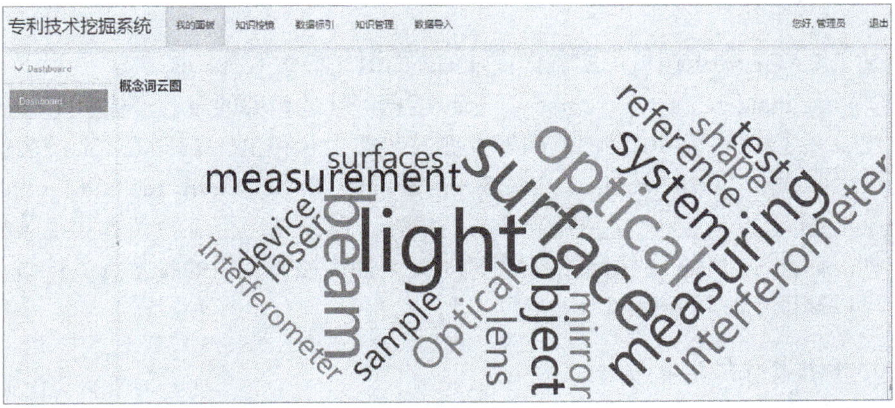


图 7.13　主要概念词分布

## 7.3 基于 DPTMS 的专利技术挖掘实践

目前，DPTMS 的部分功能模块已被应用于大口径光学元件、超导电子和氨基酸等多个领域专利技术挖掘项目中，下面分别进行介绍。

### 7.3.1 大口径光学元件专利技术挖掘实践

大口径光学元件(LAOE)主要应用于各类光学天文望远镜系统，是成像质量的关键所在。通过对大口径光学领域的专利进行技术挖掘，构建了领域知识棱镜，提供面向 TRIZ 的语义检索及专利可视化分析服务，有力支持了项目实施，特别是为技术导航分析、专利深度分析提供了数据、方法及平台的支撑。

1. 大口径光学领域知识棱镜

大口径光学领域知识棱镜来源于 LAOE 领域核心专利的技术内涵(检索策略详见表 5.1)，从 SAO 基础语义单元、简单知识对象与 TRIZ 技术对象 3 个层面对专利中蕴含的技术点进行索引。目前，索引的技术点数量为 4188 个，包括 SAO 3987 条，如“optical axis - reflect - illumination beam”等；简单知识对象 63 个，如 interferometers(干涉仪)、reference light(参考光束)、photomask(光掩模)等；TRIZ 技术对象 138 个，如 produce optical excitation device(制造光激发器件)、visualizing interference fringe(干涉条纹显示)、locating disturbance(定位扰动)、improve accuracy(提高精确度)等。大口径光学领域知识棱镜的总索引数据为 14098 条，每条专利平均索引的技术点为 9.6 个。领域知识棱镜对大口径光学专利进行深度语义索引，为面向 TRIZ 的语义检索和专利可视化分析等应用提供数据支撑。

2. 面向 TRIZ 的语义检索

基于 LAOE 知识棱镜可实施面向 TRIZ 的语义检索服务。图 7.14 展示了与检索词“graze incidence interferometry”(掠入射干涉)最相关的专利。从图 7.14 中可以看出，基于扩大专利权保护范围等方面的考虑，专利 RU2235972-C2 的名称及摘要中并不包含“graze incidence interferometry”信息，而是采用“method for optical control”(光学控制方法)这种宽泛抽象的描述，所以基于传统检索方式很难找到该专利。而面向 TRIZ 的语义检索通过对领域知识棱镜索引的技术点进行语义检索，可以帮助用户精准发现所需要的专利。

3. 专利可视化分析

利用可视化分析中的关联分析模型对大口径光学专利集中的发明人、专利权人及知识对象等进行关联分析，可直接生成分析对象的共现网络。图 7.15 展示了

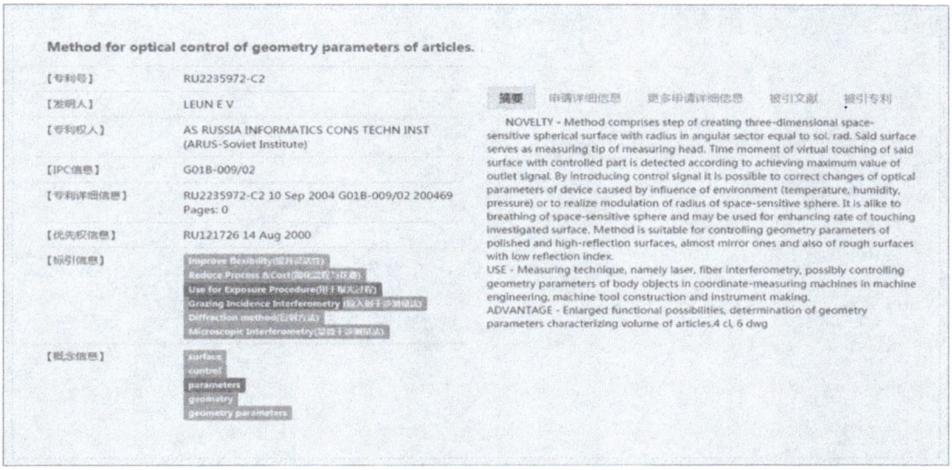


图 7.14　面向 TRIZ 的语义检索结果

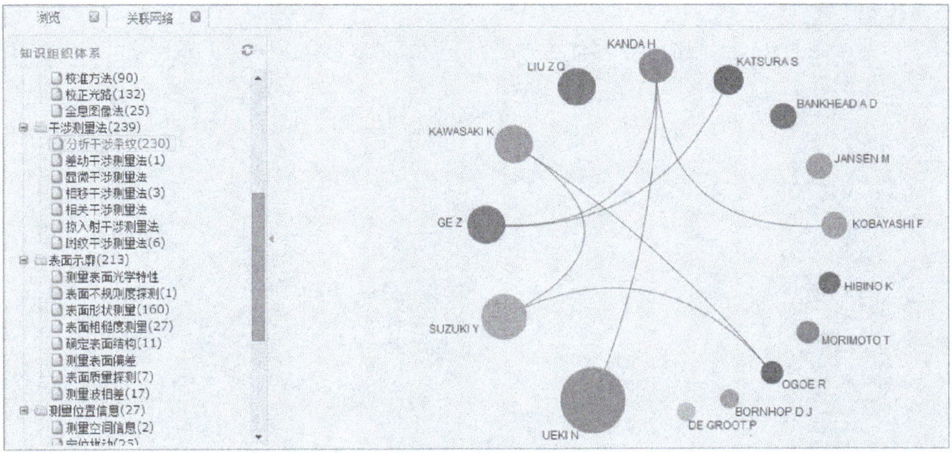


图 7.15　“分析干涉条纹”子领域中 Top 15 发明人共现网络

“分析干涉条纹”子领域中 Top 15 发明人共现网络。共现网络中节点的大小表示发明人拥有的专利数量，节点之间的边则表示发明人之间的关联关系。从图 7.15 中可以看出，Ueki N. 是发明专利最多的发明人；Kawasaki K.、Suzuki Y.与 Ogoe R. 这 3 个发明人不仅发明专利较多，而且形成了一个稳定的合作团队。因此，可以初步判断 Ueki N.可能是本领域的核心技术人员，而 Kawasaki K.团队可能是本领域的技术领军团队，都是需要重点关注与跟踪的对象。图 7.16 展示了“制造光学器件的方法”子领域 Top 15 专利权人共现网络。图 7.17 展示了知识对象“Probing Beam”的共现网络，从图中可以清楚看出哪些专利包含该知识对象及它们之间的关系。这些专利可能都使用“Probing Beam”这一技术手段实现了该技术功能。结合时间轴，可以进一步分析“Probing Beam”的演化路线，挖掘围绕该知识对象的核心专利、外围专利与专利组合等。

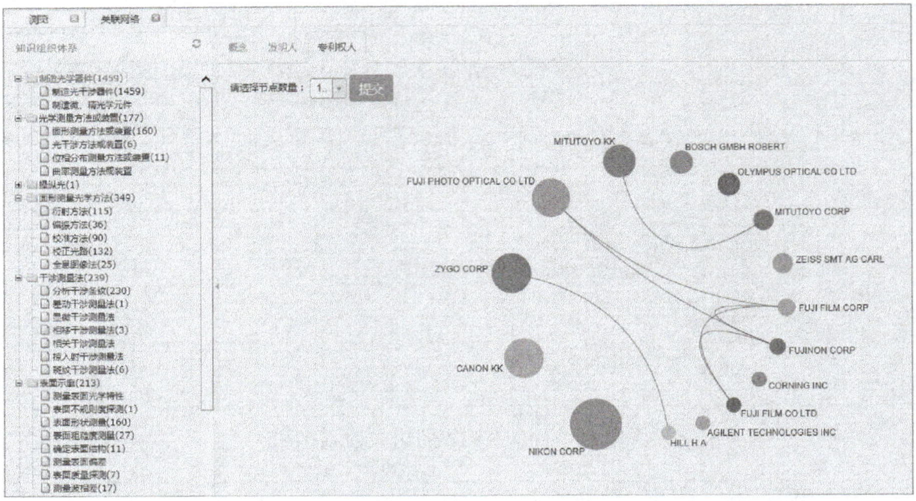


图 7.16　“制造光学器件的方法”子领域 Top 15 专利权人共现网络

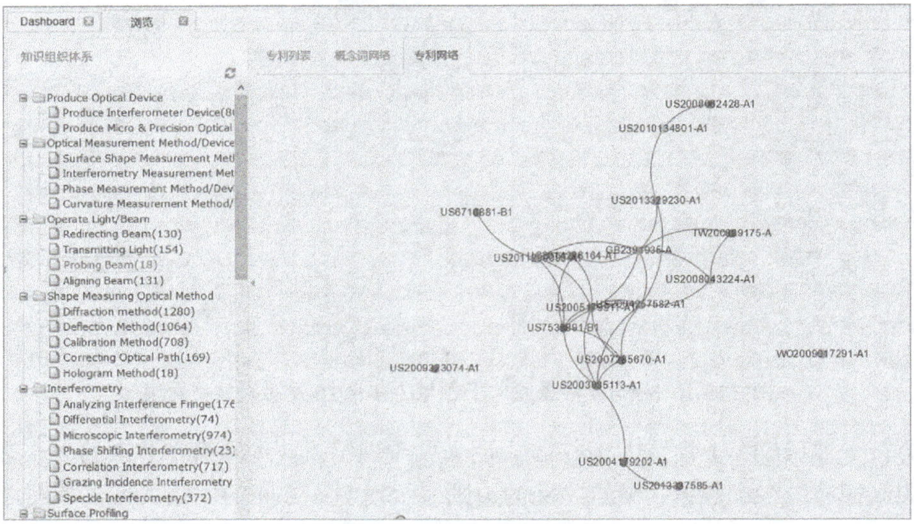


图 7.17　知识对象“Probing Beam”的共现网络

### 7.3.2　超导电子专利技术挖掘实践

超导电子是物理和电子学相结合的交叉学科，主要是研究用超导材料开发新型电子器件的相关技术。通过对超导电子领域的专利进行技术挖掘，实现领域专利技术信息的自动化抽取、结构化组织与知识挖掘，为面向技术内涵的专利语义检索与精准服务提供数据支撑。

1. 超导电子领域知识棱镜

超导电子领域知识棱镜来源于本领域的 11638 条专利的技术内涵，从 SAO 基础语义单元、简单知识对象与 TRIZ 技术对象 3 个层面对专利中蕴含的技术点进行索引。索引的技术点数量为 27908 个，包括 SAO 27892 条；简单知识对象 12 个，如 superconducting nanowire single-photon detector（超导纳米线单光子探测器）、transition edge sensor（超导转变边沿探测器）、microwave kinetic inductive detector（微波动态电感传感器）、hot electron bolometer（超导热电子测热辐射仪）等；TRIZ 技术对象 4 个，如 biomagnetism（生物磁学）、geophysics（地球物理学）、magnetic resonance imaging（磁共振成像设备）、non destructive evaluation（无损检测）等。超导电子领域知识棱镜的总索引数据为 35992 条，每条专利平均索引的技术点为 3.1 个。领域知识棱镜对超导电子专利进行深度语义索引，为面向 TRIZ 的语义检索应用提供数据支撑。

2. 面向 TRIZ 的语义检索

基于超导电子领域知识棱镜可实施面向 TRIZ 的语义检索服务。图 7.18 展示了与检索词“apply in biomagnetism”（应用于生物磁学）相关的一条专利。从图 7.18 中可以看出，本专利中不直接含有检索词中的名词或动词，传统的关键词检索无法找到该专利。在面向 TRIZ 的语义检索中，系统先将检索词转化为 SAO 三元组“Subject-apply-biomagnetism”，再将该 SAO 与技术索引中的 SAO 集合匹配，按照相似度值的高低进行排序，返回大于预设阈值的检索结果，最终能够实现比传统关键词检索更加智能的语义检索。

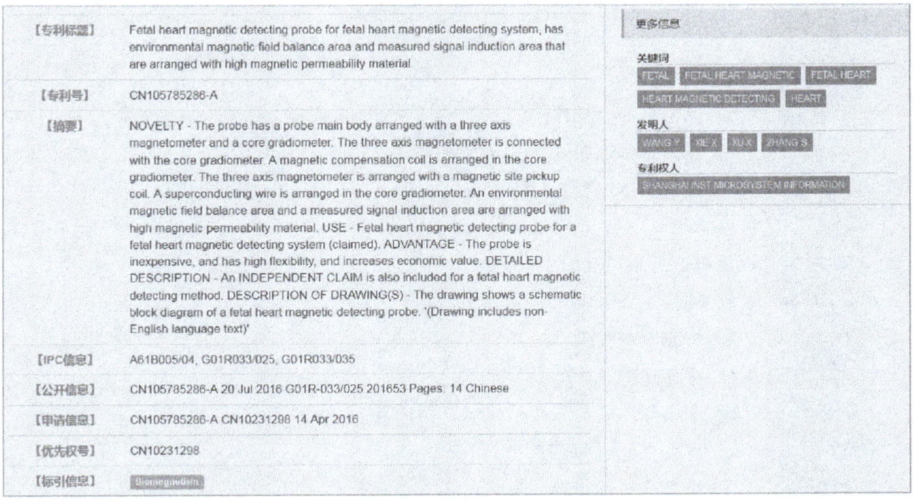


图 7.18　面向 TRIZ 的语义检索结果

### 7.3.3　氨基酸专利技术挖掘实践

氨基酸是构成蛋白质的基本单位，在食品工业和医药等领域需求量大，很多国家都在积极发展氨基酸生产技术。通过对氨基酸领域的专利进行技术挖掘，构建领域知识棱镜，提供面向 TRIZ 的语义检索服务，形成氨基酸技术创新知识库。通过深入揭示氨基酸专利中隐含的技术内涵，实现氨基酸专利信息的深度挖掘与利用，促进氨基酸专利管理创新与技术创新。

1. 氨基酸领域知识棱镜

氨基酸领域知识棱镜来源于本领域的 730 条核心氨基酸专利，从 SAO 基础语义单元、简单知识对象与 TRIZ 技术对象 3 个层面对专利中蕴含的技术点进行索引。索引的技术点数量为 1905 个，包括 SAO 1678 条，简单知识对象 30 个，如谷氨酸、赖氨酸、苏氨酸等氨基酸品种，TRIZ 技术对象 197 个，如启动子序列、改变转录、调控活性等。氨基酸领域知识棱镜的总索引数据为 4872 条，每条专利平均索引的技术点接近 6.6 个。氨基酸领域知识棱镜的分类体系如图 7.19 所示。

图 7.19　氨基酸领域知识棱镜的分类体系界面

领域知识棱镜对氨基酸专利进行深度语义索引，为面向 TRIZ 的语义检索应用提供数据支撑。

2. 面向 TRIZ 的语义检索

面向 TRIZ 的语义检索服务提供按技术点导航式浏览及语义检索等功能。根据氨基酸领域知识棱镜的分类体系，可以确定技术点导航分为八大类，具体包括按氨基酸品种导航(如谷氨酸、赖氨酸、苏氨酸等)，按菌种名称导航(如棒状杆菌、大肠杆菌、短杆菌等)，按涉及重点基因和蛋白导航(如丙酮酸羧化酶、葡糖淀粉酶、PTS 基因等)，按基因调控技术导航(如基因上调、基因下调、新质粒等)，按基因功能导航(如启动子序列、改变转录、调控活性等)，按合成途径导航(如 EMP 或 TCA 及相关途径、PPP 及相关途径、关闭海藻糖合成途径等)，按调控系统导航(如代谢调控、呼吸代谢、还原力等)，按技术效果导航(如提高产酸性能、提高耐受性、增强蛋白表达等)。技术点导航浏览界面见图 7.20。

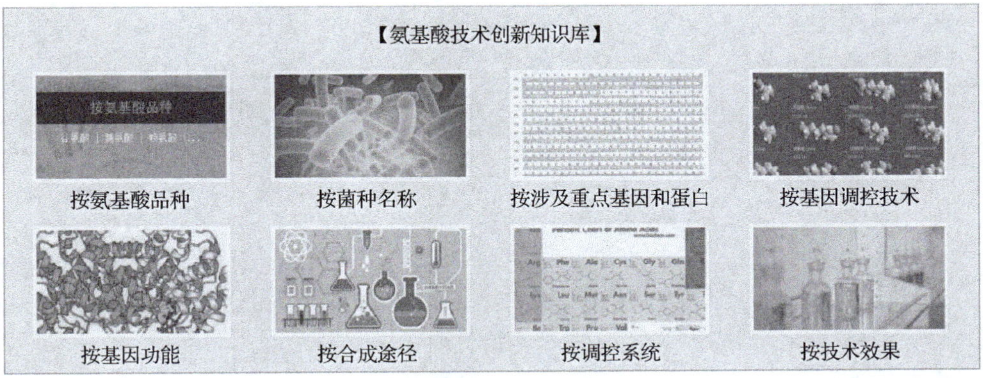


图 7.20　氨基酸技术点导航浏览界面

在面向 TRIZ 的语义检索中，采用关键词检索与技术点筛选相结合的方式，多角度、多层次展示专利技术信息，可以帮助用户从多个角度快速定位所需要的专利。用户可以从专利号、专利名称/摘要、发明人/专利权人、专利要求、技术方案、涉及重点基因和蛋白等字段进行检索，然后可进一步从专利公开年份、法律状态、专利权人、专利申请国别或地区、氨基酸品种、菌种名称、基因功能、技术效果等角度进行筛选。检索界面见图 7.21。

图 7.22 展示了一条涉及谷氨酸，并且具有提高产酸性能技术效果的欧洲专利局专利。如果要在系统中快速定位这条专利，首先检索专利号以 EP 开头的欧洲专利局专利，然后在检索结果中从氨基酸领域知识棱镜的简单知识对象里选择具体氨基酸品种之一谷氨酸，从 TRIZ 技术对象中选择技术效果之一提高产酸性能，最终实现精准查找。

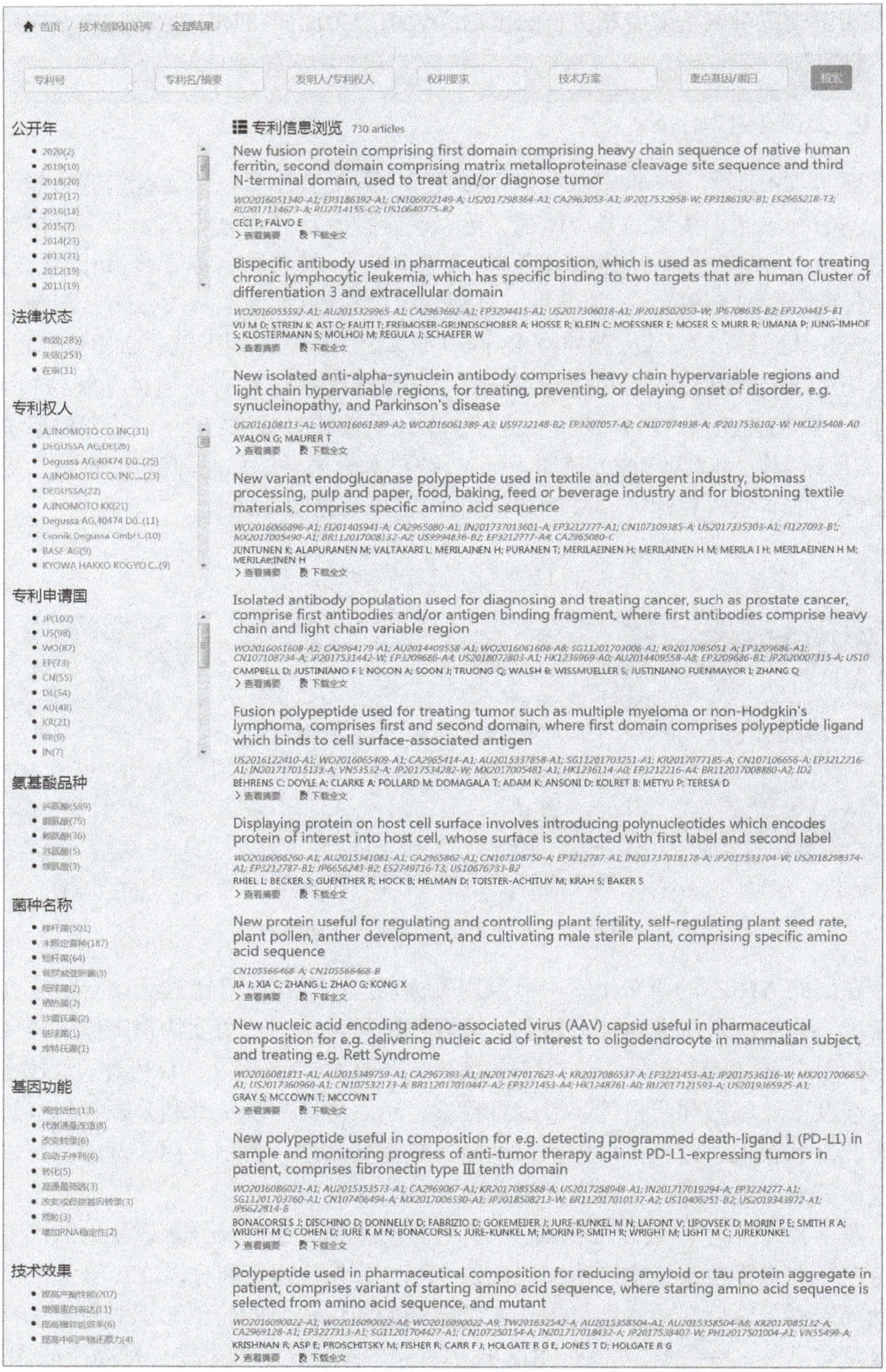


图 7.21　氨基酸领域面向 TRIZ 的语义检索界面

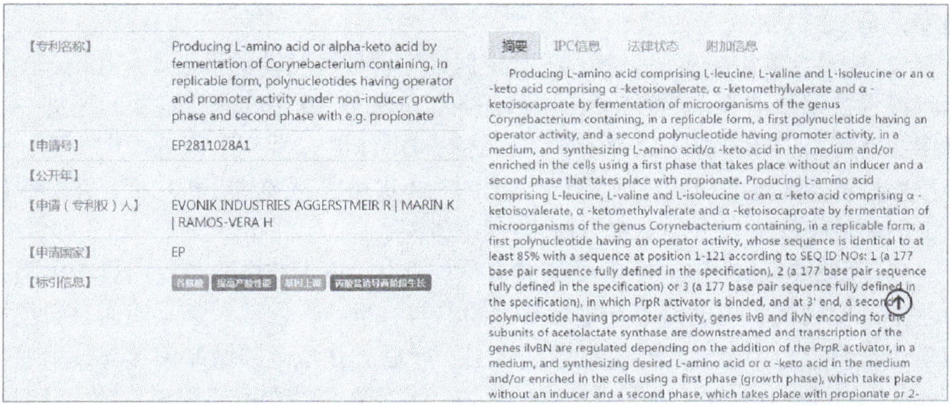


图 7.22　面向 TRIZ 的语义检索结果

# 7.4　DPTMS 的优点与不足

与现有专利分析工具相比，DPTMS 支持对专利进行深度、精准的技术挖掘。基于 LAOE、超导电子和氨基酸等领域专利技术挖掘的实践情况，本节从专利深度、精准技术挖掘、可视化分析及使用成本 4 个方面将 DPTMS 与 Goldfire 进行对比，归纳出 DPTMS 的优点如下：

(1) 支持深度专利技术挖掘。Goldfire 的索引以 SAO 为主，维度较单一。DPTMS 从 SAO、简单知识对象与 TRIZ 技术对象 3 个层面对专利内涵进行多维索引，支持深度挖掘专利技术内涵。

(2) 支持精准专利技术挖掘。Goldfire 缺乏针对特定领域专利的个性化技术索引。DPTMS 针对不同领域和不同需求提供个性化的知识组织与索引方案，其技术索引可以覆盖领域大多数技术点，具有细粒度、个性化的特点，支持对专利技术内涵进行精准检索与挖掘。

(3) 支持专利可视化分析。Goldfire 以专利检索服务为主，仅支持常规的统计分析，分析功能较弱。DPTMS 集成了常用的关联规则挖掘、共现分析模型等，支持对分析对象进行基于关联规则的数据挖掘与可视化分析，易用性更强。

(4) 降低技术挖掘成本。Goldfire 产品费用昂贵，单次使用成本很高。在实际工作中，DPTMS 可部分替代 Goldfire，有效降低了专利技术挖掘成本。

从专利技术挖掘需求及发展趋势看，DPTMS 还存在着需要完善的地方，可从以下 4 个方面进行改进：

(1) 领域技术索引构建的效率与准确率有待提高。目前，DPTMS 中简单知识对象的识别、TRIZ 技术对象的挖掘都采用文本挖掘与人工标引相结合的方式，专家人工干预的工作量较大，主观性较强。如何提高领域技术索引构建的效率与准确率，是 DPTMS 完善的重点。

(2) 技术挖掘指标有待完善。技术挖掘是一项任务驱动的科学或应用[3]。Alan 等将技术挖掘归纳为 13 类任务，这些任务可分解成 39 个问题，这些问题进一步可用 200 多个创新指标予以解答[3,15]。目前，DPTMS 仅罗列了部分常用指标，没有按照任务、问题的模式集成。今后，DPTMS 将集成更多的分析指标，并按照任务、问题的模式进行分类，提高技术挖掘效率。

(3) 领域专家应用 DPTMS 的模式有待标准化。技术挖掘既是一门科学也是一门艺术，专利技术挖掘离不开领域专家的参与。目前，领域专家只能通过数据标引模块来修改、审核专利与进行数据索引。今后，在规范领域专家参与技术挖掘模式的基础上，DPTMS 将提供更多的接口、工具来协助专家使用该系统，以增强技术挖掘方法的通用性与结果的稳定性。

(4) 服务云端化。目前，DPTMS 支持多领域的专利技术挖掘，但不支持多用户应用，不支持不同领域之间的资源共享，如清洗规则、领域词表、技术索引的共享。信息系统云端化是发展趋势。今后，DPTMS 将基于云环境开发、部署，同时面向多用户、多领域提供普惠的技术挖掘服务。

# 参 考 文 献


[1] 张影. 科技创新是赢得未来的关键[N]. 人民日报, 2020-10-09(5).

[2] 陆雄文. 管理学大辞典[M]. 上海: 上海辞书出版社, 2013.

[3] Porter A L, Cunningham S W. Tech Mining: Exploiting New Technologies for Competitive Advantage[M]. Hoboken: John Wiley & Sons, 2004.

[4] 唐炜，刘细文. 专利分析法及其在企业竞争对手分析中的应用[J]. 现代情报，2005，9: 181-185, 188.

[5] Clarivate. Derwent world patents index[EB/OL]. https://clarivate.com/derwent/solutions/derwent-world-patent-index-dwpi. [2020-12-10].

[6] 孙冰，徐晓菲，苏晓. 技术扩散主路径及核心企业的识别研究——以手机芯片专利引文网络为例[J]. 情报学报, 2019, 38(2): 201-208.

[7] 王贤文, 刘则渊, 侯海燕. 基于专利共被引的企业技术发展与技术竞争分析: 以世界 500 强中的工业企业为例[J]. 科研管理, 2010, 31(4): 127-138.

[8] 李克汉. 专利基础知识普及讲座[EB/OL]. https://wenku.baidu.com/view/b56475c658f5f61fb7366695.html. [2020-11-15].

[9] 王朝晖. 专利文献的特点及其利用[J]. 现代情报, 2008, (9): 151-152, 156.

[10] 陶然. 基于本体的专利情报发现体系研究[J]. 图书与情报, 2007, 4: 23-27.

[11] 刘晓英, 文庭孝, 杨忠. 专利信息可视化分析系统的现状与技术基础[J]. 情报理论与实践, 2015, 38(3): 1-5.

[12] 胡正银, 刘春江, 隗玲, 等. 面向TRIZ的领域专利技术挖掘系统设计与实践[J]. 图书情报工作, 2017, 61(1): 117-124.

[13] 吕详惠, 仇宝艳, 乔鸿. 基于本体的专利知识发现体系研究[J]. 计算机与信息技术, 2008, (7): 43-46.

[14] 刘晓英, 文庭孝, 孙玥莹. 专利技术信息挖掘及实证研究: 以我国的行李箱专利为例[J]. 图书馆, 2018, (4): 37-43.

[15] Porter A L. How "tech mining" can enhance R&D management[J]. IEEE Engineering Management Review, 2008, 36(3): 72.

[16] 胡正银, 方曙, 文奕, 等. 面向 TRIZ 的专利自动分类研究[J]. 现代图书情报技术, 2015, (6): 66-74.

[17] 胡正银, 方曙, 张娴, 等. 个性化语义 TRIZ 构建研究[J]. 图书情报工作, 2015, (7): 123-131.

[18] Bonino D, Ciaramella A, Corno F. Review of the state-of-the-art in patent information and forthcoming evolutions in intelligent patent informatics[J]. World Patent Information, 2010, 32: 30-38.

[19] 方曙，胡正银，庞弘燊，等. 基于专利文献的技术演化分析方法研究[J]. 图书情报工作, 2011, 22: 42-46.

[20] 张娴，方曙，王春华. 专利引证视角下的技术演化研究综述[J]. 科学学与科学技术管理, 2016, 37(3): 58-67.

[21] 谢寿峰. 基于专利分析的技术演变与预测研究[D]. 南京：南京理工大学, 2014.

[22] 陈亮. 基于关联规则改进的技术演化分析方法研究[D]. 北京：中国科学院大学, 2013.

[23] 张嶷. 新兴技术竞争情报挖掘方法研究[D]. 北京：北京理工大学, 2016.

[24] 赵莉. 联合专利分类(CPC)简介[EB/OL]. https://wenku.baidu.com/view/ebb6208c302b3169a45177232f60ddccdb38e662.html. [2020-10-20].

[25] 胡阿沛，张静，张晓宇. 基于专利文献的技术演化分析方法评述[J]. 现代情报，2013, 33(10): 172-176.

[26] 栾春娟. 基于专利共现的全球太阳能技术网络及关键技术演化分析[J]. 情报学报，2013, 32(1): 68-79.

[27] Gao L, Porter A L, Wang J, et al. Technology life cycle analysis method based on patent document[J]. Technological Forecasting and Social Change, 2013, 80: 398-407.

[28] 刘小玲，谭宗颖. 基于专利网络的技术演进研究方法探索[J]. 科学学研究，2013，31(5): 651-656, 731.

[29] Altshuller G S. The Innovation Algorithm: TRIZ, Systematic Innovation and Technical Creativity[M]. Worcester: Technical Innovation Center, 1999.

[30] Domb C, Roland D. Integrating Altshuller's development laws for technical systems into the design process[J]. CIRP Annals, 2001, 50(1): 115-120.

[31] 黄庆，周贤永，杨智懿. TRIZ 技术进化理论及其应用研究述评与展望[J]. 科学学与科学技术管理, 2009, 30(4): 58-65.

[32] 胡正银，方曙，张娴. 基于语义 TRIZ 的专利技术挖掘研究[C]. 第四届全国情报学博士生学术论坛，长春, 2014: 1-11.

[33] Yoon B, Phaal R, Probert D. Morphology analysis for technology road mapping: Application of text mining[J]. R&D Management, 2008, 38(1): 51-68.

[34] Lee S, Yoon B, Park Y. An approach to discovering new technology opportunities: Keyword-based patent map approach[J]. Technovation, 2009, 29(6): 481-497.

[35] 罗文馨，王园园. 技术主题演化研究方法综述[J]. 知识管理论坛, 2018, 3(5): 255-265.

[36] Yoon J, Kim K. Detecting signals of new technological opportunities using semantic patent analysis and outlier detection[J]. Scientometrics, 2012, 90(2): 445-461.

[37] Yoon J, Kim K. An automated method for identifying TRIZ evolution trends from patents[J]. Expert Systems with Applications, 2010, 37: 2882-2890.

[38] Park H, Ree J J, Kim K. Identification of promising patents for technology transfers using TRIZ evolution trends[J]. Expert Systems with Applications, 2013, 40: 736-743.

[39] Park H, Ree J J, Kim K. An SAO-based approach to patent evaluation using TRIZ evolutiontrends[C]. IEEE International Conference on Management of Innovation and Technology, Singapore, 2012.
[40] Zhang Y, Porter A L, Hu Z Y, et al. Term clumping for technical intelligence: A case study on dye-sensitized solar cells[J]. Technological Forecasting and Social Change, 2014, 85: 26-39.
[41] Zhang Y, Zhou X, Porter A L, et al. How to combine term clumping and technology roadmapping for newly emerging science & technology competitive intelligence: "problem & solution" pattern based semantic TRIZ tool and case study[J]. Scientometrics, 2014, 101(2): 1375-1389.
[42] Zhang Y, Porter A L, Gomila J, et al. Discovering emerging technology trends: With TRIZ and technology road mapping[C]. The 2nd Global TechMining Conference, Montreal, 2012.
[43] 胡正银，方曙. 专利文本技术挖掘研究进展综述[J]. 现代图书情报技术，2014，22(6): 62-70.
[44] WIPO. International patent classification guide[EB/OL]. http://www.wipo.int/export/sites/www/classifications/ipc/en/guide/guide_ipc.pdf. [2020-12-16].
[45] 贾杉杉. 基于 IPC 的专利文本自动分类研究综述[C]. 中国计算机用户协会网络应用分会第二十一届网络新技术与应用年会, 北京, 2017.
[46] Krier M, Zacca F. Automatic categorization applications at the European Patent Office[J]. World Patent Information, 2002, 24(3): 187-196.
[47] Fall C, Torcsvari A, Benzineb K, et al. 2003. Automated categorization in the international patent Classification[J]. ACM SIGIR Forum, 2003, 37(1): 10-25.
[48] 刘玉琴，桂婕，朱东华. 基于 IPC 知识结构的专利自动分类方法[J]. 计算机工程，2008，4(3): 207-209.
[49] Larkey L S. A patent search and classification system[C]. Proceedings of the 4th ACM Conference on Digital Libraries, Berkeley, 1999: 179-187.
[50] 胡学钢，杨恒宇，林耀进，等. 基于协同过滤的专利 TRIZ 分类方法[J]. 情报学报，2018，37(5): 512-518.
[51] Falasco L. Bases of the United States patent classification[J]. World Patent Information, 2002, 24: 31-33.
[52] Teichert T, Mittermayer M. Text mining for technology monitoring[C]. IEEE International Engineering Management Conference, Cambridge, 2002: 596-601.
[53] 郭炜强，戴天，文贵华. 基于领域知识的专利自动分类[J]. 计算机工程，2005，34(23): 52-54.
[54] Kim J H, Choi K S. Patent document categorization based on semantic structural information[J]. Information Processing and Management, 2007, 43: 1200-1215.

[55] Lai K K, Wu S J. Using the patent co-citation approach to establish a new patent classification system[J]. Information Processing and Management, 2005, 41(2): 313-330.
[56] 翟继强, 王克奇. 依据TRIZ发明原理的中文专利自动分类[J]. 哈尔滨理工大学学报, 2013, 18(3): 1-5.
[57] Cong H, Tong L H. Grouping of TRIZ inventive principles to facilitate automatic patent classification[J]. Expert Systems with Applications, 2008, 34: 788-795.
[58] Tong L H, Cong H, Shen L X. Automatic classification of patent documents for TRIZ users[J]. World Patent Information, 2006, 28: 6-13.
[59] Cong H, Tong L H. Pattern-oriented associative rule-based patent classification[J]. Expert Systems with Applications, 2010, 37: 2395-2404.
[60] 梁艳红, 檀润华, 马建红. 面向产品创新设计的专利文本分类研究[J]. 计算机集成制造系统, 2013, 19(2): 382-390.
[61] 许海云, 王振蒙, 胡正银, 等. 利用专利文本分析识别技术主题的关键技术研究综述[J]. 情报理论与实践, 2016, 39(11): 131-137.
[62] Tseng Y H, Lin C J, Lin Y I. Text mining techniques for patent analysis[J]. Information Processing and Management, 2007, 43: 1216-1247.
[63] Kim Y G, Suh J H, Park S C. Visualization of patent analysis for emerging technology[J]. Expert Systems with Applications, 2008, 34(3): 1804-1812.
[64] 郭俊芳. 基于语义挖掘的技术创新路径分析与评价方法研究[D]. 北京: 北京理工大学, 2016.
[65] 蒋泰维. 企业技术创新路径选择[M]. 杭州: 浙江大学出版社, 2013.
[66] 范月蕾, 毛开云, 于建荣. 核心专利指标效力研究评述[J]. 图书情报工作, 2014, 58(24): 121-125.
[67] 李姝影, 张鑫, 许轶, 等. 核心专利集筛选及专利技术主题识别影响[J]. 情报学报, 2019, 38(1): 13-20.
[68] 祁延莉, 刘西琴. 核心专利识别方法研究[J]. 情报理论与实践, 2016, 39(11): 5-9.
[69] Zhang X, Fang S, Tang C, et al. Study on indicator system for core patent documents evaluation[C]. The 12th International Conference of the International Society for Scientometrics and Informatrics, Rio de Janeiro, 2009: 154-164.
[70] 王晓宇, 苗红, 王芳. 技术知识的跨领域应用及潜在技术方案的识别[J]. 图书情报工作, 2016, 60(23): 87-96.
[71] 王超, 许海云, 方曙. 颠覆性技术识别与预测方法研究进展[J]. 科技进步与对策, 2018, 35(9): 152-160.
[72] 刘魁. 当代科技创新的颠覆性及其现代化价值重估[J]. 自然辩证法通讯, 2013, 35(6): 74-78.

[73] 吴菲菲, 黄鲁成, 石媛媛. 基于文献和专利相互引用的科学与技术关系分析[J]. 科学学与科学技术管理, 2013, (10): 13-20.

[74] Pereira C G, Porto G S. Uncovering innovation features and emerging technologies in molecular biology through patent analysis[M]//Picanço-Castro V, Swiech K. Recombinant Glycoprotein Production: Methods and Protocols. Berlin: Springer, 2018.

[75] Momeni A, Rost K. Identification and monitoring of possible disruptive technologies by patent-development paths and topic modeling[J]. Technological Forecasting and Social Change, 2016, 104: 16-29.

[76] 许鑫, 谷俊, 袁丰平, 等. 面向专利本体的语义检索分析系统的设计与实现[J]. 图书情报工作, 2014, 58(9): 96-104.

[77] 李更, 范文, 赵今明. TRIZ 创新流程与专利检索系统的结合探索[J]. 情报杂志, 2013, 32(2): 79-81.

[78] 王克奇, 于江涛, 李海英. TRIZ 理论在专利检索系统中的应用研究[J]. 情报科学, 2011, 29(2): 231-234, 240.

[79] Mikhail V. Semantic TRIZ[EB/OL]. http://citeseerx.ist.psu.edu/viewdoc/download?doi=10.1.1.115.1907&rep=rep1&type=pdf. [2020-12-16].

[80] Hu Z Y, Fang S, Liang T. Empirical study of constructing a knowledge organization system of patent documents using topic modeling[J]. Scientometrics, 2014, 100: 787-799.

[81] GET 集团. Goldfire 系统创新白皮书[R]. 北京: GET 集团创新中心, 2015.

[82] 杨莺歌. 纳米技术专利分类研究[J]. 微纳电子技术, 2007, (12): 1048-1052, 1062.

[83] 廖佳佳, 高菲, 吕良. 联合专利分类体系研究[J]. 现代情报, 2014, 34(1): 64-68.

[84] 李鹏. 国际专利分类的困境与出路——IPC 的发展与展望[J]. 中国发明与专利, 2009, (8): 76-79.

[85] 陈立新, 梁立明. 技术领域的集成与整合研究——基于美国专利 IPC 的关联分析[J]. 情报杂志, 2013, 32(1): 37-41, 72.

[86] 汕头大学图书馆. 国际专利分类系统和德温特分类系统[EB/OL]. http://www.lib.stu.edu.cn/html/wxjs/index/CH52.htm. [2020-11-18].

[87] 黄迎燕. 美国专利分类的特殊性[EB/OL]. https://wenku.baidu.com/view/8acec12eb4daa58da0114aeb.html. [2020-10-08].

[88] 陈卫明. 美国专利分类体系纵览[EB/OL]. https://wenku.baidu.com/view/6628d3ff04a1b0717fd5ddc3.html. [2020-10-08].

[89] 刘建. 美国为何选用专利分类新体系[EB/OL]. http://www.shzgh.org/zscq/mtjj/userobject1ai8672.html. [2020-11-18].

[90] 王平, 巩瑜. CPC-全球专利文献分类体系新方向[EB/OL]. http://www.mysipo.com/article-1611-1.html. [2020-10-08].

[91] 卢慧生，林小露．联合专利分类体系发展与应用现状[J]．中国发明与专利，2015，(4)：47-53.

[92] 李颖，赵蕴华，霍翠婷，等．日本专利检索体系中主题分类“FI/F-term”的理论与应用研究[J]．数字图书馆论坛, 2008, (11): 42-44, 47.

[93] Japan Patent Office. Outline of FI/F-term[EB/OL]. https://www.jpo.go.jp/e/system/patent/gaiyo/seido-bunrui/document/index/fi_f-term.pdf. [2020-10-08].

[94] 李胤，冯刚，裴少平．浅谈 F-term 分类系统及其在日本专利检索中的应用[J]．科技情报开发与经济, 2013, 23(19): 130-132.

[95] 霍翠婷，蒋勇青，凌锋，等．日本FI/F-term分类体系在专利技术/功效矩阵中的应用研究[J]．情报杂志, 2013, 32(11): 140-144.

[96] 陈茇熙，顾新建，陈国海，等．基于本体的专利检索技术[J]．浙江大学学报(工学版)，2009, 43(12): 2213-2217, 2224.

[97] 何宇，吕学强，刘秀磊，等．中文专利领域本体概念间非分类关系抽取[J]．计算机工程与设计, 2017, 38(1): 97-102.

[98] Giereth M, Stbler A, Brügmann S, et al. Application of semantic technologies for representing patent metadata[C]. Informatik AST Workshop, Dresden, 2006: 297-304.

[99] Wanner L, Baeza-Yates R, Brugmann S, et al. Towards content-oriented patent document processing[J]. World Patent Information, 2008, 30: 21-33.

[100] Mukherjea S, Bamba B, Kankar P. Information retrieval and knowledge discovery utilizing a biomedical patent semantic web[J]. IEEE Transactions on Knowledge and Data Engineering, 2005, 17(8): 1099-1110.

[101] Ghoula N, Khelif K, Dieng-Kuntz R. Supporting patent mining by using ontology-based Semantic Annotations[C]. IEEE/WIC/ACM International Conference on Web Intelligence, Fremont, 2007: 435-438.

[102] 姜彩红，乔晓东，朱礼军．基于本体的专利摘要知识抽取[J]．现代图书情报技术，2009, (2): 23-28.

[103] 陈树清．基于向量空间模型的文本分类研究与应用[D]．广州：广东工业大学, 2010.

[104] 张朝阳．基于向量空间模型的信息检索技术[EB/OL]. http://wenku.baidu.com/view/4bfb6e5e3b3567ec102d8ab1.html. [2020-10-08].

[105] 薛驰．基于专利知识的机械产品创新设计方法研究[D]．杭州：浙江大学, 2013.

[106] Yoon B, Park Y. A text-mining-based patent network: Analytic tool for high-technology trend[J]. The Journal of High Technology Management Research, 2004, 15(1): 37-50.

[107] Lee S J, Lee S H, Seol H, et al. Using patent information for designing new product and technology: Keyword based technology road mapping[J]. R&D Management, 2008, 38(2): 169-188.

[108] 李建峰．TRIZ 理论问答[EB/OL]. http://www.triz.gov.cn/index.php?s=/home/index/newsdetail/id/1209.html. [2020-11-15].

[109] Ilevbare I M, Probert D, Phaal R. A review of TRIZ and its benefits and challenges in practice[J]. Technovation, 2013, 33(2-3): 30-37.

[110] 赵敏, 史晓凌, 段海波. TRIZ 入门及实践[M]. 北京: 科学出版社, 2009.

[111] Katie B, Ellen D, Michael S. TRIZ—What is TRIZ[EB/OL]. http://triz-journal.com/. [2020-12-16].

[112] 郑称德. TRIZ 理论及其设计模型[J]. 管理工程学报, 2003, (1): 84-87.

[113] 丁俊武, 韩玉启, 郑称德. 创新问题解决理论——TRIZ 研究综述[J]. 科学学与科学技术管理, 2004, (11): 53-60.

[114] Rantanen K, Domb E. Simplified TRIZ: New Problem Solving Applications for Engineers and Manufacturing Professionals[M]. Boca Raton: CRC Press, 2010.

[115] Glenn M. Theory of inventive problem solving(TRIZ)[EB/OL]. http://www.mazur.net/triz/. [2013-03-06].

[116] Yan W, Zanni-Merk C, Rousselot F, et al. A heuristic TRIZ problem solving approach based on semantic relatedness and ontology reasoning[J]. Advances in Knowledge-based and Intelligent Information and Engineering Systems, 2012, 243: 1563-1572.

[117] 周永清. TRIZ 中矛盾理论及应用[J]. 科学与管理, 2010, 30(3): 15-17.

[118] 彭慧娟, 成思源, 李苏洋, 等. TRIZ 的理论体系研究综述[J]. 机械设计与制造, 2013, (10): 270-272.

[119] 熊开封, 张华, 崔鹏. 我国 TRIZ 理论研究综述[J]. 包装工程, 2009, 30(11): 221-223.

[120] 黄洪钟, 余其兵, 薛立华. 基于 BP 神经网络的 TRIZ 理论冲突矩阵[J]. 四川大学学报(工程科学版), 2005, 37(3): 127-132.

[121] 刘力萌, 张换高, 檀润华. 多方法集成的模糊前端创新设想产生研究[J]. 机械工程学报, 2017, 53(15): 49-57.

[122] 刘晓敏, 檀润华, 姚立纲. 产品创新概念设计集成过程模型应用研究[J]. 机械工程学报, 2008, 44(9): 154-162.

[123] 张建辉, 檀润华, 杨伯军, 等. 产品技术进化潜力预测研究[J]. 工程设计学报, 2008, 15(3): 157-163.

[124] 邵云飞, 王思梦, 詹坤. TRIZ 理论集成与应用研究综述[J]. 电子科技大学学报(社科版), 2019, 21(4): 30-39.

[125] Chiu R, Cheng S. The improvement of heat insulation for roof steel plates by TRIZ application[J]. Journal of Marine Science and Technology, 2012, 20(2): 122-131.

[126] 杨培, 曹国忠, 周坤, 等. 基于 TRIZ 理论的快递电动车创新设计[J]. 包装工程, 2019, 40(14): 135-143.

[127] 吕荣胜, 张增阔, 张风波. 基于 TRIZ 理论的企业流程再造实施模型研究[J]. 经济学动态, 2011, (3): 50-53.

[128] 王君华，刘国新. 面向 TRIZ 的企业内部协同创新体系构建思路[J]. 科学学研究，2015, 33(6): 943-950.
[129] 牛刚. 基于 TRIZ 理论的研究型大学产学研创新策略[J]. 现代企业教育，2008,（10）: 191-192.
[130] 吴迪，朱金秀，徐宁，等. 借鉴TRIZ理论构建物联网工程实践教学体系[J]. 实验技术与管理, 2015, 32(6): 195-199.
[131] 张肃，邹晓红. TRIZ 理论对我国大学生创新创业能力培养的启示[J]. 延边大学学报(社会科学版), 2018, 51(5): 125-130, 144.
[132] 任工昌，张魏，张强，等. TRIZ 理论综述及在轻工装备领域研究展望[J]. 包装工程，2019, 40(7): 156-161.
[133] 王克奇，于江涛，李海英. 基于 TRIZ 理论的专利检索方法的研究[J]. 科技管理研究，2011, 31(5): 169-172.
[134] Yoon B, Magee C L. Exploring technology opportunities by visualizing patent information based on generative topographic mapping and link prediction[J]. Technological Forecasting and Social Change, 2018, 132: 105-117.
[135] 胡正银，刘蕾蕾，代冰，等. 基于领域知识图谱的生命医学学科知识发现探析[J]. 数据分析与知识发现, 2020, 4(11): 1-14.
[136] 马明，武夷山. Don R Swanson 的情报学学术成就的方法论意义与启示[J]. 情报学报, 2003, 22(3): 259-266.
[137] IHS. Goldfire cognitive search[EB/OL]. https://ihsmarkit.com/products/enterprise-knowledge.html. [2020-12-16].
[138] IHS. Goldfire: Advanced research, problem solving & analytics[EB/OL]. https://www.ihs.com/products/design-standards-software-goldfire.html. [2020-11-26].
[139] 姜研. 基于 CAI 技术的产品创新设计研究与应用[D]. 广州：广东工业大学, 2018.
[140] Bruijn B D, Martin J. Getting to the (c)ore of knowledge: Mining biomedical literature[J]. International Journal of Medical Informatics, 2002, 67: 7-18.
[141] Ono T, Hishigaki H, Tanigami T. Automated extraction of information on protein-protein interactions from the biological literature[J]. Bioinformatics, 2001, 17(2): 155-161.
[142] Thomas J, Milward D, Quzounis C, et al. Automatic extraction of protein interactions from scientific abstracts[J]. Pacific Symposium on Biocomputing, 2000, 5: 541-552.
[143] Blaschke C, Andrade M, Ouzounis C, et al. Automatic extraction of biological information from scientific text: Protein-protein interactions[C]. The 7th International Conference on Intelligent Systems for Molecular Biology, Heidelberg, 1999: 60-67.
[144] Sekimizu T, Park H S, Tsujii J. Identifying the interaction between genes and gene products based on frequently seen verbs in medline abstracts[J]. Genome Inform Ser Workshop Genome Inform, 1998, 9: 62-71.

[145] Alan R, Thomas C. Semantic knowledge representation project[EB/OL]. http://skr.nlm.nih.gov/papers/references/BoSC98_rpt.pdf. [2020-10-09].

[146] Cascini G, Fantechi A, Spinicci E. Natural language processing of patents and technical documentation[J]. Lecture Notes in Computer Science, 2004, 3163: 508-520.

[147] Cascini G, Rissone P. PAT-Analyzer: A tool to speed-up patent analyses with a TRIZ perspective[C]. Proceedings of the ETRIA World Conference: TRIZ Future, Aachen, 2003: 12-14.

[148] Sheremetyeva S. Natural language analysis of patent claims[C]. Proceedings of the ACL Workshop on Patent Corpus Processing, Stroudsburg, 2003: 66-73.

[149] Kim Y, Tian Y, Jeong Y, et al. Automatic discovery of technology trends from patent text[C]. Proceedings of the ACM Symposium on Applied Computing, New York, 2009: 1480-1487.

[150] Yang S Y, Lin S Y, Lin S N, et al. Automatic extraction of semantic relations from patent claims[J]. International Journal of Electronic Business Management, 2008, 6(1): 45-54.

[151] Yang S Y, Soo V W. Extract conceptual graphs from plain texts in patent claims[J]. Engineering Applications of Artificial Intelligence, 2012, 25: 874-887.

[152] Choi S, Kang D, Lim J, et al. A fact-oriented ontological approach to SAO-based function modeling of patents for implementing function-based technology database[J]. Expert Systems with Applications, 2012, 39: 9129-9140.

[153] IHS. Optimize decision-making across the product lifecycle[EB/OL]. http://inventionmachine.com/Portals/56687/docs/OptimizingDecisionMakingAcrosstheProductLifecycle_WhitePaper_InventionMachine.pdf. [2020-12-16].

[154] CREAX. Accelerate your R&D-process with CREAX CreationSuite[EB/OL]. http://www.creationsuite.com/Content/CREAX%20CreationSuite%20folder.pdf. [2020-07-09].

[155] AULIVE. Production inspiration[EB/OL]. http://www.productioninspiration.com. [2020-12-12].

[156] Zhang Y, Porter A L, Hu Z Y. An inductive method for “Term Clumping”: A case study on dye-sensitized solar cells[C]. International Conference on Innovative Methods for Innovation Management and Policy, Beijing, 2012.

[157] Gomila J M V, Marro F P. Combining tech-mining and semantic-TRIZ for a faster and better technology analysis: A case in energy storage systems[J]. Technology Analysis & Strategic Managementatent, 2013, 25(6): 725-743.

[158] Choi S, Park H, Kang D, et al. An SAO-based text mining approach to building a technology tree for technology planning[J]. Expert Systems with Applications, 2012, 39: 11443-11455.

[159] Kim H B, Hyeok Y J, Kim K S. Semantic SAO network of patents for reusability of inventive knowledge[C]. IEEE International Conference of Management of Innovation and Technology, Bali, 2012: 510-515.

[160] 朱涛. 专利文献著录项目情报特征分析[J]. 专利文献研究, 2007, (3): 1-5.

[161] WIPO. Recommendation concerning bibliographic data on and relating to patents and SPCs[EB/OL]. https://www.wipo.int/export/sites/www/standards/en/pdf/03-09-01.pdf. [2020-12-12].

[162] USPTO. Class 356 Optics: measuring and testing[EB/OL]. http://www.uspto.gov/web/patents/classification/uspc356/sched356.htm. [2020-11-06].

[163] Hu Z Y, Fang S, Wen Y, et al. Automatic classification of patents oriented to TRIZ: A case study on large aperture optical elements[C]. The 4th Global Tech Mining Conference, Leiden, 2014.

[164] 许海云，方曙. 基于专利功效矩阵的技术主题关联分析及核心专利挖掘[J]. 情报学报，2014, (2): 158-166.

[165] 韩志华. 核心专利判别的综合指标体系研究[J]. 中国外资, 2010, (4): 193-196.

[166] Dietmar H, Francis N, Scherer F, et al. Citation frequency and the value of patented inventions[J]. The Review of Economics and Statistics, 1999, 81(3): 511-515.

[167] 孙涛涛，唐小莉，李越. 核心专利的识别方法及其实证研究[J]. 图书情报工作，2012, 56(4): 80-84.

[168] Lanjouw J O, Schankerman M. Patent quality and research productivity: Measuring innovation with multiple indicators[J]. Patent The Economic Journal, 2004, 114(495): 441-461.

[169] Po H, Minlie H, Xiao Y Z. Finding nuggets in patent portfolios: Core patent mining and its applications[J]. Tsinghua Science and Technology, 2013, 18(4): 337-352.

[170] 张娴，高丽丹，唐川. 核心专利文献评价指标体系研究[EB/OL]. http://ir.las.ac.cn/handle/12502/2494. [2020-11-19].

[171] Liang C, Tokuda N, Adachi H. A patent document retrieval system addressing both semantic and syntactic properties[C]. Proceedings of the ACL Workshop on Patent Corpus Processing, Sapporo, 2003: 1-6.

[172] 颜伟，荀恩东. 基于 WordNet 的英语词语相似度计算[C]. 第二届全国学生计算语言学研讨会，北京, 2004: 281-287.

[173] Jack H, Stan C, Michael T. 40 inventive principle with examples: Human factors and ergonomics[EB/OL]. http://aitriz.org/documents/TRIZCON/Proceedings/Hipple-Caplan-and-Tschirhart-40-Inventive-Principles-with-Examples.pdf. [2020-12-18].

[174] 张智雄，吴振新，赵琦，等. 非结构化文本中内容对象抽取的技术方法综述[J]. 数字图书馆论坛, 2008, (9): 1-12.

[175] 徐健，张智雄，吴振新. 实体关系抽取的技术方法综述[J]. 现代图书情报技术，2008, (8): 18-23.

[176] 杨博，蔡东风，杨华. 开放式信息抽取研究进展[J]. 中文信息学报, 2014, 28(4): 1-11.

[177] Etzioni O, Fader A, Christensen J, et al. Open information extraction: The second generation[C]. Proceedings of the 22nd International Joint Conference on Artificial Intelligence, Barcelona, 2011: 3-10.

[178] NLM. Annotations DTD of SKR gold standard[EB/OL]. http://semrep.nlm.nih.gov. [2020-12-16].

[179] Fiszman M, Rindflesch T, Kilicoglu H. Abstraction summarization for managing the biomedical research literature[C]. HLT-NAACL Workshop on Computational Lexical Semantics, Boston, 2004: 76-83.

[180] 隗玲, 胡正银, 庞弘燊, 等. 基于“主语-谓语-宾语”三元组的知识发现研究——以诱导多能干细胞领域为例[J]. 数字图书馆论坛, 2017, (9): 28-34.

[181] Blei D, Ng A, Jordan M. Latent dirichlet allocation[J]. Journal of Machine Learning Research, 2003, 3: 993-1022.

[182] Blei D. Probabilistic topic models[EB/OL]. http://www.cs.princeton.edu/-blei/kdd-tutorial.pdf. [2020-11-12].

[183] 徐戈, 王厚峰. 自然语言处理中主题模型的发展[J]. 计算机学报, 2011, 34(8): 1423-1436.

[184] McCallum A K. MALLET: A machine learning for language toolkit[EB/OL]. http://mallet.cs.umass.edu. [2020-12-16].

[185] George A. WordNet: A lexical database for English[J]. Communications of the ACM, 1995, 38(11): 39-41.

[186] David H. Java WordNet: Similarity[EB/OL]. http://www.sussex.ac.uk/Users/drh21/. [2020-11-16].

[187] Han J W, Kamber M. 数据挖掘概念与技术[M]. 范明, 孟小峰, 译. 北京: 机械工业出版社, 2007.

[188] Hu Z Y, Zeng R Q, Peng L, et al. Discovering emerging research topics based on SPO predications[C]. Proceedings of Knowledge Management in Organizations, Zamora, 2019: 110-121.

[189] Hu Z Y, Zeng R Q, Qin X C, et al. A method of biomedical knowledge discovery by literature mining based on SPO predications: A case study of induced pluripotent stem cells[C]. Proceedings of Machine Learning and Data Mining in Pattern Recognition, New York, 2018: 383-393.

[190] Zeng R Q, Pang H S, Qin X C, et al. Mining hot research topics based on complex network analysis—A case study on regenerative medicine[C]. International Conference on Knowledge Discovery & Information Retrieval, Funchal, 2017: 263-268.

[191] NLM. Semantic types and groups[EB/OL]. https://metamap.nlm.nih.gov/SemanticTypesAndGroups.shtml. [2020-10-21].

[192] Newman M E J, Girvan M. Finding and evaluating community structure in networks[J]. Physical Review E, 2004, 69(2): 1-16.

[193] Xue L Y, Zeng R Q, Hu Z Y, et al. Solving the bi-criteria max-cut problem with different neighborhood combination strategies[C]. The 18th International Conference on Intelligent Data Engineering and Automated Learning, Guilin, 2017: 508-515.

[194] 杨建武. 文本自动分类技术[EB/OL]. http://www.ics.pku.edu.cn/course/mining/11-12spring/TextMining04-%E5%88%86%E7%B1%BB.pdf. [2020-09-28].

[195] 庞剑锋, 卜东波, 白硕. 基于向量空间模型的文本自动分类系统的研究与实现[J]. 计算机应用研究, 2001, (9): 23-26.

[196] 宗成庆. 统计自然语言处理[M]. 北京: 清华大学出版社, 2008.

[197] 王煜, 张明, 马力. 基于词条聚合和决策树的文本分类方法[J]. 河北大学学报(自然科学版), 2005, 25(3): 338-342.

[198] 伍建军, 康耀红. 基于改进的互信息特征选择的文本分类[J]. 计算机应用, 2006, (S2): 172-173.

[199] 裘国永, 王娜, 汪万紫. 基于互信息和遗传算法的两阶段特征选择方法[J]. 计算机应用研究, 2012, 29(8): 2903-2905.

[200] Kang Q. 特征选择与特征权重计算的区别[EB/OL]. http://kangqiju.blog.163.com/blog/static/96570869201061085537254/. [2020-09-16].

[201] 崔再续, 郭训力. 基于文本内容的自动文本聚类[EB/OL]. http://www.paper.edu.cn/releasepaper/content/201003-806. [2020-11-01].

[202] 徐建明, 王金花, 马伟瑜. 利用本体关联度改进的 TF-IDF 特征词提取方法[J]. 情报科学, 2011, 29(2): 278-283.

[203] Zhang X F. 训练集、验证集、测试集[EB/OL]. https://www.cnblogs.com/xfzhang/archive/2013/05/24/3096412.html. [2020-12-06].

[204] 范永东. 模型选择中的交叉验证方法综述[D]. 太原: 山西大学, 2013.

[205] Saber. 交叉验证[EB/OL]. http://blog.csdn.net/xywlpo/article/details/6531128. [2020-12-06].

[206] 郭隐彪, 彭云峰, 王振忠, 等. 大口径光学元件超精密加工技术与应用[J]. 机械工程学报, 2013, 49(19): 171-178.

[207] 付鸿鹄, 张智雄, 刘建华, 等. 构建Stkos术语发布与共享服务平台[J]. 现代图书情报技术, 2015, 31(9): 76-81.

[208] Zhang B Y, Liu T, Meng B, et al. Broadband high photo response from pure monolayer graphene photodetector[J]. Nature Communications, 2013, 4: 1811.

[209] 段庆锋, 蒋保建. 基于 SAO 结构的专利技术功效图构建研究[J]. 现代情报, 2017, (6): 48-54.

[210] 王小梅. 专利分析工具介绍[EB/OL]. http://ir.las.ac.cn/handle/12502/4357. [2020-11-26].

[211] 刘春江, 刘丹军, 文奕. 基于 Solr 的专利在线分析系统的设计与实现[J]. 现代图书情报技术, 2013, (2): 88-92.

[212] 王敏, 李海存, 许培扬. 国外专利文本挖掘可视化工具研究[J]. 图书情报工作, 2009, 53(24): 86-90.

[213] Mimno D. Machine learning with MALLET[EB/OL]. http://mallet.cs.umass.edu/mallet-tutorial.pdf. [2020-12-16].

[214] 刘毅, 汤怡洁, 周子健, 等. 科技知识组织体系共享服务平台服务接口建设研究[J]. 现代图书情报技术, 2014, 30(S1): 7-16.

[215] Clarke D. TRIZ: Through the eyes of an American TRIZ specialist[EB/OL]. https://wenku.baidu.com/view/2587c02df46527d3240ce0c1.html. [2020-11-16].

[216] TRIZ Journal. Contradiction matrix[EB/OL]. https://triz-journal.com/contradiction-matrix/. [2020-12-20].

[217] 百度文库. TRIZ-2003 矛盾矩阵表[EB/OL]. https://wenku.baidu.com/view/ dad9d28b7375a417876f8f90. html. [2020-12-20].

# 附　　录

**附表 1　TRIZ 40 条创新原理[173,215]**

| 编号 | 发明法则 | 解释 |
|---|---|---|
| 1 | 分割（segmentation） | 将物体分割成独立的零件；<br>做成组合式的物体（为了简单组装或分解）；<br>增加物体分割的程度 |
| 2 | 抽取（extraction） | 从一个物体中取出（移除或分离）具有妨碍性的零件或属性；<br>仅取出需要的零件或属性 |
| 3 | 局部性质（local quality） | 将一物体或外在环境（动作）由相同成分组成的结构转变成由不同成分组成的结构；<br>具有不同零件的物体执行不同的功能；<br>将物体各零件置于最适合操作的条件下 |
| 4 | 不对称性（asymmetry） | 以不对称形状取代对称形状；<br>如果一物体已经不对称，增加其不对称的程度 |
| 5 | 组合（整合）（combining（integrating）） | 同类或产生连续操作的物体在空间上进行组合；<br>同类或连续的操作在时间上进行组合 |
| 6 | 多用性（universality） | 具备多功能的物体，可消减对其他物体的需求 |
| 7 | 嵌套（nesting） | 物体内可依序放入其他物体；<br>一个物体可通过另一个物体的孔洞 |
| 8 | 重量补偿（counterweight） | 连接另一个具有举升力的物体，以抵消物体的重量；<br>与环境提供之空气动力或水力互动，以抵消物体的重量 |
| 9 | 预加反作用（prior counteraction） | 事先给予反张力补偿物体上过度与不想要的应力 |
| 10 | 预操作（prior action） | 事先完成全部动作或至少完成部分动作；<br>安置物体使它们在行动时不会浪费时间在等待 |
| 11 | 事先防范（cushion in advance） | 事先采取对策以补偿低可靠性的物体 |
| 12 | 等势性（equipotentiality） | 改变工作的状况，使得物体不需被举起或降低 |
| 13 | 反向作用（inversion） | 执行相反的动作，以取代制式的动作（例如，冷却取代加热）；<br>使物体的可动零件或外在环境固定，且不动零件可移动；<br>使物体上下颠倒 |
| 14 | 球状化（spheroidality） | 以曲线取代线性零件或平面，以球体取代立方体；<br>使用滚筒、球、螺旋；<br>以旋转运动取代线性运动，或利用离心力 |

续表

| 编号 | 发明法则 | 解释 |
|---|---|---|
| 15 | 动态化(dynamicity) | 使物体的特性或外在环境能在作业的各阶段，为了达到最佳性能而调整；<br>将物体分割成组件，使各组件间的位置能被改变；<br>使无法移动的物体可移动或可替换 |
| 16 | 局部或过量作用(partial, overdone or excessive actions) | 如果不易获得 100%的预期效应，可将动作做得多一点或少一点以简化问题 |
| 17 | 维度变化(moving to a new dimension) | 利用二维运动来移动物体以取代线性运动，利用三维运动来移动物体以取代平面运动；<br>以多层组合取代单层；<br>倾斜物体；<br>投射影像到物体的邻近区域或另一侧 |
| 18 | 机械振动(mechanical vibration) | 使物体振动；<br>如果物体已有振动，增加它的频率，甚至可达到超声波的频率；<br>使用共振频率；<br>使用压力振动以取代机械振动；<br>利用电磁场与超声波振动结合 |
| 19 | 周期性作用(periodic action) | 以周期性的作用(或脉冲)取代连续作用；<br>如果已经是周期性的作用，改变它的频率；<br>在脉冲间暂停，并提供额外的作用 |
| 20 | 有效作用的连续性(continuity of useful action) | 不间断地完成一个作用，一个物体的全部零件皆全力运作；<br>移除闲置的及中间的作用；<br>以巡回作用取代来回作用 |
| 21 | 减少有害作用的时间(rushing through) | 在高速下完成有害或危险的作业 |
| 22 | 变害为益(convert harm into benefit) | 利用环境上的有害因素或效应获得一个正面的效应；<br>加上另一有害因素，以移除原有的有害因素；<br>增加有害动作的量，直到它的害处被终止 |
| 23 | 反馈(feedback) | 导入反馈；<br>如果反馈已存在，将它反转 |
| 24 | 借助中介物(mediator) | 利用一中间物体去转换或完成一动作；<br>暂时地将一物体和另一个可方便移除的物体连接 |
| 25 | 自助(self-service) | 使物体自己完成补充及修护作业；<br>使材料和能源的使用不浪费 |
| 26 | 复制(copying) | 使用简单、便宜的复制品，以取代复杂、昂贵、易脆或不方便的物体来操作；<br>以光学复制品或光学影像取代一物体或系统，可被用来缩小或放大影像；<br>以红外线或紫外线复制取代可见光复制 |
| 27 | 廉价替代品(an inexpensive short-life object instead of an expensive durable one) | 以便宜的物体取代昂贵的物体，来补偿其他性质(如寿命) |

续表

| 编号 | 发明法则 | 解释 |
|---|---|---|
| 28 | 机械系统代替(replacement of a mechanical system) | 以视觉的、听觉的或嗅觉的系统取代机械系统；<br>以电场、磁场或电磁场来使物体互相影响；<br>更换场；<br>利用结合了强磁性粒子的场 |
| 29 | 使用气压或液压结构(use a pneumatic or hydraulic construction) | 以气体或液体取代一物体的固体零件，这些零件能利用空气或水的膨胀以及空气或流体静力作为缓冲 |
| 30 | 使用柔性壳体或薄膜(flexible film or thin membranes) | 以弹性膜及薄膜取代原来构造；<br>以薄膜将物体与外界环境隔离 |
| 31 | 使用多孔材料(use of porous material) | 使物体多孔化或使用附加多孔组件的物体(插入物、覆盖物等)；<br>假如物体已有许多孔，可预先填充某物质 |
| 32 | 改变颜色(changing the color) | 改变一物体或其周围事物的颜色；<br>改变一物体或其周围事物的透明程度；<br>使用颜色添加剂去观察不易看到的物体或过程；<br>如果颜色添加剂已被使用，可再利用发光追踪元素 |
| 33 | 同质性(homogeneity) | 使物体的相互作用来自相同材料，或性质相近的材料 |
| 34 | 抛弃或再生(rejecting and regenerating parts) | 当物体的功能已完成或无用时，把它抛弃或修正(如抛弃、分解、挥发)；<br>直接复原已耗尽的零件或物体 |
| 35 | 物理或化学状态的变换(transformation of physical or chemical states of an object) | 改变物体各种状态、密度、浓度、弹性或温度等 |
| 36 | 相变(phase transitions) | 在物质的相的转变过程中执行一有效的发展，例如在体积改变过程中可释放热量或吸收热量 |
| 37 | 热膨胀(thermal expansion) | 利用热使得材料收缩或膨胀；<br>使用具有不同膨胀系数的材料 |
| 38 | 使用强氧化剂(use strong oxidizers) | 以加浓空气取代正常空气；<br>以氧气取代加浓空气；<br>在空气或氧气中进行离子化；<br>使用氧离子 |
| 39 | 惰性环境(inert environment) | 以惰性环境取代正常环境；<br>在真空中完成过程 |
| 40 | 合成材料(composite materials) | 以复合材料取代同质材料 |

**附表 2　TRIZ 技术矛盾矩阵[216,217]**

| 改善的工程参数 (Improving Feature) \ 恶化的工程参数 (Worsening Feature) | | | 物理(Physical) | | | | | | | |
|---|---|---|---|---|---|---|---|---|---|---|
| | | | 移动物体的重量 (Weight of Moving Object) | 静止物体的重量 (Weight of Stationary Object ) | 移动物体的长度 (Length/Angle of Moving Object) | 静止物体的长度 (Length/Angle of Stationary Object) | 移动物体的面积 (Area of Moving Object) | 静止物体的面积 (Area of Stationary Object) | 移动物体的体积 (Volume of Moving Object) | 静止物体的体积 (Volume of Stationary Object) |
| | | | 1 | 2 | 3 | 4 | 5 | 6 | 7 | 8 |
| 物理(Physical) | 1 | 移动物体的重量 (Weight of Moving Object) | | 3,19,35,40,1,26,2 | 17,15,8,35,34,28,29,30,40 | 15,17,28,12,35,29,30 | 28,17,29,35,1,31,4 | 17,28,1,29,35,15,31,4 | 28,29,7,40,35,31,2 | 40,35,2,4,7 |
| | 2 | 静止物体的重量(Weight of Stationary Object) | 35,3,40,2,31,1,26 | | 17,4,30,35,3,5 | 17,35,9,31,13,3,5 | 17,3,30,7,35,4,14 | 17,14,3,35,30,4,9,40,13 | 14,13,3,40,35,5,30 | 31,35,7,3,13,30 |
| | 3 | 移动物体的长度 (Length/Angle of Moving Object) | 31,4,17,15,34,8,29,30,1 | 1,2,17,15,30,4,5 | | 1,17,15,24,13,30 | 15,17,4,14,1,3,29,30,35 | 17,3,7,15,1,4,29 | 17,14,7,4,3,35,13,1,30,2 | 17,31,3,19,14,4,30 |
| | 4 | 静止物体的长度 (Length/Angle of Stationary Object) | 35,30,31,8,28,29,40,1 | 35,31,40,2,28,29,4,3 | 3,1,4,19,17,35 | | 3,4,19,17,35,1 | 17,40,35,10,31,14,4,7 | 35,30,14,7,15,17 | 14,35,17,2,4,7,3 |
| | 5 | 移动物体的面积(Area of Moving Object) | 31,17,3,4,1,18,40,14,30 | 17,15,3,31,2,4,29,1 | 14,15,4,18,1,17,30,13 | 14,17,15,4,13 | | 17,1,4,3,24,5,2 | 14,17,7,4,13,1,31,3,18 | 14,17,7,13,4,31,3,1,18 |
| | 6 | 静止物体的面积(Area of Stationary Object) | 14,31,17,19,4,13,3,12 | 35,14,31,30,17,4,18 | 17,19,3,13,1,14 | 17,14,3,4,7,9,24,13,26 | 4,31,7,19,15,14,3,13 | | 17,18,14,7,30,13,26 | 14,28,26,13,4,35,17 |
| | 7 | 移动物体的体积(Volume of Moving Object) | 31,35,40,2,30,29,26,19 | 31,40,35,26,2,13,30 | 1,7,4,35,3,29,15,13,30 | 7,15,4,3,1,35,19,10 | 17,4,7,1,31,5,24,36,35 | 17,14,4,3,31,7,35 | | 35,14,28,2,3,24,13 |
| | 8 | 静止物体的体积(Volume of Stationary Object) | 31,30,40,35,3,2,4,19 | 35,40,31,9,14,13,3,4,26 | 14,30,15,3,4,35,2,19 | 35,2,30,4,14,8,19,28,26 | 15,14,4,30,13,3,7,28 | 14,3,7,4,30,13,15,26,17 | 14,35,3,13,28,2,30,7 | |

续表

| 改善的工程参数 (Improving Feature) \ 恶化的工程参数 (Worsening Feature) | | | 物理(Physical) | | | 性能(Performance) | | | | |
|---|---|---|---|---|---|---|---|---|---|---|
| | | | 形状(Shape) | 物质的数量(Amount of Substance) | 信息(资料)的数量(Amount of Information) | 移动物体的作用时间(Duration of Action of Moving Object) | 静止物体的作用时间(Duration of Action of Stationary Object) | 速度(Speed) | 力/力矩(Force/Torque) | 移动物体消耗的能量(Energy Used by Moving Object) |
| | | | 9 | 10 | 11 | 12 | 13 | 14 | 15 | 16 |
| 物理(Physical) | 1 | 移动物体的重量(Weight of Moving Object) | 3,35,14,17,4,7 | 31,28,26,7,2,3,5,40 | 2,5,7,4,34,10 | 10,5,34,16,2 | 10,5,28,35,16,2 | 15,2,25,19,38,18 | 10,30,35,28,8,37,18 | 35,10,19,3,34,31,12 |
| | 2 | 静止物体的重量(Weight of Stationary Object) | 13,7,3,30,35,31,29,10 | 35,31,5,18,25,2 | 28,13,7,26,2,17 | 3,35,10,12,4,17,14 | 40,35,31,6,19,27,2 | 3,35,17,30,36,2 | 35,9,8,3,40,13 | 3,17,14,19,18,30 |
| | 3 | 移动物体的长度(Length/Angle of Moving Object) | 1,35,29,3,30,10,17,14,12 | 35,3,4,1,40,30,31 | 28,1,10,32,17,13,15 | 19,17,10,1,2,3,28 | 10,35,1,3,19,2 | 14,1,13,4,17,12,4,3 | 17,4,14,10,7,12,2 | 1,35,17,14,3,25,8,24,22 |
| | 4 | 静止物体的长度(Length/Angle of Stationary Object) | 13,14,15,7,17,3,30 | 4,3,31,25,17,14 | 7,17,2,22,28,13 | 35,3,29,2,31,7,19 | 35,10,1,3,2,25,4,5 | 3,14,4,13,18,31,9 | 10,17,35,3,28,4,12 | 35,19,24,28,21,30,13 |
| | 5 | 移动物体的面积(Area of Moving Object) | 35,4,14,17,15,34,29,13,1 | 31,30,3,13,6,29,1,5,19 | 17,15,14,32,1,3 | 3,19,18,1,6,5,2 | 1,3,19,2,6,5 | 14,3,34,29,28,30,13 | 3,2,35,19,30,17,1 | 19,3,17,1,36,4,32,5,38 |
| | 6 | 静止物体的面积(Area of Stationary Object) | 17,5,4,7,28,26,14 | 35,26,1,4,17,18,40 | 26,17,2,13,30,35,7,24 | 13,19,37,10,35,14,5 | 10,2,30,25,13,37,26,5 | 26,28,17,13,14,5,2,35,3 | 14,1,35,3,18,17,36 | 35,19,13,28,1 |
| | 7 | 移动物体的体积(Volume of Moving Object) | 15,1,14,19,29,14,38,25 | 30,31,7,4,29,36 | 10,2,28,7,32,3,15,26 | 4,36,35,31,6,1,30,28,5 | 30,31,1,35,4,28,38,5 | 29,4,28,1,35,38,3,13,14 | 15,1,35,3,36,4,14,37,19 | 35,13,19,38,33,25,10 |
| | 8 | 静止物体的体积(Volume of Stationary Object) | 7,35,2,30,31,13 | 35,3,31,40,5,13,17 | 10,7,24,28,3,26,2 | 35,19,1,38,15,34,28 | 35,38,15,31,3,1,34 | 35,40,2,38,28 | 37,9,18,12,2,29,5 | 35,19,2,40,31,13 |

续表

| 改善的工程参数 (Improving Feature) \ 恶化的工程参数 (Worsening Feature) | | | 性能(Performance) | | | | | | | 效率(Efficiency) |
|---|---|---|---|---|---|---|---|---|---|---|
| | | | 静止物体消耗的能量(Energy Used by Stationary Object) | 功率(Power) | 应力/压力(Stress/Pressure) | 强度(Strength) | 结构的稳定性(Stability) | 温度(Temperature) | 光照强度(Illumination Intensity) | 运行效率(Function Efficiency) |
| | | | 17 | 18 | 19 | 20 | 21 | 22 | 23 | 24 |
| 物理(Physical) | 1 | 移动物体的重量(Weight of Moving Object) | 35,15,1,28,7,14,34,39 | 19,30,36,31,12,18,14,25,1 | 10,40,30,36,37,31,4,3,12 | 28,31,40,35,10,30,18,14,4 | 35,1,30,39,29,21,7,19,12 | 2,40,6,31,36,29,4,38,32 | 1,35,32,38,13,19,23 | 1,2,28,3,35,25 |
| | 2 | 静止物体的重量(Weight of Stationary Object) | 12,13,1,28,19,3,35 | 13,35,19,3,18,15 | 35,8,3,13,40,17,4,12,5 | 35,31,8,40,17,4,29,13,5 | 15,5,17,30,4,31,12 | 35,3,36,19,32,30,25 | 19,35,24,32,31,7 | 35,31,7,3,13,40 |
| | 3 | 移动物体的长度(Length/Angle of Moving Object) | 35,17,14,3,1,24,15 | 1,35,14,3,38,29,19,4 | 1,35,3,14,12,8,17,29 | 35,29,40,8,34,3,31,15,30 | 1,15,3,14,17,34,12,35,40 | 10,15,35,19,3,36 | 19,1,32,5,24 | 17,35,19,3,4,1,13,28 |
| | 4 | 静止物体的长度(Length/Angle of Stationary Object) | 35,3,30,31,12,14,4,13 | 17,19,35,12,13,8,3,31 | 35,17,3,14,5,7,30 | 14,40,3,35,15,17,30 | 35,3,15,17,4,14,37,39 | 35,36,10,24,32,3,15,17 | 35,24,28,3,25,1,14 | 3,35,28,30,15,24,19 |
| | 5 | 移动物体的面积(Area of Moving Object) | 3,17,19,36,5,1,38 | 19,40,18,1,30,10,32 | 15,30,10,40,28,36,1,2,13 | 3,15,40,14,5,1,4,35,11 | 2,11,13,35,1,39,24,40,26 | 3,15,19,36,1,24,32,31,16 | 19,13,15,32,30,1,35 | 3,17,1,15,19,3,24 |
| | 6 | 静止物体的面积(Area of Stationary Object) | 35,40,17,13,2,28 | 35,17,13,19,28,32,37,2 | 15,35,9,17,14,3,40,37,36 | 40,2,17,35,3,14,8,36 | 35,24,29,10,14,38,2 | 35,24,39,32,3,36,4 | 1,40,24,35,17,3,32 | 28,3,13,12,1,14,4,15,19 |
| | 7 | 移动物体的体积(Volume of Moving Object) | 35,38,33,19,10,25 | 35,19,6,10,13,24,18,31,1 | 35,9,3,40,1,10,36,37 | 14,15,7,4,9,31,30,40,1 | 28,10,1,3,39,19,35,33,30 | 10,39,18,31,34,1,2,3,24 | 35,2,28,25,13,10,30,19 | 28,10,13,25,34,2,5,35,1 |
| | 8 | 静止物体的体积(Volume of Stationary Object) | 35,2,40,36,13,12 | 35,28,6,30,2,40,24 | 35,28,24,40,2,12 | 13,14,9,17,40,5,12 | 40,35,31,34,30,2,5,28 | 3,26,4,35,15,6,19 | 35,24,28,5,7,38 | 1,7,28,5,2,19,12,37 |

续表

| 恶化的工程参数 (Worsening Feature) / 改善的工程参数 (Improving Feature) | | | 效率(Efficiency) | | | | | | | 能力(Ility) |
|---|---|---|---|---|---|---|---|---|---|---|
| | | | 物质损失 (Loss of Substance) | 时间损失 (Loss of Time) | 能量损失 (Loss of Energy) | 信息损失 (Loss of Information) | 噪声 (Noise) | 有害的散发 (Harmful Emissions) | 有害的副作用 (Other Harmful Effects Generated by System) | 适应性/多用性 (Adaptability/Versatility) |
| | | | 25 | 26 | 27 | 28 | 29 | 30 | 31 | 32 |
| 物理(Physical) | 1 | 移动物体的重量 (Weight of Moving Object) | 5,35,31,24,3,4,7,40 | 10,19,28,20,35,1,2,3,16 | 19,6,3,10,2,13,34,12 | 10,24,11,35,25 | 35,2,25,13,3,5,39,14 | 2,30,39,25,10,21,31,35,27 | 2,35,10,39,3,31,22,24,27 | 29,28,15,2,12,5,7,34 |
| | 2 | 静止物体的重量 (Weight of Stationary Object) | 13,14,5,3,17,12 | 10,35,19,25,28,26,20 | 28,35,7,31,13,32,39 | 10,15,35,3,32,7,26 | 14,35,31,1,9 | 30,40,13,19,21,24 | 40,3,39,2,31,28,8,15 | 35,3,15,19,1,2,28,40 |
| | 3 | 移动物体的长度 (Length/Angle of Moving Object) | 1,4,35,29,28,3,10,23 | 15,19,2,10,29,4,3 | 2,35,14,1,7,3,39,19 | 1,24,25,2,3,32 | 17,3,13,1,19,28,35 | 10,35,38,7,19,24,30 | 3,17,15,2,19,25,33,39 | 15,1,14,17,25,16,13,3,19 |
| | 4 | 静止物体的长度 (Length/Angle of Stationary Object) | 28,24,35,12,10,3,4,17 | 14,5,30,28,29,10,17,37,18 | 1,17,28,3,6,19,14,4 | 28,24,13,3,26,14,15,17 | 14,1,3,35,17,31 | 1,3,21,18,13,14,2,4 | 35,17,11,5,18,12,31,2 | 1,19,35,15,17,31,24,14 |
| | 5 | 移动物体的面积 (Area of Moving Object) | 2,17,35,3,10,24,28,36,34 | 2,26,35,39,4,24 | 17,15,30,2,1,26,24,28,19 | 3,2,17,24,26,30,13,14 | 3,35,1,14,25,31,9 | 2,19,31,25,18,34,35,36,38 | 17,2,18,15,39,31,3 | 15,3,35,1,30,40,2,25 |
| | 6 | 静止物体的面积 (Area of Stationary Object) | 17,14,12,10,18,39,13,34 | 14,1,10,35,17,18,3,25 | 17,12,30,35,7,28,26 | 2,16,7,17,32,3,24 | 14,28,1,4,23,17,31 | 35,31,17,1,7,18 | 40,1,7,24,15,12,9,18,28 | 15,4,28,29,32,35,37,3 |
| | 7 | 移动物体的体积 (Volume of Moving Object) | 35,10,34,2,36,39,31,5,13 | 10,19,2,6,34,38,30,31 | 28,15,4,38,7,3,19,13,9 | 28,3,2,10,22,35,26,32 | 31,1,3,23,13,14,4,1,35 | 35,30,24,1,31,38 | 2,30,40,36,25,22,31 | 15,29,30,35,1,13,4,19 |
| | 8 | 静止物体的体积 (Volume of Stationary Object) | 35,10,39,40,24,34,1,12 | 10,35,18,1,26,32,16 | 3,35,40,5,30,7 | 7,32,14,24,17,26,3 | 31,39,14,3,17,35,4,13 | 1,31,35,5,36,2 | 12,18,13,35,4,30,2,21,31 | 31,28,6,29,2,13,32 |

续表

| 改善的工程参数 (Improving Feature) \ 恶化的工程参数 (Worsening Feature) | | | 能力 (Ility) | | | | | | | |
|---|---|---|---|---|---|---|---|---|---|---|
| | | | 兼容性/连通性 (Compatibility/Connectability) | 使用方便性 (Trainability/Operability/Controllability) | 可靠性/鲁棒性 (Reliability/Robustness) | 可维修性 (Repairability) | 安全性 (Security) | 易损性 (Safety/Vulnerability) | 美观 (Aesthetics/Appearance) | 外来有害因素 (Other Harmful Effects Acting on System) |
| | | | 33 | 34 | 35 | 36 | 37 | 38 | 39 | 40 |
| 物理 (Physical) | 1 | 移动物体的重量 (Weight of Moving Object) | 10,15,13,5,24,25,26 | 2,15,3,11,25,23,35,24,1 | 3,17,1,35,27,14,11,4,31 | 2,28,17,27,3,30,33,11,14 | 2,5,6,23,24,28 | 26,10,17,13,35,2,5,28 | 3,1,31,14,40,30 | 5,24,27,21,2,25,18,31,35 |
| | 2 | 静止物体的重量 (Weight of Stationary Object) | 2,13,24,3,17,39 | 13,1,32,14,4,26,6 | 10,2,14,40,28,29,25 | 2,17,13,27, 11 | 28,2,17,30,4,13,14 | 40,9,31,3,7,14 | 7,31,3,4,32,1 | 17,37,31,3,19,9,4,34 |
| | 3 | 移动物体的长度 (Length/Angle of Moving Object) | 23,28,17,3,10,1 | 15,29,35,10,1,4,7,13 | 35,10,14,17,40,3,29,2,1 | 1,28,10,17,27,2,13,25 | 1,28,35,19,5,2 | 3,14,35,17,29,28,19,30 | 17,14,3,32,4,5 | 1,17,15,25,24,10,35,28,19 |
| | 4 | 静止物体的长度 (Length/Angle of Stationary Object) | 1,7,17,3,31,35 | 10,25,26,2,12,37 | 35,17,31,29,28,12,40 | 3,10,17,1,37,35,16 | 17,7,3,28,13,24 | 17,14,30,35,31,39,7,24 | 3,17,32,7,35,22 | 1,18,9,16,35,40,39 |
| | 5 | 移动物体的面积 (Area of Moving Object) | 28,3,17,10,23,15,4,2 | 15,17,25,13,1,16,19 | 17,3,28,35,29,5,2,9 | 35,15,10,25,1,28,2 | 1,28,10,35,2,19 | 3,35,14,29,19,1,5 | 17,3,14,15,13,4,5,7,1 | 28,1,3,2,33,13,22,27,35 |
| | 6 | 静止物体的面积 (Area of Stationary Object) | 24,2,17,5,15,35 | 10,4,24,25,26,16 | 35,40,4,5,25,28,7,32 | 1,16,32,17,13 | 17,35,28,2,24 | 35,7,14,3,32,28 | 14,3,32,26,4,1 | 35,39,24,1,2,33,37,12,3 |
| | 7 | 移动物体的体积 (Volume of Moving Object) | 13,15,6,10,33,1,3,28 | 15,3,26,25,31,13,30,12,1 | 1,28,3,14,40,11,35,25,33 | 10,3,30,25,29,28,35 | 28,10,15,1,3,5,26 | 1,35,31,39,28,24,13,30 | 3,32,15,4,14,24,5,13,9 | 35,9,21,22,27,2,8,31,34 |
| | 8 | 静止物体的体积 (Volume of Stationary Object) | 28,24,7,1,17,40 | 7,26,24,17,1,15,28 | 40,28,35,2,1,13,12,39 | 17,1,3,35,27,25,32,13 | 28,1,17,6,13,10,7 | 5,40,12,7,31,24,39 | 14,32,3,22,5,30 | 39,24,19,27,22,40,2,4 |

续表

| 改善的工程参数（Improving Feature） \ 恶化的工程参数（Worsening Feature） | | | 制造/花费（Manufacture/Cost） | | | | | | 测量（Measurement） | |
|---|---|---|---|---|---|---|---|---|---|---|
| | | | 可制造性（Manufacturability） | 制造精度（Manufacture Precision/Consistency） | 自动化程度（Automation） | 生产率（Productivity） | 装置的复杂性（System Complexity） | 控制的复杂性（Control Complexity） | 测量的难度（Ability to Detect/Measure） | 测量精度（Measurement Precision） |
| | | | 41 | 42 | 43 | 44 | 45 | 46 | 47 | 48 |
| 物理（Physical） | 1 | 移动物体的重量（Weight of Moving Object） | 1,5,36,25,16,14,27,24,3 | 28,5,26,35,25,1,18,24,3 | 35,26,2,10,25,24,1,19,18 | 35,24,10,28,12,1,37,3,16 | 26,35,40,30,36,2,10,25,28 | 10,12,2,19,15,5 | 26,28,32,5,20,36,32,37 | 28,26,35,10,2,37 |
| | 2 | 静止物体的重量（Weight of Stationary Object） | 35,8,9,1,10,28,3,40 | 10,35,17,29,7,16,25 | 2,26,30,12,23,13 | 28,35,15,4,29,1,3,19,25 | 13,4,17,14,26,10,1,9 | 17,25,13,19,10,3,2 | 17,25,37,32,28,15,18 | 26,28,18,37,4,3 |
| | 3 | 移动物体的长度（Length/Angle of Moving Object） | 1,24,4,10,29,37,25 | 10,28,1,25,37,29,35,2 | 17,3,24,26,5,16,25,2 | 17,4,14,28,1,29,25,3,5 | 1,19,24,26,2,5,28,29 | 35,1,3,28,25,13,5,2 | 26,35,1,24,32,40 | 10,32,1,37,28,39 |
| | 4 | 静止物体的长度（Length/Angle of Stationary Object） | 17,3,15,13,4,31,10 | 30,32,10,3,2,29,28,24 | 10,24,15,13,35,37,16,17 | 3,14,7,30,37,35,16 | 28,2,5,26,35,13 | 25,10,37,24,28,3 | 28,32,26,3,25,2 | 28,10,26,32,3,30,24 |
| | 5 | 移动物体的面积（Area of Moving Object） | 3,1,13,24,26,35,16,20 | 35,2,13,25,14,32,1,5 | 14,28,1,5,30,23,3,2 | 10,2,26,17,15,19,34,38 | 14,17,5,7,35,1,29,16,10 | 35,3,5,25,1,28 | 2,26,19,3,32,36,18,31 | 3,32,26,25,1,10,37 |
| | 6 | 静止物体的面积（Area of Stationary Object） | 16,17,40,13,10,5,36,32 | 35,2,29,36,18,32,24,25 | 25,10,3,28,13,15 | 10,17,7,15,25,29 | 1,26,28,18,36,13,17 | 25,10,3,19,15,13 | 32,35,18,2,30,24,28 | 28,3,32,26,37,18 |
| | 7 | 移动物体的体积（Volume of Moving Object） | 1,10,3,24,40,29,34,13 | 25,28,3,16,2,30,23,15 | 24,3,35,34,16,10,31,30,13 | 2,10,35,34,6,13,15,17,20 | 1,2,35,26,15,29,5 | 28,1,25,10,2,23,5,24 | 26,24,5,4,29,35,28 | 26,28,24,13,35,5 |
| | 8 | 静止物体的体积（Volume of Stationary Object） | 35,30,13,10,1,24,37 | 25,35,10,3,24,26,1,9,16 | 10,1,13,24,25,17 | 10,2,35,31,37,30,3,33 | 1,5,28,31,3,35 | 28,37,2,12,10,32 | 17,26,28,32,31,2 | 10,32,35,25,2,24,26 |

续表

| 恶化的工程参数 (Worsening Feature) / 改善的工程参数 (Improving Feature) | | | 物理(Physical) | | | | | | | |
|---|---|---|---|---|---|---|---|---|---|---|
| | | | 移动物体的重量 (Weight of Moving Object) | 静止物体的重量 (Weight of Stationary Object) | 移动物体的长度 (Length/Angle of Moving Object) | 静止物体的长度 (Length/Angle of Stationary Object) | 移动物体的面积 (Area of Moving Object) | 静止物体的面积 (Area of Stationary Object) | 移动物体的体积 (Volume of Moving Object) | 静止物体的体积 (Volume of Stationary Object) |
| | | | 1 | 2 | 3 | 4 | 5 | 6 | 7 | 8 |
| 物理(Physical) | 9 | 形状(Shape) | 29,30,3,10,40,8,31,35 | 15,3,10,31,26,35,40 | 4,14,29,5,15,13,2,7 | 17,14,4,13,5,7,31 | 4,17,5,2,14,32 | 17,14,5,28,2,32,4 | 14,4,15,3,7,29,5,13 | 14,4,7,1,2,35,5,32 |
| | 10 | 物质的数量 (Amount of Substance) | 35,40,6,18,9,2,31,18 | 35,40,18,5,2,8 | 29,3,17,35,14,2,18,36,31 | 35,31,3,17,14,2,40 | 15,14,17,31,35,4,30,29,18 | 17,31,4,18,14,2,40 | 2,15,28,18,38,24 | 35,2,38,25,30,31,1 |
| | 11 | 信息(资料)的数量 (Amount of Information) | 28,17,13,7,1,35,2 | 28,26,35,3,2 | 7,32,13,17,2,3,14 | 7,32,17,3,2,14 | 7,17,32,2,24,3,28 | 32,2,3,24,17,28 | 7,19,26,3,32,24,28,2 | 26,32,3,2,24,28 |
| 性能(Performance) | 12 | 移动物体的作用时间 (Duration of Action of Moving Object) | 15,19,5,8,31,34,35 | 35,3,31,34,8,4,2 | 17,8,19,9,35,2,12,24 | 3,17,12,9,35,2,19,13 | 17,19,7,8,9,24,13 | 3,17,9,24,12,19,13 | 19,10,30,7,14,2,13 | 10,30,35,12,13,4,2,3 |
| | 13 | 静止物体的作用时间 (Duration of Action of Stationary Object) | 35,31,8,19,4,15,34 | 35,6,2,31,19,3,34 | 17,40,19,2,35,3,8 | 40,35,1,9,17,2,13 | 3,35,18,19,14,2 | 35,17,3,30,7,14 | 35,19,18,3,13,17,4 | 35,40,31,3,34,38,19,13 |
| | 14 | 速度(Speed) | 13,14,8,28,1,17,2,38 | 1,13,2,10,35,3 | 13,17,28,2,29,14,1 | 17,15,30,2,14,1 | 17,14,4,1,29,30,3,5,34 | 14,5,3,17,1,4,13 | 28,2,7,34,35,5,14,4 | 28,5,2,35,7,9,1,18 |
| | 15 | 力/力矩(Force/Torque) | 8,1,9,13,37,28,31,35,18 | 9,13,28,1,35,40,18 | 17,35,9,3,14,19,28,36,29 | 35,28,17,9,40,10,37 | 15,17,10,14,19,3,29,39,40 | 1,3,17,40,37,18,9,35 | 12,15,9,35,37,14,4 | 1,18,37,35,3,2,10,36 |
| | 16 | 移动物体消耗的能量 (Energy Used by Moving Object) | 28,35,19,12,31,18,5 | 28,35,5,12,18,31,13 | 28,12,15,35,17,19 | 35,2,19,15,28 | 15,19,4,3,25,14 | 35,2,17,14,15,3 | 13,35,18,29,2,17,25 | 3,25,34,38,35,7,2 |

续表

| 恶化的工程参数（Worsening Feature）/ 改善的工程参数（Improving Feature） | | | 物理（Physical） | | | 性能（Performance） | | | | | |
|---|---|---|---|---|---|---|---|---|---|---|---|
| | | | 形状（Shape） | 物质的数量（Amount of Substance） | 信息（资料）的数量（Amount of Information） | 移动物体的作用时间（Duration of Action of Moving Object） | 静止物体的作用时间（Duration of Action of Stationary Object） | 速度（Speed） | 力/力矩（Force/Torque） | 移动物体消耗的能量（Energy Used by Moving Object） |
| | | | 9 | 10 | 11 | 12 | 13 | 14 | 15 | 16 |
| 物理（Physical） | 9 | 形状（Shape） | | 3,31,30,36,5,4,22 | 17,7,3,32,24,1 | 14,28,25,30,26,31,9 | 3,30,28,35,13,5,22 | 15,35,10,3,18,4,1 | 14,17,35,9,2,3,12 | 3,14,28,2,24,35,6,34 |
| | 10 | 物质的数量（Amount of Substance） | 35,7,14,3,31,38 | | 15,2,35,5,21,3,13 | 35,40,34,10,3,7,18,19 | 35,30,31,3,12,2 | 28,35,29,24,34,3,38 | 35,14,40,3,12,13,5 | 19,3,34,35,16,13,2,18 |
| | 11 | 信息（资料）的数量（Amount of Information） | 7,17,3,32,26,28,13 | 17,7,32,3,13,28,35 | | 7,3,2,10,13,12,24,19 | 7,3,10,12,2,13,24 | 10,7,13,37,3,28,12,5 | 26,17,12,1,28 | 7,10,3,12,2,6,24 |
| 性能（Performance） | 12 | 移动物体的作用时间（Duration of Action of Moving Object） | 17,14,28,10,1,26,25 | 3,40,17,35,6,10,13 | 7,2,32,3,24,10,25 | | 10,2,24,20,13,4,17,6 | 3,35,5,13,17,4,37,9 | 19,2,16,13,15,12,9 | 18,28,35,6,15,12 |
| | 13 | 静止物体的作用时间（Duration of Action of Stationary Object） | 17,3,40,14,33,13,10,7 | 35,31,3,40,17,13,6 | 24,7,10,25,3,2,32 | 35,24,28,4,3,25,29,34 | | 35,28,29,3,4,14,13 | 17,40,35,9,7,5 | 13,25,40,24,3,27,35 |
| | 14 | 速度（Speed） | 17,7,15,18,35,3,4,2 | 2,35,19,5,10,38,9 | 7,2,10,5,37,28,3 | 35,40,19,3,5,13 | 3,13,35,5,2,24 | | 19,13,15,28,29,3,18,5,17 | 35,28,38,19,12,15 |
| | 15 | 力/力矩（Force/Torque） | 35,10,3,40,31,34,4,14 | 14,18,29,28,35,3,1,8,36 | 13,17,37,3,1 | 19,10,2,12,28 | 2,10,13,3,12,19,26 | 13,15,9,28,12,2 | | 19,17,35,10,2,8,3,24 |
| | 16 | 移动物体消耗的能（Energy Used by Moving Object） | 29,2,3,12,19,15,28 | 35,2,34,19,18,16,38,30 | 7,2,25,24,3,37 | 18,28,35,6,15,12,10 | 28,2,35,13,6,12,10,19 | 35,28,13,19,5,8 | 21,2,19,35,26,16,18,24,3 | |

续表

| 改善的工程参数 (Improving Feature) \ 恶化的工程参数 (Worsening Feature) | | | 性能(Performance) | | | | | | | 效率(Efficiency) |
|---|---|---|---|---|---|---|---|---|---|---|
| | | | 静止物体消耗的能量(Energy Used by Stationary Object) | 功率(Power) | 应力/压力(Stress/Pressure) | 强度(Strength) | 结构的稳定性(Stability) | 温度(Temperature) | 光照强度(Illumination Intensity) | 运行效率(Function Efficiency) |
| | | | 17 | 18 | 19 | 20 | 21 | 22 | 23 | 24 |
| 物理(Physical) | 9 | 形状(Shape) | 35,14,15,31,3,7,24,1 | 4,6,2,30,1,3,14,7 | 3,14,9,15,2,4,35 | 35,7,40,14,9,30,3 | 35,40,24,31,1,18,33,4 | 31,19,2,32,24,15,1 | 35,15,28,32,13,24,1 | 2,29,28,5,40,3,31 |
| | 10 | 物质的数量(Amount of Substance) | 35,18,3,2,13,31 | 35,19,18,3,12,5,2 | 40,9,35,14,17,3,13,4,36 | 14,17,9,35,40,3,12,13 | 35,24,9,40,15,17,2 | 35,31,1,17,3,14,39 | 35,28,30,3,31,17 | 3,30,1,35,38,24,18 |
| | 11 | 信息(资料)的数量(Amount of Information) | 10,6,3,2,24 | 7,10,3,2,6,24,12 | 2,17,7,24,12,1,26 | 2,17,7,12,1,26,24 | 24,37,3,10,2,13,25 | 2,13,10,19,17 | 15,19,4,32 | 2,7,19,28,3,13 |
| 性能(Performance) | 12 | 移动物体的作用时间(Duration of Action of Moving Object) | 35,6,18,28,19,12 | 19,18,35,10,38,13,12 | 12,19,40,3,17,14,4,12 | 35,3,17,14,12,27,4,19 | 35,24,40,13,3,33,12,19 | 19,35,13,3,36,17,39 | 35,19,24,4,13,2,7 | 13,1,19,12,3,29,28,15 |
| | 13 | 静止物体的作用时间(Duration of Action of Stationary Object) | 35,40,13,2,19,7,2,30 | 35,2,13,16,40 | 17,4,40,12,14,13 | 35,3,9,17,14,4,19,27 | 5,35,39,3,12,24,31 | 19,24,35,40,36,15,16 | 35,40,24,2,19,7,13 | 3,19,12,15,13,1 |
| | 14 | 速度(Speed) | 35,19,28,12,38 | 19,35,13,36,2,28,38 | 28,14,6,40,38,18,12,35 | 28,8,3,14,5,40,26 | 28,2,3,5,33,18 | 28,36,31,3,40,2,30 | 19,35,13,10,24,32,26 | 35,13,10,24,19,3,4,1,20 |
| | 15 | 力/力矩(Force/Torque) | 1,35,10,19,8,17,37 | 19,35,37,17,1,28,18 | 21,18,9,40,12,2,24,17,3 | 35,14,9,3,17,5,27,7 | 35,10,24,21,1,13,12,37 | 35,36,21,10,24,31 | 13,2,19,35,24,5,3 | 19,35,6,13,34,15 |
| | 16 | 移动物体消耗的能(Energy Used by Moving Object) | 15,28,13,2,35 | 19,6,34,37,18,7,15 | 14,25,15,17,28,37,7,3,19 | 19,35,5,9,29,28,12 | 13,19,24,17,5,39,35 | 24,19,36,2,3,14,4 | 35,19,24,5,14,3,25 | 2,13,28,12,10,15,3,6 |

续表

| 改善的工程参数 (Improving Feature) \ 恶化的工程参数 (Worsening Feature) | | | 效率 (Efficiency) | | | | | | | 能力 (Ility) |
|---|---|---|---|---|---|---|---|---|---|---|
| | | | 物质损失 (Loss of Substance) | 时间损失 (Loss of Time) | 能量损失 (Loss of Energy) | 信息损失 (Loss of Information) | 噪声 (Noise) | 有害的散发 (Harmful Emissions) | 有害的副作用 (Other Harmful Effects Generated by System) | 适应性/多用性 (Adaptability/Versatility) |
| | | | 25 | 26 | 27 | 28 | 29 | 30 | 31 | 32 |
| 物理 (Physical) | 9 | 形状 (Shape) | 29,35,30,3,5,24,2 | 10,28,5,34,24,17,26 | 4,14,15,3,5,31,25 | 17,2,7,15,28,32 | 9,4,31,35,14,3,28 | 35,1,17,7,19,24 | 1,35,30,31,22,13,5,12 | 35,1,28,29,15,3,31 |
| | 10 | 物质的数量 (Amount of Substance) | 24,4,10,34,3,12,6,17 | 3,25,19,1,16,38,18 | 35,7,18,19,24,38 | 15,28,35,24,7,37 | 31,10,9,1,4,3 | 1,35,21,24,22 | 35,40,3,12,10,19,36,39,25 | 1,15,17,29,24,3 |
| | 11 | 信息 (资料) 的数量 (Amount of Information) | 2,3,7,28,13,17 | 2,7,3,19,13,28,17 | 2,10,3,6,28,13 | 15,19,7,32,4,37,1 | 3,4,2,9,37,10 | 28,2,10,5,3 | 2,10,13,17,31,28,32 | 3,24,4,1,29,25,31 |
| 性能 (Performance) | 12 | 移动物体的作用时间 (Duration of Action of Moving Object) | 18,13,14,28,3,34,10,38 | 28,3,19,10,24,5,16 | 10,24,35,23,5,3 | 10,24,25,3,7,5 | 17,7,18,9,3,16,24 | 1,4,14,18,3,7 | 40,3,37,6,11,30,4,39,14 | 7,13,30,35,1,17,4,40 |
| | 13 | 静止物体的作用时间 (Duration of Action of Stationary Object) | 35,10,17,4,7,18,16,4 | 3,24,10,14,5,28,16 | 10,12,35,40,34,24,19 | 10,7,2,24,25,19,35 | 31,35,24,14,5,30 | 1,3,14,18,4,17,7 | 35,14,40,3,39,13,33 | 13,5,4,17,2,35,40 |
| | 14 | 速度 (Speed) | 28,35,13,10,1,3,38 | 13,5,10,3,1,25,19 | 19,1,35,14,20,5,13 | 10,7,6,24,26,37,3 | 3,14,28,9,5,17,24 | 19,18,1,24,3,35 | 35,21,2,24,33,28,11,16,34 | 15,10,28,26,1,30,35 |
| | 15 | 力/力矩 (Force/Torque) | 3,35,40,12,17,5,28 | 10,3,23,37,25,5 | 19,15,2,5,14,35,34 | 37,32,7,24,1,13,10 | 13,9,24,12,10,5,7,14 | 15,2,35,5,21,3,13 | 3,13,24,14,17,29,23,40,12 | 15,17,3,19,29,35,4,18,24 |
| | 16 | 移动物体消耗的能量 (Energy Used by Moving Object) | 28,35,5,3,18,24 | 10,18,28,5,35,38,20 | 19,15,12,28,24,21,34,13 | 13,24,7,22,37,2 | 17,14,4,7,5,9,31 | 1,24,19,21,4,15,2 | 35,2,11,16,6,39,25,3 | 24,15,13,29,28,17,30,7 |

续表

| 改善的工程参数 (Improving Feature) \ 恶化的工程参数 (Worsening Feature) | | | 能力 (Ility) | | | | | | | |
|---|---|---|---|---|---|---|---|---|---|---|
| | | | 兼容性/连通性 (Compatibility/Connectability) | 使用方便性 (Trainability/Operability/Controllability) | 可靠性/鲁棒性 (Reliability/Robustness) | 可维修性 (Repairability) | 安全性 (Security) | 易损性 (Safety/Vulnerability) | 美观 (Aesthetics/Appearance) | 外来有害因素 (Other Harmful Effects Acting on System) |
| | | | 33 | 34 | 35 | 36 | 37 | 38 | 39 | 40 |
| 物理 (Physical) | 9 | 形状 (Shape) | 28,3,31,10,24 | 32,26,25,37,15,3,29 | 40,3,35,10,2,1,16 | 17,13,1,2,35,22 | 28,5,9,26,17 | 40,17,13,31,30,3 | 32,3,35,22,9,17 | 35,24,2,33,39,40,16 |
| | 10 | 物质的数量 (Amount of Substance) | 35,2,24,13,21,30 | 3,10,25,35,7,2,32 | 40,3,35,16,33,18,10 | 25,10,2,32,17,4 | 28,30,10,31,40,35 | 35,24,3,12,31,39 | 30,17,28,14,32,5 | 35,3,31,33,24,29,23,11 |
| | 11 | 信息 (资料) 的数量 (Amount of Information) | 6,25,10,24,13 | 25,10,17,6,19,13 | 10,24,13,25,31 | 25,1,24,13,17 | 7,10,17,24,3,19 | 2,37,10,13,1,24,19 | 7,3,32,19,25,17 | 1,11,28,15,2,27,13,31 |
| 性能 (Performance) | 12 | 移动物体的作用时间 (Duration of Action of Moving Object) | 28,35,24,3,7,11,33,13 | 10,25,24,12,1,26,37 | 35,12,13,40,3,1 | 3,10,17,19,7,34,13 | 28,2,10,26,13 | 10,37,3,24,19,12 | 35,2,7,3,24,30 | 21,28,15,24,33,10,30,39 |
| | 13 | 静止物体的作用时间 (Duration of Action of Stationary Object) | 10,24,17,28,11,3 | 25,1,3,10,37,13,24 | 35,3,9,40,13,30,36 | 3,10,19,1,28,13 | 28,26,10,2,24 | 10,37,24,3,12 | 35,2,3,24,30 | 1,35,33,39,40,24,10,17 |
| | 14 | 速度 (Speed) | 7,19,6,24,3,2 | 28,37,13,25,32,15,17 | 35,28,23,24,2,11,40 | 28,2,34,13,23,27,1 | 28,24,10,2,19,32 | 31,35,11,13,3,7,40 | 14,3,32,22,17,4 | 28,35,19,4,11,22,18,21 |
| | 15 | 力/力矩 (Force/Torque) | 28,5,6,25,24 | 1,28,25,4,3,19,29,17,10 | 14,35,1,13,24,3,40 | 15,17,1,13,2 | 10,28,3,13,15,1 | 2,12,31,39,11,17,24 | 14,3,7,12,35,31,30 | 10,35,40,22,17,15,33,21,39 |
| | 16 | 移动物体消耗的能量 (Energy Used by Moving Object) | 10,24,28,1,13 | 28,3,35,1,26,19 | 13,21,10,35,15,28 | 1,17,28,10,15,13 | 10,28,5,24,13 | 12,39,35,31,30,11,24 | 17,7,4,3,32 | 2,10,3,22,37,34,9,7 |

续表

| 改善的工程参数 (Improving Feature) \ 恶化的工程参数 (Worsening Feature) | | | 制造/花费 (Manufacture/Cost) | | | | | | 测量 (Measurement) | |
|---|---|---|---|---|---|---|---|---|---|---|
| | | | 可制造性 (Manufacturability) | 制造精度 (Manufacture Precision/ Consistency) | 自动化程度 (Automation) | 生产率 (Productivity) | 装置的复杂性 (System Complexity) | 控制的复杂性 (Control Complexity) | 测量的难度 (Ability to Detect/ Measure) | 测量精度 (Measurement Precision) |
| | | | 41 | 42 | 43 | 44 | 45 | 46 | 47 | 48 |
| 物理 (Physical) | 9 | 形状 (Shape) | 17,32,1,28,25,35 | 30,32,40,22,2, 25,35 | 1,29,32,2,25, 35 | 13,17,10,26, 12,35,1 | 29,2,5,22, 28,16 | 28,37,24,7,31, 2,25 | 28,37,13,31, 15,24,7 | 28,1,37,32,26,3 |
| | 10 | 物质的数量 (Amount of Substance) | 10,2,35,1,27,24,17, 4,39 | 30,3,33,25,28, 13,37 | 35,1,10,8,9,39 | 1,13,3,35,36,4, 29,28 | 13,1,10,27,6, 3,17 | 25,28,37,1,3,4 | 28,18,32,24, 37,4,19 | 4,24,37,13, 19,2,28 |
| | 11 | 信息 (资料) 的数量 (Amount of Information) | 25,13,10,1,7,2,33 | 13,3,10,37,2 | 25,1,6,13,26 | 2,25,19,3,10, 13,37 | 10,25,5,13,3, 2,40 | 25,40,10,3,7, 2,4,5 | 3,4,37,25,40,2 | 37,3,17,28, 24,4,13 |
| 性能 (Performance) | 12 | 移动物体的作用时间 (Duration of Action of Moving Object) | 35,4,10,3,2,5,40 | 3,16,40,10,37, 12,25 | 10,30,17,6,24, 31,1,13 | 10,35,19,3,14, 17,15,40 | 5,15,10,4,2, 28,29,25 | 5,28,26,20, 37,4 | 10,37,4,32,19, 35,39,28 | 3,17,24,10,26 |
| | 13 | 静止物体的作用时间 (Duration of Action of Stationary Object) | 35,10,40,5,13,2 | 40,37,25,3,16,13 | 1,17,13,24, 6,31 | 10,40,38,16,3, 20,35 | 5,10,2,25,4, 17,14 | 28,37,4,20,5,6 | 32,35,25,6,4, 37,39,28 | 10,26,24,37,4,3 |
| | 14 | 速度 (Speed) | 35,13,28,1,8,29,17 | 28,10,25,12,16,3 5,24 | 10,28,2,13, 17,24 | 2,3,28,10,13,3 5,24 | 5,28,4,10,13, 34,40,30 | 25,10,19,1, 4,13 | 3,26,24,16,28, 34,27 | 28,25,24,32,1, 13,17,26 |
| | 15 | 力/力矩 (Force/Torque) | 15,18,35,6,37,16,10 | 28,29,5,37,36, 12,13,17,25 | 2,10,35,13,25 | 35,28,3,10,37, 25,5 | 5,10,35,4,28, 18,14,26 | 37,10,28,25, 3,13,2 | 37,10,19,3,28, 29,36 | 24,37,32,3, 28,10 |
| | 16 | 移动物体消耗的能量 (Energy Used by Moving Object) | 28,5,30,10,40,26,8,2 | 10,25,12,24,26,3 | 2,10,13,5,17, 15,3,32 | 35,28,24,25, 12,10,1 | 5,2,28,27, 12,13 | 3,5,25,10,37, 13,1 | 10,37,3,25, 13,7 | 37,3,5,28,8, 30,32 |

续表

| 改善的工程参数 (Improving Feature) \ 恶化的工程参数 (Worsening Feature) | | | 物理(Physical) | | | | | | | |
|---|---|---|---|---|---|---|---|---|---|---|
| | | | 移动物体的重量 (Weight of Moving Object) | 静止物体的重量 (Weight of Stationary Object) | 移动物体的长度 (Length/Angle of Moving Object) | 静止物体的长度 (Length/Angle of Stationary Object) | 移动物体的面积 (Area of Moving Object) | 静止物体的面积 (Area of Stationary Object) | 移动物体的体积 (Volume of Moving Object) | 静止物体的体积 (Volume of Stationary Object) |
| | | | 1 | 2 | 3 | 4 | 5 | 6 | 7 | 8 |
| 性能(Performance) | 17 | 静止物体消耗的能 (Energy Used by Stationary Object) | 35,28,13,8,3,19 | 19,13,35,9,28,6 | 17,4,12,3,24,14 | 4,17,9,19,3,16 | 3,4,13,5,12,24 | 4,17,3,14,16,19 | 2,35,13,19,13,18,28,4 | 35,39,19,2,18,28,4,9 |
| | 18 | 功率(Power) | 8,38,2,25,31,19,28,35 | 19,2,35,31,26,28,29,17,27 | 1,17,35,10,37,36,28,30,29 | 17,14,1,35,4,10,28,29,30 | 19,38,35,2,25,3,15,4 | 17,19,38,13,3,15,25,32,2 | 19,38,2,35,25,6,15,4,14 | 19,35,25,36,6,30,15,3,14 |
| | 19 | 应力/压力 (Stress/Pressure) | 40,35,31,10,36,37,2,17 | 35,10,13,31,29,40,2,17 | 35,9,40,17,3,14,4,13 | 3,14,17,35,40,4,9,1 | 10,35,40,14,17,28,15,3 | 40,14,35,10,37,17,3 | 35,10,40,3,15,14,4,17 | 35,17,4,40,3,30,24,14 |
| | 20 | 强度(Strength) | 40,31,17,8,1,35,3,4 | 40,31,2,1,17,26,35,3 | 17,35,40,1,4,15,8 | 17,35,9,37,14,4,40,15 | 14,17,3,7,19,4,40,5 | 14,17,9,40,3,4,13 | 4,7,17,14,35,10,15,31 | 14,9,17,4,31,13,35 |
| | 21 | 结构的稳定性 (Stability) | 40,35,31,5,2,39,17,24,8 | 40,35,31,17,39,1,24,4 | 17,1,35,13,15,28,4,25 | 17,4,35,37,13,1,40 | 31,13,35,17,4,3,2,12 | 35,31,4,3,39,13,17 | 24,5,39,35,10,19,28,25 | 35,40,24,31,25,14,5 |
| | 22 | 温度(Temperature ) | 36,31,6,35,38,30,22,19,40 | 31,35,3,32,36,22,40,4,17 | 15,19,9,3,35,31,4,1 | 19,3,15,31,9,35,4,1 | 3,35,40,19,18,17,39,31 | 35,3,31,40,19,38,30,24,17 | 35,40,31,4,18,39,2,34 | 35,40,31,3,4,6,30 |
| | 23 | 光照强度(Illumination Intensity ) | 19,1,24,32,31,39,35 | 35,32,2,19,31,1,5,30 | 14,19,32,35,17,24,1 | 14,17,32,35,24,19,1 | 14,17,24,35,19,32,26,4,1 | 14,17,4,35,24,32,19,1,26 | 14,24,13,10,19,2,32,35,4 | 14,13,24,35,10,19,2,32 |
| 效率 (Efficiency) | 24 | 运行效率 (Function Efficiency) | 3,30,31,8,40,1,7,35 | 31,3,35,40,7,30,1 | 17,3,4,15,14,30,35 | 17,4,13,14,7,5 | 15,30,17,3,4,35,14 | 14,17,4,3,7,28,26 | 15,19,14,4,3,13 | 28,4,37,35,13,12 |

续表

| 改善的工程参数 (Improving Feature) \ 恶化的工程参数 (Worsening Feature) | | | 物理 (Physical) | | | 性能 (Performance) | | | | |
|---|---|---|---|---|---|---|---|---|---|---|
| | | | 形状 (Shape) | 物质的数量 (Amount of Substance) | 信息 (资料) 的数量 (Amount of Information) | 移动物体的作用时间 (Duration of Action of Moving Object) | 静止物体的作用时间 (Duration of Action of Stationary Object) | 速度 (Speed) | 力/力矩 (Force/Torque) | 移动物体消耗的能量 (Energy Used by Moving Object) |
| | | | 9 | 10 | 11 | 12 | 13 | 14 | 15 | 16 |
| 性能 (Performance) | 17 | 静止物体消耗的能 (Energy Used by Stationary Object) | 7,35,24,30, 13,5,10,36 | 35,31,3,24, 28,13,4,9 | 2,19,17,20,7 | 40,35,3,19,4, 28,24 | 40,35,3,17,28,26,24 | 1,3,28,19, 13,25 | 9,36,37,35,5,17 | 2,19,3,13,5 |
| | 18 | 功率 (Power) | 29,14,15, 1,35,40,4, 3,36 | 35,19,38, 4,3,40,18, 24,30 | 10,28,19,12,24,37 | 19,35,10,38,4, 28,1,21 | 38,35,10,4,28,19,16 | 15,2,19, 35,3,14,24, 1,13 | 2,19,15,35,36, 1,3,13,14 | 19,6,37,36,15,3, 2,16,4,1 |
| | 19 | 应力/压力 (Stress/Pressure) | 35,4,40, 3,30,14, 31,15 | 35,10,25,31, 14,13,12,5 | 28,2,26,7,24 | 19,3,35,4,13,14,2 | 3,14,35,9,2,5,12 | 35,17,24, 13,6,14, 29,36 | 35,17,14,9,12, 4,36 | 10,17,14,24,12, 37,29,35 |
| | 20 | 强度 (Strength) | 40,4,9,35, 7,17,30,25 | 30,17,31,9, 13,29,3 | 17,2,32,3,28,26 | 35,40,3,26,17, 4,13 | 35,3,5,24,26,4, 13,40 | 14,28,8,13, 12,26,2 | 40,9,35,25,14, 3,24 | 35,17,10,19,14, 4,13 |
| | 21 | 结构的稳定性 (Stability) | 1,4,35,17, 7,3,18,21 | 1,4,35,17,7, 3,18,21 | 2,7,10,35,24,5 | 10,13,5,35,4,19, 7,40 | 10,40,3,39,23,6, 13,7 | 40,28,25, 13,24,10, 33,15,18 | 24,21,10,16,1, 35,17 | 13,35,19,18,9,24 |
| | 22 | 温度 (Temperature ) | 14,19,32, 39,3,22,31 | 30,31,3,35, 39,17,15,19 | 5,37,7,10,26,19,32 | 19,15,13,39,1, 18,30,9,3 | 19,36,40,3,9,1,13, 2,35 | 28,14,36,2, 30,19, 13,3 | 2,35,3,19,21, 24,10 | 19,15,3,35,21, 36,1,24 |
| | 23 | 光照强度 (Illumination Intensity) | 3,30,13, 24,32,35, 5,14,1 | 1,19,35,14, 24,28,3 | 2,25,19,32,7,6,3 | 19,2,6,35,28,4,25 | 2,6,10,35,28,4 | 19,10,13, 28,35,4,5 | 10,19,6,26,4, 3,36 | 19,10,3,24,15,17 |
| 效率 (Efficiency) | 24 | 运行效率 (Function Efficiency) | 4,14,3,30, 19,31,17 | 31,3,30,19, 18,4,1 | 2,37,3,17,4,13,19 | 10,4,3,18,28, 9,36,1 | 35,24,28,10,3,30,18 | 3,4,15,30, 29,28,13 | 35,40,17,13,3, 9,19,7 | 2,4,15,3,19, 35,17 |

续表

| 改善的工程参数 (Improving Feature) \ 恶化的工程参数 (Worsening Feature) | | | 性能 (Performance) | | | | | | | 效率 (Efficiency) |
|---|---|---|---|---|---|---|---|---|---|---|
| | | | 静止物体消耗的能量 (Energy Used by Stationary Object) | 功率 (Power) | 应力/压力 (Stress/Pressure) | 强度 (Strength) | 结构的稳定性 (Stability) | 温度 (Temperature) | 光照强度 (Illumination Intensity) | 运行效率 (Function Efficiency) |
| | | | 17 | 18 | 19 | 20 | 21 | 22 | 23 | 24 |
| 性能 (Performance) | 17 | 静止物体消耗的能 (Energy Used by Stationary Object) | | 2,5,19,13,35 | 17,9,4,19,35, 40,14 | 35,40,14,3,2, 13,17 | 35,4,24,40,17, 14,18,1 | 3,2,35,19, 21,36 | 19,35,2,32, 5,24 | 2,19,15,13, 12,28,25 |
| | 18 | 功率 (Power) | 19,15,3,2,6,16,37,1 | | 35,10,3,30,14,4, 2,28,27 | 28,40,31,10, 35,26,13 | 35,31,1,15,40, 32,19,10,3 | 19,5,3,2,36,25, 14,32,13 | 19,35,25,28, 7,31,3,16,23 | 2,28,14,15, 3,6,24 |
| | 19 | 应力/压力 (Stress/Pressure) | 17,14,10,35,4,12, 24,37 | 35,29,10,17, 14,28,4,1 | | 3,17,40,9,35, 19,1,36 | 35,5,40,2,33, 31,12 | 35,3,19,2,39, 31,36 | 24,12,22,35, 2,19 | 2,40,13,17, 5,18,8 |
| | 20 | 强度 (Strength) | 35,14,17,4,13 | 40,35,3,4,10, 28,26 | 35,40,24,3,9,4, 17,25,18 | | 40,35,13,3,17, 24,31,5 | 35,40,9,31,24, 30,3 | 35,19,24,28, 4,13,1 | 1,19,17,13, 31,40 |
| | 21 | 结构的稳定性 (Stability) | 35,18,9,24,13,1 | 35,31,18,24, 13,27,32 | 40,3,35,31,18,2, 13,4 | 40,17,9,35,14, 4,5 | | 35,40,3,1, 24,18 | 35,3,13,32, 24,7,1,19 | 10,3,12,24, 5,15 |
| | 22 | 温度 (Temperature ) | 35,3,19,32,36,5,9 | 31,3,2,17,25, 35,1,14 | 35,19,39,2,15, 3,26 | 2,9,5,35,30, 31,40,9,3 | 24,35,32,3,36, 33,12,15 | | 35,19,32,5, 40,4,14,3 | 3,24,10,15, 19,13,4 |
| | 23 | 光照强度 (Illumination Intensity) | 19,10,24,3,5,26 | 35,25,19,17, 14,28,2,4 | 30,35,12,9,40, 14,28 | 35,19,12,28,9, 40,14 | 28,32,35,3, 27,40 | 19,35,32,1,40, 28,4,5 | | 35,13,1,19, 24,6 |
| 效率 (Efficiency) | 24 | 运行效率 (Function Efficiency) | 3,35,19,15,17,14,4 | 35,3,15,19, 17,4,38 | 3,17,35,31,19, 12,40,15,9 | 35,40,3,4,19, 12,15,9 | 35,2,19,30,9, 17,38,15,3 | 19,35,3,31,28, 21,37,24 | 19,3,35,28, 32,5,31,17 | |

续表

| 改善的工程参数 (Improving Feature) \ 恶化的工程参数 (Worsening Feature) | | | 效率 (Efficiency) | | | | | | | 能力 (Ility) |
|---|---|---|---|---|---|---|---|---|---|---|
| | | | 物质损失 (Loss of Substance) | 时间损失 (Loss of Time) | 能量损失 (Loss of Energy) | 信息损失 (Loss of Information) | 噪声 (Noise) | 有害的散发 (Harmful Emissions) | 有害的副作用 (Other Harmful Effects Generated by System) | 适应性/多用性 (Adaptability/ Versatility) |
| | | | 25 | 26 | 27 | 28 | 29 | 30 | 31 | 32 |
| 性能 (Performance) | 17 | 静止物体消耗的能 (Energy Used by Stationary Object) | 31,28,,18, 12,4,9,34 | 4,10,40,7,9,17 | 35,31,1,4,24, 34,36 | 2,10,7,13,3 | 31,14,25,17, 3,4,1 | 21,35,24,3,1, 18,13 | 19,3,15,18,4,24, 28,12 | 35,15,13,17,1 |
| | 18 | 功率 (Power) | 30,1,28,29, 12,34,38, 18,27 | 10,15,35,6,19, 20,4,12 | 15,35,1,38,10, 14,3,24 | 10,19,24,28,1, 3,25 | 24,28,13,3, 14,39,5,25 | 1,3,35,15,19,2, 14,10,25 | 1,18,2,35,28,13, 15,3,39 | 15,28,19,35,3,34, 17,37,12 |
| | 19 | 应力/压力 (Stress/Pressure) | 10,25,3,4, 17,37,24,36 | 1,4,37,13,10, 26 | 3,25,2,35,12, 17,30 | 37,28,2,7,24 | 31,35,40,14, 4,29,9 | 35,24,2,1,21, 31,19 | 2,33,25,35,18,17, 31,24 | 15,35,17,13,3, 30,31 |
| | 20 | 强度 (Strength) | 40,31,24,35, 3,28,9,1 | 19,3,10,5,28, 40,4 | 35,31,40,1,34, 24,7 | 37,32,28,26, 10,7 | 17,3,2,5,9,4, 31 | 2,40,15,19,4,18, 5,24 | 35,40,3,10,25,31, 37,30 | 40,35,1,4,17,15, 3,24 |
| | 21 | 结构的稳定性 (Stability) | 40,2,14,3,7, 19,30,31,12 | 35,24,10,16,5, 29,28 | 5,24,3,15,4, 17,13 | 24,10,32,7,31, 3,40 | 18,31,24,9, 7,14 | 1,15,24,21,12,35 | 24,35,40,1,39,13, 30,27 | 40,35,15,30,31,29, 2,10 |
| | 22 | 温度 (Temperature) | 29,21,3,36, 31,34,13,37 | 19,9,35,3,21, 28,37 | 35,21,24,38,3, 5,19 | 35,9,24,7,32,26 | 35,13,39,18, 24,31 | 3,19,15,2,18,35 | 35,2,25,22,10,3, 12,20 | 2,3,19,15,4,12,35 |
| | 23 | 光照强度 (Illumination Intensity) | 13,1,5,35, 10,28 | 19,1,26,35, 17,4 | 19,1,35,24,13, 6,16,14 | 32,13,4,1,14, 6,25 | 35,28,39,2,9 | 35,19,40,2,15,24 | 35,32,19,3,39,40, 13,37,17 | 15,35,4,40,3,32, 23,6,1 |
| 效率 (Efficiency) | 24 | 运行效率 (Function Efficiency) | 4,12,17,34, 2,24,30,3 | 3,14,28,15,24, 12,1 | 3,4,31,19,15, 28,2,38 | 3,4,19,15,32,17, 13,31 | 14,9,3,4,1, 2,15 | 35,24,18,28,22, 13,4 | 19,15,4,33,3,37, 30,39 | 15,19,3,28,4,30,16 |

续表

| 改善的工程参数 (Improving Feature) \ 恶化的工程参数 (Worsening Feature) | | | 能力 (Ility) | | | | | | | |
|---|---|---|---|---|---|---|---|---|---|---|
| | | | 兼容性/连通性 (Compatibility/Connectability) | 使用方便性 (Trainability/Operability/Controllability) | 可靠性/鲁棒性 (Reliability/Robustness) | 可维修性 (Repairability) | 安全性 (Security) | 易损性 (Safety/Vulnerability) | 美观 (Aesthetics/Appearance) | 外来有害因素 (Other Harmful Effects Acting on System) |
| | | | 33 | 34 | 35 | 36 | 37 | 38 | 39 | 40 |
| 性能 (Performance) | 17 | 静止物体消耗的能 (Energy Used by Stationary Object) | 24,3,35,12,33,13,28 | 13,15,24,10,11,3 | 35,10,13,25,3,2,36 | 35,17,1,27,3 | 28,10,23,2,13,30 | 24,3,16,30,26,39,25 | 17,4,3,7,32,30 | 2,9,3,37,19,7,37,4,36 |
| | 18 | 功率 (Power) | 24,28,15,13,12,11,7,2 | 26,10,35,25,24,2,37,12 | 35,2,3,24,28,12,37,19,31 | 10,2,35,1,27,34,3,12,15 | 10,28,1,23,5 | 35,19,11,25,31,30,17,12,8 | 28,15,14,22,4,32,24 | 39,2,19,31,22,9,16,12,36 |
| | 19 | 应力/压力 (Stress/Pressure) | 25,10,6,28,4,17 | 17,3,19,28,26,1,14 | 40,13,35,19,4,25,9,12,28 | 2,17,10,25,27 | 2,28,24,10,1 | 31,40,35,4,24,37 | 17,7,4,40,3 | 3,12,4,25,33,10,13 |
| | 20 | 强度 (Strength) | 6,12,28,13,7,14,24 | 17,35,40,2,25,24,1,10 | 40,35,5,17,14,3,24,31 | 1,2,35,13,24,25 | 13,28,2,22,24,17,1 | 40,31,3,24,4,11 | 7,17,22,3,24,4,19 | 31,35,40,9,15,13,3,6 |
| | 21 | 结构的稳定性 (Stability) | 1,6,13,2,10,28 | 24,3,35,4,19,13,25,17 | 35,40,24,31,3,10,5 | 2,10,24,16,35,15,17,13 | 2,24,28,17,10,13 | 35,2,10,24,5,18,31 | 17,4,3,31,22,13,5 | 40,35,31,17,11,24,18,30 |
| | 22 | 温度 (Temperature) | 24,2,13,30,15,17,3 | 28,24,26,2,23,15,35,3 | 35,40,3,12,20,33,1,4 | 10,3,4,37,28,26,27,2 | 24,1,3,35,28 | 24,9,39,28,2,7 | 31,3,15,2,35,36,40,19 | 35,33,2,18,22,27,30,12 |
| | 23 | 光照强度 (Illumination Intensity) | 32,35,1,13,6,10 | 28,4,35,24,19,12,5,26 | 35,1,4,32,17,28,5 | 17,13,1,15,10,27 | 28,5,23,13,2,3 | 35,3,1,24,11,32 | 32,3,5,10,22,26,24 | 28,12,6,4,13,1,39,25,33 |
| 效率 (Efficiency) | 24 | 运行效率 (Function Efficiency) | 1,4,14,7,2,24 | 25,10,1,13,3,19 | 35,30,40,27,15,28,1 | 2,27,17,1,16,4 | 28,2,1,24,25,7,23 | 31,30,2,24,23,35 | 22,2,32,3,4 | 35,13,18,31,33,17,32,12 |

续表

| 改善的工程参数 (Improving Feature) \ 恶化的工程参数 (Worsening Feature) | | | 制造/花费 (Manufacture/Cost) | | | | | | 测量 (Measurement) | |
|---|---|---|---|---|---|---|---|---|---|---|
| | | | 可制造性 (Manufacturability) | 制造精度 (Manufacture Precision/Consistency) | 自动化程度 (Automation) | 生产率 (Productivity) | 装置的复杂性 (System Complexity) | 控制的复杂性 (Control Complexity) | 测量的难度 (Ability to Detect/Measure) | 测量精度 (Measurement Precision) |
| | | | 41 | 42 | 43 | 44 | 45 | 46 | 47 | 48 |
| 性能 (Performance) | 17 | 静止物体消耗的能 (Energy Used by Stationary Object) | 4,8,1,10,2 | 37,10,3,2,13,17 | 10,2,8,34,35 | 1,10,6,35,34,7 | 35,28,4,3,13, 16,34 | 2,25,18,10, 30,28 | 28,19,35,25, 4,17 | 28,37,4,18,24 |
| | 18 | 功率 (Power) | 10,28,26,21,34,25, 24,29,8 | 2,3,10,14,32, 15,12 | 28,2,13,24, 27,17 | 28,1,35,14, 34,2,3 | 35,30,19,20, 2,34,13,28 | 2,25,15,26, 28,20 | 28,35,19,3,16, 32,37,25,2 | 2,37,15,25, 10,32 |
| | 19 | 应力/压力 (Stress/Pressure) | 2,1,35,17,16,31,8 | 3,25,2,35,12,32 | 10,35,25,12, 2,40 | 10,40,25,24, 14,35,37 | 17,5,2,24, 35,19 | 28,32,4,37,6,3 | 37,17,4,32,2, 3,36,28 | 37,25,17,28, 3,6,4 |
| | 20 | 强度 (Strength) | 35,10,3,40,14,4, 37,24 | 3,6,23,2,29, 28,25 | 15,2,35,10, 17,13 | 15,35,17,10, 14,29,5,3,25 | 2,5,15,13, 18,17 | 15,25,1,3,10, 28,7 | 2,40,32,28,13, 15,18 | 3,37,28,25, 32,23 |
| | 21 | 结构的稳定性 (Stability) | 25,35,24,3,15,5,19 | 3,25,2,12,5, 15,30 | 24,1,10,16, 8,14 | 5,24,40,3,35, 12,13 | 13,31,2,10, 40,35,26,17 | 25,10,24,4,28, 5,37 | 7,24,17,35,9, 37,32,28 | 25,,13,37,4,17, 26,24 |
| | 22 | 温度 (Temperature ) | 35,3,26,30,16,21, 37,5 | 23,25,3,12,24 | 2,26,3,19, 16,12 | 3,15,35,28,40, 12,1,24 | 2,3,19,35,16, 17,5 | 35,25,1,19,32, 40,4 | 32,28,35,3, 26,7,31,37 | 32,19,28,26, 35,37,10,3 |
| | 23 | 光照强度 (Illumination Intensity) | 35,28,20,33,16,26 | 3,35,32,39, 37,24 | 10,2,26,13,24 | 2,3,15,5,28,37 | 5,15,13,6,25, 17,4 | 15,3,37,4,5 | 32,15,1,9,37 | 32,10,37,4,3,15 |
| 效率 (Efficiency) | 24 | 运行效率 (Function Efficiency) | 3,35,1,25,28,29,2 | 3,2,15,28,4, 37,24 | 2,25,19,3,15 | 1,3,15,4,2,25 | 2,15,19,28, 35,30,4,17 | 25,1,37,4,10 | 32,4,18,28,2,3 | 37,4,28,32,18,3 |

续表

| 改善的工程参数 (Improving Feature) \ 恶化的工程参数 (Worsening Feature) | | | 物理(Physical) | | | | | | | |
|---|---|---|---|---|---|---|---|---|---|---|
| | | | 移动物体的重量 (Weight of Moving Object) | 静止物体的重量 (Weight of Stationary Object) | 移动物体的长度 (Length/Angle of Moving Object) | 静止物体的长度 (Length/Angle of Stationary Object) | 移动物体的面积 (Area of Moving Object) | 静止物体的面积 (Area of Stationary Object) | 移动物体的体积 (Volume of Moving Object) | 静止物体的体积 (Volume of Stationary Object) |
| | | | 1 | 2 | 3 | 4 | 5 | 6 | 7 | 8 |
| 效率(Efficiency) | 25 | 物质损失 (Loss of Substance) | 28,35,40,8,6,31,17,4 | 35,4,31,6,13,2,40 | 14,12,10,24,17,4 | 17,28,24,10,4,3 | 10,17,30,12,5,31,2,35 | 18,10,5,30,4,13,17,34,24 | 30,1,29,36,12,13,3,4 | 3,18,30,39,30,9,12,13 |
| | 26 | 时间损失 (Loss of Time) | 10,20,8,14,35,37,5 | 10,20,26,35,5 | 17,13,15,29,14,7,2 | 5,14,17,24,13,30,2 | 17,15,16,5,26,4,13 | 35,17,4,10,5,12,16 | 20,10,5,18,34,2 | 35,5,10,12,16,3,7 |
| | 27 | 能量损失 (Loss of Energy) | 8,15,28,19,6,31,14 | 19,7,6,31,18,14 | 3,4,13,17,7,28,6 | 4,13,7,25,17,38,6 | 15,17,30,28,26,4,12 | 17,14,7,38,18,30,12,25 | 7,5,28,4,18,19,3 | 7,5,3,4,19,28,12 |
| | 28 | 信息损失 (Loss of Information ) | 13,35,7,10,17,24 | 13,35,31,5,24,10 | 28,25,10,37,1,26,16 | 28,25,17,26,37,32 | 28,26,17,25,30,16,1,37,7 | 28,25,26,16,37,30,17,32 | 28,25,17,32,7,31,1,2 | 28,25,32,1,35,31,7,2 |
| | 29 | 噪声 (Noise) | 31,9,3,22,13,14,4 | 31,9,14,39,4,35 | 17,3,14,9,1,35,13 | 3,17,14,35,9,1 | 3,14,17,35,1,13,9 | 17,3,9,14,1,35 | 3,14,35,1,13,4,9,17 | 3,9,14,4,35,1 |
| | 30 | 有害的散发 (Harmful Emissions) | 28,35,20,21,19,5,18 | 28,31,13,5,2,36,35 | 14,18,4,19,17,36,15,13 | 17,18,21,14,4,1,36,13 | 4,14,19,15,18,13,3,36 | 4,14,13,24,17,18,36,3 | 13,15,3,19,18,4,1 | 13,4,3,15,18,36,24,35 |
| | 31 | 有害的副作用(Other Harmful Effects Generated by System) | 35,30,31,15,19,40,39 | 40,35,31,9,1,4,30 | 15,17,40,24,16,35,12,3 | 17,4,35,40,14,24 | 4,17,12,3,19,7,24 | 3,4,1,35,5,40,17,18 | 17,30,14,2,40,28,1 | 4,14,30,18,35,5,24 |
| 能力(Ility) | 32 | 适应性/多用性 (Adaptability/Versatility) | 35,1,8,31,30,6,14,13,29 | 35,17,12,1,31,13,16 | 17,30,15,26,19,29,4,24 | 17,4,26,28,1,31 | 13,29,17,31,28,14,16,3 | 31,6,26,24,1,3 | 30,35,31,6,3,24,4 | 24,15,31,16,1,3,35,7,30 |

续表

| 改善的工程参数(Improving Feature) \ 恶化的工程参数(Worsening Feature) | | | 物理(Physical) | | | 性能(Performance) | | | | |
|---|---|---|---|---|---|---|---|---|---|---|
| | | | 形状(Shape) | 物质的数量(Amount of Substance) | 信息(资料)的数量(Amount of Information) | 移动物体作用时间(Duration of Action of Moving Object) | 静止物体作用时间(Duration of Action of Stationary Object) | 速度(Speed) | 力/力矩(Force/Torque) | 移动物体消耗的能量(EnergyUsed by Moving Object) |
| | | | 9 | 10 | 11 | 12 | 13 | 14 | 15 | 16 |
| 效率(Efficiency) | 25 | 物质损失(Loss of Substance) | 35,5,29,3,28,30,7,36 | 24,3,10,6,35,12 | 28,24,10,1,37,25,4 | 3,15,19,28,18,35,17 | 24,15,18,38,17,35,28 | 28,19,13,25,10,38,3,24 | 14,15,9,18,40,35,17,4 | 18,35,5,3,19,12,28 |
| | 26 | 时间损失(Loss of Time) | 7,28,17,4,10,34,9,37 | 35,10,5,18,16,19,38,4 | 2,3,10,25,5,7 | 3,17,28,18,15,10 | 5,28,24,7,16 | 28,26,3,10,4,5 | 5,17,10,37,36,3 | 18,35,38,3,4,19 |
| | 27 | 能量损失(Loss of Energy) | 4,3,24,19,28,13,17,5 | 7,25,15,18,3,12,23 | 2,10,24,25,1,7 | 21,35,34,14,3,19,18 | 17,31,35,34,14,3,19 | 3,35,14,28,10,13 | 19,17,2,36,4,38 | 35,19,3,4,37,2 |
| | 28 | 信息损失(Loss of Information ) | 25,14,24,3,4,32 | 17,28,24,7,33,31,32 | 2,7,24,3,32,5 | 10,28,37,3,7,4 | 10,19,28,3,4,37 | 12,13,24,26,37,32 | 13,17,24,37,1,36 | 1,24,25,20,10,19 |
| | 29 | 噪声(Noise) | 4,35,28,2,14,22,31,3 | 31,9,14,35,4,1,10,15,39 | 3,10,23,31,34,2 | 10,1,35,19,4,21 | 10,4,1,13,24,3,35 | 3,1,14,31,39,24,4 | 3,14,17,4,1,31 | 19,28,4,35,14,24,23,9,3 |
| | 30 | 有害的散发(Harmful Emissions) | 35,36,3,31,38,15,13 | 35,10,19,18,24,13,7 | 10,23,37,1,13,4 | 1,10,21,3,36,18,15 | 1,3,10,15,18,36 | 35,28,13,21,3,18, 36 | 10,3,15,35,28 | 35,28,10,3,20,4 |
| | 31 | 有害的副作用(Other Harmful Effects Generated by System) | 1,35,4,3,7,24,2 | 1,3,24,35,39,5,9 | 10,7,32,4,3,17 | 15,3,12,21,33,35 | 21,16,17,14,13,9,35 | 3,35,29,31,28,4,12,17 | 28,35,15,29,40,1,3,4 | 35,6,12,26,4,3 |
| 能力(Ility) | 32 | 适应性/多用性(Adaptability/Versatility) | 15,2,24,30,5,7,30,17,13 | 30,31,35,3,15,24,25 | 2,19,7,16,37,4,1 | 28,29,35,13,1,24,19,12 | 15,13,16,2,17,3,35 | 10,14,35,24,15,28,12,29 | 35,15,17,14,6,7,13 | 29,13,19,35,15,16,12,1 |

续表

| 改善的工程参数 (Improving Feature) \ 恶化的工程参数 (Worsening Feature) | | | 性能 (Performance) | | | | | | | 效率 (Efficiency) |
|---|---|---|---|---|---|---|---|---|---|---|
| | | | 静止物体消耗的能量 (Energy Used by Stationary Object) | 功率 (Power) | 应力/压力 (Stress/ Pressure) | 强度 (Strength) | 结构的稳定性 (Stability) | 温度 (Temperature) | 光照强度 (Illumination Intensity) | 运行效率 (Function Efficiency) |
| | | | 17 | 18 | 19 | 20 | 21 | 22 | 23 | 24 |
| 效率 (Efficiency) | 25 | 物质损失 (Loss of Substance) | 12,18,28,35,30,24,31,19 | 28,18,38,25,13,3 | 3,37,10,1,17,36,9,12 | 35,28,3,40,17,31,4,34 | 1,30,19,24,29,36,18 | 36,37,21,39,31,24,2 | 2,13,35,28,6,1,24 | 28,10,3,13,4,1,18,15 |
| | 26 | 时间损失 (Loss of Time) | 35,10,1,19,38,3,4 | 35,6,10,1,20,12,24 | 35,17,4,20,36,37,9 | 35,24,3,9,28,18,4,29 | 24,5,3,35,17,31,28 | 21,18,24,35,31,3 | 26,1,32,17,13,19,2 | 5,19,3,20,16,34 |
| | 27 | 能量损失 (Loss of Energy) | 35,19,4,2,12,34,3 | 19,4,37,34,38,21 | 2,25,4,13,12,19 | 28,35,17,26,31,40,9,37 | 10,6,14,12,2,19,28 | 35,7,31,34,19,21,1 | 19,24,5,13,35,32,15 | 1,13,19,4,12,37,16 |
| | 28 | 信息损失 (Loss of Information ) | 10,1,24,36,25 | 10,19,24,25,7,13,3, 37 | 24,22,25,35,7,14,31 | 35,24,3,31,14,40 | 35,30,10,26,24,5,40 | 28,22,1,25,26,24 | 19,32,24,28,3,5 | 10,5,37,12,32,25 |
| | 29 | 噪声 (Noise) | 19,23,28,4,24,14,9,3,35 | 28,23,25,24,3,13,14,35,39 | 3,14,9,2,23,24,39,25 | 3,35,26,40,4,28,30,10 | 23,25,2,10,13,5,29,39,12 | 35,12,2,3,13 | 35,2,9,40,17,13 | 17,15,31,3,25,4,35,28 |
| | 30 | 有害的散发 (Harmful Emissions) | 35,3,20,10,28,4 | 35,28,10,3,4,18,20 | 10,12,9,35,15,28,17,13 | 10,35,15,28,17,4,5 | 15,4,19,3,1 | 19,18,36,20,3,1,35 | 32,24,35,2,5,19 | 10,35,28,15,12,3 |
| | 31 | 有害的副作用 (Other Harmful Effects Generated by System) | 35,24,19,3,4,22 | 3,35,18,4,14,13 | 1,17,30,27,9,37,36 | 35,40,17,5,30,2,15 | 40,4,35,14,24,3,39 | 35,24,1,7,5,13,10,3,22 | 19,35,32,24,39,28,1 | 35,28,25,2,15,19,3,4,13 |
| 能力 (Ility) | 32 | 适应性/多用性 (Adaptability/Versatility) | 35,16,1,19,3,12,17 | 19,1,24,35,29,28,12 | 15,29,13,28,24,12,4,16 | 35,40,3,17,13,24,9,19 | 35,40,4,14,30,31,24,3 | 35,5,19,36,2,3,15,24 | 1,35,32,19,17,24,28,26 | 19,3,13,25,4,37,35 |

续表

| 改善的工程参数（Improving Feature） \ 恶化的工程参数（Worsening Feature） | | | 效率（Efficiency） | | | | | | | 能力（Ility） |
|---|---|---|---|---|---|---|---|---|---|---|
| | | | 物质损失（Loss of Substance） | 时间损失（Loss of Time） | 能量损失（Loss of Energy ） | 信息损失（Loss of Information ） | 噪声（Noise） | 有害的散发（Harmful Emissions） | 有害的副作用（Other Harmful Effects Generated by System） | 适应性/多用性（Adaptability/Versatility） |
| | | | 25 | 26 | 27 | 28 | 29 | 30 | 31 | 32 |
| 效率（Efficiency） | 25 | 物质损失（Loss of Substance） | | 35,15,2,18,28,10,24,36 | 19,38,35,27,34,36,5,4 | 32,40,1,10,3 | 35,17,7,2,28,4 | 13,2,24,35,28,21 | 3,1,15,14,29,13,12,9 | 2,15,28,27,12,3 |
| | 26 | 时间损失（Loss of Time） | 24,10,35,18,4,12,17,13 | | 5,18,35,19,1,4,13 | 24,28,32,2,26,5 | 9,31,14,18,19,4,24 | 1,35,21,18,5 | 35,24,14,39,22,18,6 | 28,35,40,13,17,4 |
| | 27 | 能量损失（Loss of Energy） | 28,35,37,2,27,3,4 | 10,18,7,4,32,15 | | 19,10,4,37,1,7 | 28,35,14,25,2,9 | 2,1,21,19,3,35 | 40,35,21,24,2,28,4,5 | 15,5,14,13,31,35,3 |
| | 28 | 信息损失（Loss of Information ） | 7,17,2,3,13,25 | 25,22,10,24,26,28,32,23 | 24,34,19,10,7,13 | | 2,37,3,10,25 | 7,1,13,21,35 | 7,10,31,27,21,40,6 | 24,5,25,9,40,35,19 |
| | 29 | 噪声（Noise） | 35,31,2,9,13,24,34 | 35,28,19,25,37,15,13 | 3,15,9,31,35,39,24,13 | 10,23,2,3,26 | | 5,2,35,19,9,25,15,7 | 28,2,18,29,,3,9,25,31 | 28,10,1,15,3,25 |
| | 30 | 有害的散发（Harmful Emissions） | 10,12,18,14,13,1,3,4,35 | 2,10,35,36,21,3 | 10,18,13,2,21,35,3,1 | 9,16,13,2,4,23 | 18,35,28,14,31,16 | | 21,23,33,1,34,40,12,11 | 18,35,10,13,15,1,4 |
| | 31 | 有害的副作用（Other Harmful Effects Generated by System） | 34,35,24,15,36,10,1,12 | 10,25,9,23,5,35,1,3 | 10,3,35,12,36,25,4 | 4,7,10,32,21,3,37 | 14,31,13,15,18,9,1,35 | 1,24,21,13,15,40,12 | | 1,15,29,14,3,17,4,24 |
| 能力（Ility） | 32 | 适应性/多用性（Adaptability/Versatility） | 13,10,3,15,19,40,24 | 28,15,29,35,4,24,6,10 | 15,19,3,1,18,35,34 | 7,3,10,26,37,13,24 | 31,9,30,14,18,29,3 | 31,9,30,14,18,29,3 | 24,25,4,30,35,17,12,11 | |

续表

| 改善的工程参数 (Improving Feature) \ 恶化的工程参数 (Worsening Feature) | | | 能力(Ility) 兼容性/连通性 (Compatibility/Connectability) | 使用方便性 (Trainability/Operability/Controllability) | 可靠性/鲁棒性 (Reliability/Robustness) | 可维修性 (Repairability) | 安全性 (Security) | 易损性 (Safety/Vulnerability) | 美观 (Aesthetics/Appearance) | 外来有害因素 (Other Harmful Effects Acting on System) |
|---|---|---|---|---|---|---|---|---|---|---|
| | | | 33 | 34 | 35 | 36 | 37 | 38 | 39 | 40 |
| 效率(Efficiency) | 25 | 物质损失 (Loss of Substance) | 34,2,33,24,13,5,15 | 3,15,32,2,1,14,24,34 | 10,12,35,24,17,36,40,8 | 2,14,27,35,4,34,24 | 2,17,12,28,7,14 | 24,19,31,5,10,30 | 13,28,17,4,35,7 | 35,30,40,24,1,22,12,32,28 |
| | 26 | 时间损失 (Loss of Time) | 17,10,28,2,24,1 | 10,25,4,26,28,1 | 35,10,3,14,4,30,28 | 17,24,32,1,10,27 | 2,28,26,9,25,13,24,15 | 25,12,13,11,24,31 | 17,10,4,28,32,7,19 | 35,18,1,34,3,30,31,33 |
| | 27 | 能量损失 (Loss of Energy) | 21,35,12,13,17,4,24 | 13,1,35,25,10,32,4 | 35,40,17,11,10,39,37,36 | 1,19,30,2,29,4,13 | 28,3,2,26,24,1 | 19,4,35,31,1,16,13 | 4,7,28,17,3,13 | 21,35,33,15,19,6,30,37,36 |
| | 28 | 信息损失 (Loss of Information ) | 2,24,37,4,1,13 | 7,1,3,10,5,13 | 13,24,10,26,6,4,3,40,17 | 2,10,17,13,28 | 26,24,25,1,17,28 | 10,28,24,7,30,4 | 32,3,17,7,5 | 10,24,11,3,25,22,17,7,6 |
| | 29 | 噪声 (Noise) | 2,35,9,17,28,3 | 28,26,25,1,24 | 35,9,13,16,5,21,3 | 5,9,31,2,17,3 | 28,2,24,1 | 5,28,24,18,22,13 | 9,7,31,14,4,2,35 | 2,35,31,22,40,13,16,5,19 |
| | 30 | 有害的散发 (Harmful Emissions) | 2,35,16,19,5,3,4 | 25,10,13,26,1 | 2,35,40,3,4,17,14 | 18,28,1,23,27,30 | 28,10,2,17,13,1 | 15,28,23,35,31 | 17,7,10,5,19 | 2,30,37,38,40,12,22 |
| | 31 | 有害的副作用(Other Harmful Effects Generated by System) | 5,17,1,29,23,24,3 | 10,15,23,5,4,24,14,6,3 | 40,24,35,4,12,17,7,39,33 | 1,24,27,17,30,12,40 | 28,35,1,17,12,30 | 31,30,35,39,16,24,10,3,5 | 2,17,28,24,40,3,26,35 | 35,1,24,9,3,25,7,13,12 |
| 能力 (Ility) | 32 | 适应性/多用性 (Adaptability/Versatility) | 1,5,3,28,2,25,13 | 15,24,3,4,28,14,13,26,10 | 35,40,24,30,10,36,17,31 | 1,7,4,3,28,2,23 | 28,24,18,10,4,17,1 | 3,16,13,30,31,12,24,5 | 29,28,2,32,3,7,24 | 35,24,31,3,40,11,19,14,17 |

续表

| 恶化的工程参数 (Worsening Feature) / 改善的工程参数 (Improving Feature) | | | 制造/花费 (Manufacture/Cost) | | | | | | 测量 (Measurement) | |
|---|---|---|---|---|---|---|---|---|---|---|
| | | | 可制造性 (Manufacturability) | 制造精度 (Manufacture Precision/ Consistency) | 自动化程度 (Automation) | 生产率 (Productivity) | 装置的复杂性 (System Complexity) | 控制的复杂性 (Control Complexity) | 测量的难度 (Ability to Detect/ Measure) | 测量精度 (Measurement Precision) |
| | | | 41 | 42 | 43 | 44 | 45 | 46 | 47 | 48 |
| 效率 (Efficiency) | 25 | 物质损失 (Loss of Substance) | 15,5,34,33,10,17,13 | 24,31,10,3, 17,35 | 10,35,18,25, 5,29 | 5,25,28,24,10, 35,19,3,34 | 28,5,2,10, 24,4,31 | 3,25,14,34, 10,37 | 28,24,3,17, 10,35,13, 33,18 | 24,10,14,3, 31,35,4 |
| | 26 | 时间损失 (Loss of Time) | 10,35,4,19,34,28,3 | 26,25,24,18, 28,4,13 | 10,2,24,30,5, 25,12 | 10,3,24,5,4,13 | 28,21,6,10, 2,12 | 10,37,4,5,2, 3,19 | 37,10,18,32, 28,4 | 25,26,32,28, 24,34,4 |
| | 27 | 能量损失 (Loss of Energy) | 10,14,35,1,29,30 | 30,37,9,25,3, 35,29 | 28,1,10,2,12 | 3,10,35,28, 29,6,2 | 25,7,40,30, 37,4 | 25,37,4,2, 16,12 | 1,3,35,15, 28,37,4 | 3,37,24,26, 32,28 |
| | 28 | 信息损失 (Loss of Information ) | 25,29,28,40,37 | 25,17,37,1, 32,4 | 5,24,35,10,25 | 5,10,13,24, 25,15 | 6,25,13,24, 4,28 | 10,6,25,2, 3,19 | 28,32,1,10, 37,7 | 37,4,32,10,7 |
| | 29 | 噪声 (Noise) | 35,5,6,13,21,18 | 15,3,10,2,28,1 | 15,28,10,1, 3,13 | 3,15,10,2,28 | 6,13,1,24, 15,25 | 23,10,28,3, 2,25,6,9,1 | 24,3,14,30, 28,37,13,39 | 5,10,24,22,3, 25,23 |
| | 30 | 有害的散发 (Harmful Emissions) | 30,13,31,5,40,10 | 2,18,15,25,12 | 10,2,36,7,14 | 10,2,1,19,25 | 21,28,35,6,2 | 10,23,37,1,4 | 24,10,28,25, 4,37 | 28,10,37,4,3 |
| | 31 | 有害的副作用 (Other Harmful Effects Generated by System) | 28,4,40,24,7,3,1 | 17,26,4,10,35, 1,34 | 2,10,3,17,13, 30,19 | 28,2,25,35, 18,5,40,39 | 19,31,1,35, 2,17,3 | 10,26,19,23, 17,13,1 | 1,37,32,31, 40,5,24,17 | 4,17,26,10, 37,34,24 |
| 能力 (Ility) | 32 | 适应性/多用性 (Adaptability/Versatility) | 10,13,29,31,1,28, 24,5 | 40,35,29,16, 25,3,37,4 | 6,10,28,29, 15,35,2 | 1,15,25,2,10, 24,13,17 | 6,28,29,31, 35,40,17,25 | 28,25,37,19, 3,4,1 | 25,28,32,40, 37,4,29 | 1,10,35,4,37, 3,12,13 |

续表

| 改善的工程参数 (Improving Feature) \ 恶化的工程参数 (Worsening Feature) | | | 物理(Physical) | | | | | | | |
|---|---|---|---|---|---|---|---|---|---|---|
| | | | 移动物体的重量 (Weight of Moving Object) | 静止物体的重量 (Weight of Stationary Object) | 移动物体的长度 (Length/Angle of Moving Object) | 静止物体的长度 (Length/Angle of Stationary Object) | 移动物体的面积 (Area of Moving Object) | 静止物体的面积 (Area of Stationary Object) | 移动物体的体积 (Volume of Moving Object) | 静止物体的体积 (Volume of Stationary Object) |
| | | | 1 | 2 | 3 | 4 | 5 | 6 | 7 | 8 |
| 能力(Ility) | 33 | 兼容性/连通性 (Compatibility/Connectability) | 1,8,15,28,26,13 | 1,28,15,26,13 | 24,4,28,17,3,15,2 | 24,28,17,4,3,2 | 28,17,13,1,4,35,2 | 28,13,17,1,4,2 | 2,24,28,3,26,1 | 2,26,24,28,1 |
| | 34 | 使用方便性 (Trainability/Operability/Controllability) | 28,35,25,15,13,2,26,8 | 28,35,25,26,13,1 | 17,13,1,12,3,4,15 | 17,1,13,4,28,3 | 28,26,13,17,1,3,4,16 | 28,26,17,1,4,3,16,15 | 1,15,35,7,16,4,13,28 | 28,31,2,4,19,39,17 |
| | 35 | 可靠性/鲁棒性 (Reliability/Robustness) | 40,5,3,12,8,28,35,31 | 3,35,14,28,10,8,5,40 | 14,17,15,4,35,9,40,3 | 28,24,3,35,7,4,17 | 17,14,15,10,4,3,35,7,9 | 35,3,14,4,5,10,40,28,17 | 14,7,15,24,35,3,10,1 | 5,35,3,17,14,24,7,31,2 |
| | 36 | 可维修性 (Repairability) | 8,35,13,17,28,30 | 35,17,13,28,2,4,7 | 17,1,28,29,13,10,3,18 | 17,3,1,18,13,28,31,25 | 13,15,17,1,18,32 | 13,17,1,25,16,3 | 15,35,30,2,13,1 | 1,13,25,2,16,34,3 |
| | 37 | 安全性 (Security) | 28,30,3,22,13,35,26 | 3,31,35,28,26,22 | 17,13,28,4,30 | 17,28,14,29,26 | 17,28,1,4,13 | 17,7,28,39,4,13 | 13,28,30,1,17 | 13,28,15,39,1,17 |
| | 38 | 易损性 (Safety/Vulnerability) | 8,31,30,13,12,40,26 | 31,30,13,12,40,1,26 | 3,17,14,4,2,31,30,37 | 3,17,2,31,14,4,30,13 | 17,15,13,4,30,14,3 | 17,14,13,4,2,3 | 13,31,15,17,35 | 13,35,31,17,2 |
| | 39 | 美观 (Aesthetics/Appearance) | 30,40,3,35,29,8 | 35,40,3,8,17 | 17,14,3,32,1,15,7 | 17,14,15,3,32 | 14,17,4,15,7,30,32 | 14,17,1,4,3,32,24 | 14,15,7,28,32,3,2 | 28,14,3,32,7,24,2 |
| | 40 | 外来有害因素(Other Harmful Effects Acting on System) | 35,31,8,21,3,30,40 | 35,2,31,13,40,24,3,17 | 1,17,4,24,13,14,35,33,3 | 35,17,18,1,14,10,3 | 1,28,4,3,33,35,17,14 | 17,2,35,14,3,24,4,39 | 3,24,15,37,35,7,17,19 | 5,17,39,19,2,4,35 |

续表

| 改善的工程参数 (Improving Feature) \ 恶化的工程参数 (Worsening Feature) | | | 物理(Physical) | | | 性能(Performance) | | | | |
|---|---|---|---|---|---|---|---|---|---|---|
| | | | 形状 (Shape) | 物质的数量 (Amount of Substance) | 信息(资料)的数量 (Amount of Information) | 移动物体作用时间(Duration of Action of Moving Object) | 静止物体作用时间 (Duration of Action of Stationary Object) | 速度 (Speed) | 力/力矩 (Force/Torque) | 移动物体消耗的能量(Energy Used by Moving Object) |
| | | | 9 | 10 | 11 | 12 | 13 | 14 | 15 | 16 |
| 能力(Ility) | 33 | 兼容性/连通性 (Compatibility/Connectability) | 13,28,7, 24,17 | 28,31,2,13, 26,35,5,17 | 10,24,3,2,37,6 | 2,10,7,5,40,19 | 2,10,7,5,40,3 | 1,2,10,6, 5,4 | 6,24,29, 12,3,15 | 29,28,12,3,25, 2,13 |
| | 34 | 使用方便性 (Trainability/Operability/Controllability) | 28,7,2,3,35, 32,4,13 | 35,1,13,17, 14,4,12,2 | 1,7,2,10,4,17,32 | 19,25,3,35,5, 12,7 | 1,16,25,3,5,35,12 | 13,25,5,2, 24,35,28 | 28,13,24, 31,35,4,17 | 24,1,13,28, 12,19,3 |
| | 35 | 可靠性/鲁棒性 (Reliability/Robustness) | 35,1,40,4, 30,2,17,24 | 3,28,40,31, 5,25,4,2 | 10,24,32,3,25,5,2 | 35,3,2,40,25, 19,13 | 35,3,12,25,2,23,5 | 35,28,24, 4,5,10 | 8,28,3,4, 1,17,14,9 | 35,19,3,14,1, 21,37 |
| | 36 | 可维修性 (Repairability) | 4,7,13,15, 17,2,1 | 3,25,1,35, 10,2,24 | 24,9,2,37,26,1 | 28,34,35,3,11, 1,25 | 3,35,1,11,4,16,25 | 34,9,5, 15,3 | 1,10,7,15, 13,3 | 28,1,15,13,3,16 |
| | 37 | 安全性 (Security) | 3,2,17,13, 24,40,26 | 13,28,35, 37,2 | 3,28,32,24,13,2 | 13,14,10,37,35, 17,18 | 35,10,37,17,18,12 | 28,37,4,1 7,3,18 | 2,3,17,14, 13,9,29 | 32,12,13,25,4,9 |
| | 38 | 易损性 (Safety/Vulnerability) | 4,13,7,14, 15,30,35 | 35,31,13,9, 5,30 | 10,25,3,2,5,24,22 | 10,13,5,15,19, 2,35 | 19,10,13,5,37,2,35 | 14,31,13, 3,17,19,7 | 17,13,19,3, 14,7,31,24 | 35,12,19,1,39, 24,5 |
| | 39 | 美观 (Aesthetics/Appearance) | 15,2,32,31, 13,5,1 | 30,31,40,3, 35,29,1,28,2 | 7,24,17,10,28, 32,2,3 | 3,2,6,32,11,28 | 2,28,6,32,15,1,5 | 15,3,14, 19,26 | 3,28,7,31, 4,15,19,14 | 15,3,19,28,7,4, 14,1 |
| | 40 | 外来有害因素(Other Harmful Effects Acting on System) | 30,24,32,1, 35,17,13 | 31,30,35,28, 4,17,26,40,2 | 2,26,3,40,25,17 | 15,28,35,24, 21,4,3 | 35,5,40,3,1,24,33 | 24,35,28, 21,13,3, 19,1 | 3,13,35, 18,17,24, 33,39 | 6,24,1,26,15,14, 17,3 |

续表

| 改善的工程参数 (Improving Feature) \ 恶化的工程参数 (Worsening Feature) | | | 性能(Performance) | | | | | | | 效率(Efficiency) |
|---|---|---|---|---|---|---|---|---|---|---|
| | | | 静止物体消耗的能量(Energy Used by Stationary Object) | 功率(Power) | 应力/压力(Stress/Pressure) | 强度(Strength) | 结构的稳定性(Stability) | 温度(Temperature) | 光照强度(Illumination Intensity) | 运行效率(Function Efficiency) |
| | | | 17 | 18 | 19 | 20 | 21 | 22 | 23 | 24 |
| 能力(Ility) | 33 | 兼容性/连通性(Compatibility/Connectability) | 2,24,25,19,5,13 | 6,29,25,28,12,16,2 | 24,40,3,12,9,5,13,29 | 2,35,29,30,17,9,33 | 35,24,33,27,3,10 | 21,39,35,9,22,7 | 25,28,2,6,13 | 12,3,19,37,2,15 |
| | 34 | 使用方便性(Trainability/Operability/Controllability) | 24,28,12,3,1,13,15 | 10,28,35,2,1,21,36,37 | 12,23,4,29,2,9,35 | 19,3,12,16,1,4,7 | 25,1,30,24,40,19,3 | 31,13,24,26,35,19 | 19,13,24,1,17,32 | 25,10,2,37,19,3,32 |
| | 35 | 可靠性/鲁棒性(Reliability/Robustness) | 35,19,3,1,13,12 | 35,1,4,10,40,16,3 | 35,10,19,24,40,3,5,12 | 35,40,3,4,12,1,24,28 | 40,35,3,1,39,24,2 | 3,35,15,10,30,37,36,1 | 35,37,24,13,32,3,11,5 | 15,3,19,35,13,28,23 |
| | 36 | 可维修性(Repairability) | 28,13,3,1,16 | 15,10,2,13,1,4 | 1,3,13,25,31,4,40,9 | 1,4,17,9,24,29,3,37 | 2,35,7,19,24,25 | 24,13,4,37,10,29,25,36 | 15,13,32,1,3 | 2,17,27,19,4,7 |
| | 37 | 安全性(Security) | 32,12,4,9,13 | 12,13,9,35,37,32,25 | 37,17,4,3,9,14 | 28,2,13,17,40,14 | 13,12,5,24,3,17 | 1,31,37,19,4,3,7 | 28,37,26,32,3,1 | 2,1,17,3,10,25 |
| | 38 | 易损性(Safety/Vulnerability) | 39,35,24,12,1,19 | 1,19,34,11,13,24,23 | 35,40,3,9,31,4,5 | 35,31,40,3,9,7,4,5 | 35,5,40,31,9,3,39 | 31,35,36,3,19,2,13,4 | 28,19,24,2,13,35 | 12,13,1,7,31,35,19,2 |
| | 39 | 美观(Aesthetics/Appearance) | 3,28,19,14,1,8,38 | 15,4,14,32,1,19,24 | 40,9,17,7,5,2,26,35 | 9,17,40,2,35,7,5,3 | 3,40,10,35,4,31,29,17 | 35,31,3,15,2,36,40 | 32,3,35,19,1,5,15,4 | 2,13,28,5,27,4,15,29 |
| | 40 | 外来有害因素(Other Harmful Effects Acting on System) | 1,35,24,6,26,17,3,14 | 19,2,31,10,24,6,1 | 1,35,40,2,14,12,4,30 | 35,1,40,17,12,3,5,14,24 | 35,24,4,40,30,3,39,28 | 35,31,33,17,12,40,2,5 | 35,1,13,32,19,5,40,28,25 | 2,3,35,28,10,19,5,4 |

续表

| | | 恶化的工程参数 (Worsening Feature) / 改善的工程参数 (Improving Feature) | 效率 (Efficiency) | | | | | | | 能力 (Ility) |
|---|---|---|---|---|---|---|---|---|---|---|
| | | | 物质损失 (Loss of Substance) | 时间损失 (Loss of Time) | 能量损失 (Loss of Energy) | 信息损失 (Loss of Information) | 噪声 (Noise) | 有害的散发 (Harmful Emissions) | 有害的副作用 (Other Harmful Effects Generated by System) | 适应性/多用性 (Adaptability/ Versatility) |
| | | | 25 | 26 | 27 | 28 | 29 | 30 | 31 | 32 |
| 能力 (Ility) | 33 | 兼容性/连通性 (Compatibility/Connectability) | 13,3,17,22,4,9,12 | 2,10,13,25,5 | 2,13,9,12,5 | 5,2,7,24,13,4 | 2,10,24,37,25,31 | 24,35,12,1,21 | 3,11,32,33,24,16,30 | 28,10,24,6,15,7 |
| | 34 | 使用方便性 (Trainability/Operability/ Controllability) | 24,2,3,4,34,28,12 | 23,10,4,32,28,5,25 | 19,25,13,3,2,28,16 | 10,37,1,24,32,4,26 | 2,3,31,9,35,28,18,17 | 25,19,2,1,20,3,37 | 35,31,24,4,32,25,27,1 | 10,25,1,26,5,24,4,29,28 |
| | 35 | 可靠性/鲁棒性 (Reliability/Robustness) | 35,15,10,12,3,4,39,2 | 10,2,25,5,4,30,3 | 10,19,35,23,28,3,40 | 35,13,25,4,9,28,24 | 35,13,25,4,9,28,24 | 3,24,13,35,19,31,21,1 | 2,26,35,40,33,7,4,19,3 | 35,28,13,12,24,29,19,3,4 |
| | 36 | 可维修性 (Repairability) | 2,35,34,4,12,24,36 | 5,10,24,25,2,1,31 | 19,15,13,1,12,32,3 | 3,9,13,26,1,37,32 | 14,17,31,3,5,35 | 2,10,1,13,3,19 | 35,15,39,12,28,40,33 | 1,7,15,16,4,24,14 |
| | 37 | 安全性 (Security) | 35,31,5,7,24 | 26,28,25,2,9,17 | 26,32,13,25,4,9 | 2,37,4,16,13 | 37,4,2,13,35,3 | 2,1,10,35,19 | 3,5,27,25,21,15,19,11 | 1,28,24,32,17,13 |
| | 38 | 易损性 (Safety/Vulnerability) | 34,12,13,3,31,24 | 10,5,13,12,19 | 19,13,12,35,1,24,3 | 3,24,28,5,7,13 | 28,19,24,39,13,10 | 1,35,24,39,19,13 | 35,31,1,33,16,21,11 | 30,13,15,28,17,29,5 |
| | 39 | 美观 (Aesthetics/Appearance) | 28,17,3,4,1,34,12 | 7,10,6,2,9,12,24,15 | 28,3,15,31,24,35,1 | 3,7,32,10,4,24,19 | 3,14,35,31,13,9,4 | 4,28,15,29,35,1,10,7 | 35,2,13,29,19,22,34,15,31 | 28,7,15,29,13,1,3,2 |
| | 40 | 外来有害因素 (Other Harmful Effects Acting on System) | 40,3,4,24,12,34,33,35 | 18,3,24,23,35,40,10,12, 32 | 35,24,21,2,30,17,3,4 | 32,10,25,2,7,3,31 | 31,1,17,14,35,3,7 | 24,35,18,1,32,40 | 35,3,13,24,17,4,32,40,18 | 35,15,31,30,4,11,16,40 |

续表

| 改善的工程参数 (Improving Feature) \ 恶化的工程参数 (Worsening Feature) | | | 能力 (Ility) | | | | | | | |
|---|---|---|---|---|---|---|---|---|---|---|
| | | | 兼容性/连通性 (Compatibility/Connectability) | 使用方便性 (Trainability/Operability/Controllability) | 可靠性/鲁棒性 (Reliability/Robustness) | 可维修性 (Repairability) | 安全性 (Security) | 易损性 (Safety/Vulnerability) | 美观 (Aesthetics/Appearance) | 外来有害因素 (Other Harmful Effects Acting on System) |
| | | | 33 | 34 | 35 | 36 | 37 | 38 | 39 | 40 |
| 能力 (Ility) | 33 | 兼容性/连通性 (Compatibility/Connectability) | | 10,25,2,22,28 | 9,35,24,10,37,12 | 28,10,17,13,9,2 | 24,10,28,25,1,15 | 17,25,9,3,31,19 | 28,7,13,17,3 | 1,4,35,12,24,3,5,28 |
| | 34 | 使用方便性 (Trainability/Operability/Controllability) | 25,1,24,6,28,4 | | 40,35,2,17,12,29,23 | 1,17,13,24,26,3,27,19 | 3,28,5,23,24,13,25 | 2,25,28,4,5,24,13,17 | 28,29,22,32,3,7,24 | 35,2,25,11,39,16,5,30 |
| | 35 | 可靠性/鲁棒性 (Reliability/Robustness) | 1,25,10,3,5,35,13 | 28,1,40,29,3,19,13 | | 1,11,15,27,25,7 | 10,13,2,24,4,20,17 | 28,35,2,11,31,3,19 | 3,14,31,29,7,32 | 40,2,5,12,33,25,37,19,3 |
| | 36 | 可维修性 (Repairability) | 2,10,13,4,17,24 | 1,15,26,25,10 | 35,10,5,7,11,30 | | 1,28,3,10,4 | 4,10,2,22,13,28 | 17,7,13,30,37 | 10,3,40,16,30,21,2,39 |
| | 37 | 安全性 (Security) | 15,17,24,4,6,37,1 | 25,10,13,3,22 | 35,37,13,4,2 | 13,4,3,2,27 | | 15,23,1,31,26,30 | 7,28,3,1,24,17 | 2,10,40,35,33,30,39 |
| | 38 | 易损性 (Safety/Vulnerability) | 24,28,2,13,6 | 2,4,26,19,13,16 | 28,35,25,36,40,37,5 | 17,1,28,13,3 | 2,13,7,22,17,31 | | 2,7,30,19,3,15,9 | 31,33,9,4,16,3,24 |
| | 39 | 美观 (Aesthetics/Appearance) | 28,5,17,3,32,7 | 28,6,7,17,3,24 | 2,28,35,3,4,40,13 | 3,7,13,17,28,24,27 | 28,7,24,9,31,13,32 | 2,28,31,40,17,26,4,30 | | 2,12,5,19,40,31,30,29 |
| | 40 | 外来有害因素 (Other Harmful Effects Acting on System) | 17,24,2,5,7,3 | 25,28,3,15,10,4,6,2,31 | 35,4,24,17,40,2,28,5,14 | 10,3,14,25,27,5,4 | 3,24,7,14,2,5,13,17 | 3,15,19,32,9,14,35,5,24 | 30,24,32,17,13,3,2 | |

续表

| 改善的工程参数（Improving Feature） \ 恶化的工程参数（Worsening Feature） | | | 制造/花费（Manufacture/Cost） | | | | | | 测量（Measurement） | |
|---|---|---|---|---|---|---|---|---|---|---|
| | | | 可制造性（Manufacturability） | 制造精度（Manufacture Precision/Consistency） | 自动化程度（Automation） | 生产率（Productivity） | 装置的复杂性（System Complexity） | 控制的复杂性（Control Complexity） | 测量的难度（Ability to Detect/Measure） | 测量精度（Measurement Precision） |
| | | | 41 | 42 | 43 | 44 | 45 | 46 | 47 | 48 |
| 能力（Ility） | 33 | 兼容性/连通性（Compatibility/Connectability） | 2,16,17,30,35,28 | 2,10,9,35,13,17,4,14 | 10,17,16,13,5,37 | 3,17,14,10,5,25 | 28,24,13,12,5,17,4 | 10,2,25,5,13 | 25,10,37,17,28,13 | 25,37,17,4,28,12 |
| | 34 | 使用方便性（Trainability/Operability/Controllability） | 29,36,24,5,12,2,10,1 | 15,29,35,2,1,28,13 | 10,1,12,3,34,13,28 | 1,5,28,15,25,13,17 | 28,29,5,12,32,17,26 | 1,25,37,5,3,10 | 28,5,32,16,10,9 | 25,13,1,32,2,24,37 |
| | 35 | 可靠性/鲁棒性（Reliability/Robustness） | 28,10,35,4,40 | 1,3,13,10,4,32,39,12 | 35,10,1,13,17,27,28 | 35,1,10,28,29,32,33 | 5,35,13,33,15,29,3,17 | 1,19,25,37,10 | 28,40,25,32,37,18,3 | 3,10,37,32,7,4 |
| | 36 | 可维修性（Repairability） | 10,7,35,32,9,2,30 | 10,35,2,1,25 | 10,13,34,7,35,25,1 | 2,10,1,32,25,17,13 | 35,30,28,17,6,13,1 | 2,35,4,10,1,17,13 | 25,10,3,32,37,24 | 37,10,13,25,2,24 |
| | 37 | 安全性（Security） | 10,1,12,13,17,2,35 | 16,10,24,3,4,13 | 2,10,17,12,6,25 | 28,17,10,4,2,19,3,32 | 2,6,4,17,13,26 | 25,37,9,26,4 | 37,17,4,28,13,31 | 37,4,26,3,12,25,2 |
| | 38 | 易损性（Safety/Vulnerability） | 30,31,10,3,36,18,13 | 10,3,25,16,13 | 10,3,25,13,24,15,29 | 10,13,1,15,8 | 5,31,10,27,30,40 | 25,7,10,1,24,28 | 28,32,37,17,3,13,26 | 28,37,3,7,25,4 |
| | 39 | 美观（Aesthetics/Appearance） | 16,10,2,6,22,1,25,13 | 3,22,10,24,32,13,30 | 10,29,28,1,35,17 | 28,10,35,1,2,17,3 | 28,2,13,24,7,5,14,17 | 7,13,2,32,19,37,26 | 32,26,31,28,17,13,6,15,30 | 26,10,32,37,3,17,7,28 |
| | 40 | 外来有害因素（Other Harmful Effects Acting on System） | 35,24,1,40,3,39,4,13,17 | 28,1,10,18,26,23,12 | 10,3,34,4,23,33,1 | 35,24,13,3,2,40,4,9,6 | 4,40,2,5,17,19,29,28 | 1,25,37,24,9,28,26 | 5,1,17,18,32,40,28,39 | 5,37,18,32,4,28 |

续表

| 改善的工程参数 (Improving Feature) \ 恶化的工程参数 (Worsening Feature) | | | 物理 (Physical) | | | | | | | |
|---|---|---|---|---|---|---|---|---|---|---|
| | | | 移动物体的重量 (Weight of Moving Object) | 静止物体的重量 (Weight of Stationary Object) | 移动物体的长度 (Length/Angle of Moving Object) | 静止物体的长度 (Length/Angle of Stationary Object) | 移动物体的面积 (Area of Moving Object) | 静止物体的面积 (Area of Stationary Object) | 移动物体的体积 (Volume of Moving Object) | 静止物体的体积 (Volume of Stationary Object) |
| | | | 1 | 2 | 3 | 4 | 5 | 6 | 7 | 8 |
| 制造/花费 (Manufacture/Cost) | 41 | 可制造性 (Manufacturability) | 28,1,8,15,5,3,29,13 | 1,13,14,8,26,24,10,27,36 | 14,13,1,17,15,10,2,29,5 | 13,17,14,15,4,29,2,27,37 | 13,1,26,17,12,4,2,16,30 | 1,3,16,26,13,40,18,30 | 13,1,7,30,3,35,40,29 | 1,35,15,38,36,2,3 |
| | 42 | 制造精度 (Manufacture Precision/Consistency) | 13,8,18,28,16,24,26 | 35,28,9,17,31,26 | 3,17,28,10,29,37,24 | 17,1,10,32,24,37,2 | 29,28,37,32,24,33 | 29,18,36,37,32,2 | 28,37,1,25,18,20,24 | 35,28,25,10,18,20,1 |
| | 43 | 自动化程度 (Automation) | 28,13,12,35,18,14,31 | 28,12,35,10,13,26 | 17,28,13,12,14,4,25 | 17,28,13,4,12,6 | 17,28,13,4,12,6 | 13,26,17,4,12,5 | 26,13,35,16,7,24 | 26,13,35,31,16,24 |
| | 44 | 生产率 (Productivity) | 35,24,8,13,2,37,30,31 | 35,13,28,1,8,3,15 | 17,4,18,35,28,14,38 | 14,7,17,19,3,1,35,30 | 35,1,10,31,26,17,34,16 | 10,7,35,17,3,4,30 | 3,12,10,2,6,34,19,24 | 35,10,1,2,13,5,37,24,3 |
| | 45 | 装置的复杂性 (System Complexity) | 35,40,30,9,5,34,26,31,2 | 35,2,9,5,26,31,40,39 | 1,19,26,13,2,24,4 | 9,26,28,13,2,35,24,4 | 9,26,28,13,2,35,24,4 | 19,6,17,2,13,35,14,36 | 35,26,34,30,5,40,6,13 | 2,13,35,1,28,5 |
| | 46 | 控制的复杂性 (Control Complexity) | 10,1,6,20,31,35,7 | 10,1,13,6,35,7 | 35,17,14,10,4,28,12,1 | 28,10,25,20,17,13,1,5 | 10,13,37,5,28,35,31,25 | 10,28,2,13,17,37,25,4 | 28,37,10,25,19,3,5,1 | 28,1,10,3,5,2,13,25 |
| 测量 (Measurement) | 47 | 测量的难度 (Ability to Detect/Measure) | 28,26,13,5,3,8,35,24 | 28,26,1,13,3,35,6,24 | 26,24,28,5,17,3,37,16,13 | 28,26,10,24,32,2,39 | 26,28,13,2,17,32,24,18 | 26,28,2,17,39,32,24,13,9 | 28,24,18,1,32,4,13,25,26 | 28,26,2,24,13,31,32,4 |
| | 48 | 测量精度 (Measurement Precision) | 35,26,32,1,12,8,25 | 26,25,1,35,8,12,10 | 5,26,28,1,10,24 | 26,28,10,24,3,32 | 26,24,5,3,28,35,10 | 26,24,5,28,3,35,10 | 5,24,28,13,26,10,3,1 | 28,24,13,3,35,18 |

续表

| 改善的工程参数(Improving Feature) \ 恶化的工程参数(Worsening Feature) | | | 物理(Physical) | | | 性能(Performance) | | | | |
|---|---|---|---|---|---|---|---|---|---|---|
| | | | 形状(Shape) | 物质的数量(Amount of Substance) | 信息(资料)的数量(Amount of Information) | 移动物体作用时间(Duration of Action of Moving Object) | 静止物体作用时间(Duration of Action of Stationary Object) | 速度(Speed) | 力/力矩(Force/Torque) | 移动物体消耗的能量(Energy Used by Moving Object) |
| | | | 9 | 10 | 11 | 12 | 13 | 14 | 15 | 16 |
| 制造/花费(Manufacture/Cost) | 41 | 可制造性(Manufacturability) | 29,13,1,16,28,30,24,27,35 | 35,16,1,31,24,30,27,29,23 | 6,2,10,7,15,13,1 | 10,1,37,4,21,12,27,13 | 10,1,16,35,37,3,13,38 | 35,13,1,28,2,8,15,4 | 35,12,28,29,1,10,3,13,2 | 28,1,10,26,35,39,19 |
| | 42 | 制造精度(Manufacture Precision/Consistency) | 30,13,10,32,12,21,40 | 30,25,32,9,13,12,3,31 | 37,3,4,32,13,17 | 5,40,16,3,20,19 | 5,4,17,18,3,30,24 | 10,32,28,3,17,4,19 | 12,19,28,29,3,10,13 | 2,26,32,3,19,21,13 |
| | 43 | 自动化程度(Automation) | 13,24,10,15,16,1,28 | 26,31,35,13,3,23 | 37,4,5,24,10 | 19,9,16,6,13,10,37 | 25,10,16,2,37,13,24 | 10,28,25,19,3,37 | 12,35,8,4,13,10,1 | 1,13,30,2,35,4 |
| | 44 | 生产率(Productivity) | 13,1,17,36,10,30,16 | 35,3,2,25,9,19,13 | 2,24,25,7,23,13,10 | 10,3,5,18,2,35,13,17 | 1,35,18,9,3,16,24,20,38 | 35,3,24,5,4,12,13,19 | 10,15,12,22,40,35,28,36 | 19,5,35,38,9,13,3 |
| | 45 | 装置的复杂性(System Complexity) | 29,13,2,28,15,30,1 | 2,10,13,3,35,31,24 | 25,7,24,13,32,3,2,37 | 10,28,15,4,12,9,13,29 | 35,10,13,6,4 | 28,10,13,34,18,19,4 | 3,9,29,17,26,2,16 | 28,5,2,29,35,10,13,27 |
| | 46 | 控制的复杂性(Control Complexity) | 5,25,28,10,13,29,37,1 | 10,25,7,6,35,37,3,19 | 25,10,37,7,3,6,13,4 | 3,10,37,2,5,6,7,12,4 | 10,25,2,13,37,28,24,7 | 25,28,7,10,4,37,5,24,19 | 10,35,37,23,25,26,7,24,4 | 35,25,10,7,19,5,1 |
| 测量(Measurement) | 47 | 测量的难度(Ability to Detect/Measure) | 13,28,3,1,17,26,39,24,4 | 3,28,18,27,24,13,29,4,32 | 19,3,32,7,10,13,25,4 | 19,26,2,13,4,25,39,32 | 26,2,35,25,3,6,13,24,34 | 3,28,1,24,37,25,4,16,35 | 28,15,19,37,3,24,40,30 | 2,35,38,37,24,31,19,4,28 |
| | 48 | 测量精度(Measurement Precision) | 28,3,10,13,24,1,37 | 2,13,1,37,6,24 | 25,2,7,32,4,3,37,10 | 10,28,6,5,34,26,24,27 | 10,26,28,24,5,34,27 | 28,13,24,5,32,35,37 | 24,28,37,2,32,35,1,9 | 24,10,3,28,6,37,19,35 |

续表

| 改善的工程参数 (Improving Feature) \ 恶化的工程参数 (Worsening Feature) | | | 性能(Performance) | | | | | | | 效率(Efficiency) |
|---|---|---|---|---|---|---|---|---|---|---|
| | | | 静止物体消耗的能量(Energy Used by Stationary Object) | 功率(Power) | 应力/压力(Stress/Pressure) | 强度(Strength) | 结构的稳定性(Stability) | 温度(Temperature) | 光照强度(Illumination Intensity) | 运行效率(Function Efficiency) |
| | | | 17 | 18 | 19 | 20 | 21 | 22 | 23 | 24 |
| 制造/花费(Manufacture/Cost) | 41 | 可制造性(Manufacturability) | 28,1,10,26,4,19,35 | 28,12,24,19,1,21,10 | 35,10,1,19,21,12,13,22 | 3,35,1,24,33,10,30 | 1,11,3,13,39,33,24,9 | 10,24,35,18,2,36,26 | 32,24,1,35,28,2,27,25 | 1,10,15,16,3,6,25 |
| | 42 | 制造精度(Manufacture Precision/Consistency) | 2,26,21,13,19,3,17 | 2,32,21,16,3,19 | 35,3,12,13,17,29,32 | 3,17,7,35,29,32 | 24,35,33,18,3,16 | 26,3,24,19,2,9 | 32,19,3,2,5,13 | 3,10,14,40,7,13 |
| | 43 | 自动化程度(Automation) | 1,2,35,13,38 | 2,12,26,28,8,6 | 35,1,12,13,24,17,4 | 13,35,9,1,17,7 | 1,13,3,39,18,17,24 | 2,19,26,35,22,36,34 | 19,13,32,2,24 | 17,3,2,28,19,29,15 |
| | 44 | 生产率(Productivity) | 1,19,3,5,35,13,4 | 10,35,28,38,19,15,24,5 | 3,14,9,37,1,28,13 | 3,35,5,10,40,28,29,18 | 24,35,3,4,39,12,25 | 35,28,21,36,10,3,40,31 | 1,24,19,31,26,17,32 | 2,13,10,3,29,28,24 |
| | 45 | 装置的复杂性(System Complexity) | 28,10,5,13,35,2 | 19,28,2,30,35,20,34 | 19,35,4,9,2,40,1 | 40,28,13,2,9,35,29 | 24,2,9,25,5,16,39,36,19 | 24,13,36,2,17,35,28,9 | 35,24,13,17,14,4,28,9 | 10,28,2,13,9,35,3,12 |
| | 46 | 控制的复杂性(Control Complexity) | 35,37,1,10,7,5 | 24,37,10,5,25,35,28,1,4 | 3,40,10,35,2,25,5 | 3,10,35,5,24,28,2,17 | 25,9,2,13,24,28,5,1 | 35,19,2,36,10,13,28,3 | 25,35,2,13,5,24,39,3,4 | 10,2,23,35,13,1,4,7,24 |
| 测量(Measurement) | 47 | 测量的难度(Ability to Detect/Measure) | 35,19,2,24,28,13,16,4 | 19,1,35,24,28,16,18,10,3 | 35,37,24,1,32,10,3,36,30 | 28,3,24,27,15,32,37,1 | 28,39,2,10,30,24,35,22 | 35,3,28,32,24,13,2,16 | 28,26,24,2,13,3,5 | 35,10,24,13,1,6,28,37 |
| | 48 | 测量精度(Measurement Precision) | 10,24,5,3,28,13,20 | 3,5,10,24,13,28 | 24,5,2,13,10,28,3,32 | 28,24,2,6,10,5,3,32 | 35,39,2,37,13,24,12,1 | 28,24,6,19,2,10,32,3 | 32,1,35,24,6,10,2,31 | 28,10,2,6,7,24,25 |

续表

| 改善的工程参数 (Improving Feature) \ 恶化的工程参数 (Worsening Feature) | | | 效率(Efficiency) | | | | | | | 能力(Ility) |
|---|---|---|---|---|---|---|---|---|---|---|
| | | | 物质损失 (Loss of Substance) | 时间损失 (Loss of Time) | 能量损失 (Loss of Energy) | 信息损失 (Loss of Information) | 噪声 (Noise) | 有害的散发 (Harmful Emissions) | 有害的副作用 (Other Harmful Effects Generated by System) | 适应性/多用性 (Adaptability/ Versatility) |
| | | | 25 | 26 | 27 | 28 | 29 | 30 | 31 | 32 |
| 制造/花费 (Manufacture/Cost) | 41 | 可制造性 (Manufacturability) | 19,34,33,9,15, 2,12,13 | 3,4,35,15,20,28 | 19,35,2,13, 10,24,16,15 | 25,24,16,10, 2,22,37,6 | 24,9,2,39, 13,25,5 | 35,10,5,36, 21,24 | 35,10,5,21,24, 39,29,7 | 1,3,25,13,15,30, 19,29 |
| | 42 | 制造精度 (Manufacture Precision/ Consistency) | 10,31,35,24, 36,37,3 | 28,15,5,18, 32,26 | 2,16,13,32, 35,29,3,31 | 13,10,2,34, 7,1,24 | 2,13,7,37, 35,9,18 | 3,10,40, 24,19 | 10,17,35,4,23, 34,26,33 | 35,7,13,1,4,17,12 |
| | 43 | 自动化程度 (Automation) | 10,4,24,5,35,3, 12,18 | 15,28,35,24,29, 31,2,5 | 28,21,3,13, 34,24 | 5,3,28,33,35, 24,25 | 31,14,9,12, 24,13,3 | 1,24,23,35, 21,13,3,4 | 24,2,11,3,23, 19,7 | 28,1,29,10,12,4, 14,35 |
| | 44 | 生产率 (Productivity) | 35,12,2,34,14, 3,24,9,5 | 10,3,6,24,34,1,7 | 28,35,15,14, 9,5,19,24 | 10,2,3,24,25, 13,4,37 | 9,14,1,2,31, 4,17 | 35,25,13,2, 34,21 | 24,39,13,35,3,40, 5,17,18 | 28,15,29,35,1, 10,17,40,36 |
| | 45 | 装置的复杂性 (System Complexity) | 35,28,10,13,9, 29,2,24 | 3,25,6,29,24,38 | 35,28,13,10, 2,24,38,34 | 25,7,6,24, 19,32,1 | 24,9,2,13, 3,6,25 | 5,24,15,2, 21,13,35 | 1,12,19,35,36, 21,29,22 | 29,28,1,24,15, 25,37 |
| | 46 | 控制的复杂性 (Control Complexity) | 35,15,30,13,2, 29,34,4 | 15,3,13,7,2,4, 19,10,25 | 35,15,13,3, 19,2,4,25 | 25,10,7,3,4, 26,24,1,32 | 10,3,7,15, 25,9,2,4,26 | 10,15,1,5,13, 39,4,24,38 | 19,12,16,22,9,28, 37,34,27 | 1,7,28,25,26,22, 35,10 |
| 测量 (Measurement) | 47 | 测量的难度 (Ability to Detect/Measure) | 1,10,24,18,37, 28,26,31 | 28,9,18,32,37, 26,13 | 35,3,19,15, 13,37,28,2 | 7,26,35,24, 2,22,5,33 | 3,25,23,9,4, 37,18 | 28,2,25,37, 13,35,7,24 | 2,10,34,21,38,6, 12,37,7 | 1,26,13,15,35,19 |
| | 48 | 测量精度 (Measurement Precision) | 28,10,13,2,35, 24,34,31,16 | 24,28,2,10,6,32, 37,26,34 | 26,10,24,37, 35,27,6,1 | 24,7,25,37, 1,6 | 9,24,2,37, 25,7,13 | 35,2,24,9,7, 13,39 | 10,3,24,39,22,13, 36,16,26 | 35,2,10,13,24,6,1 |

续表

| 改善的工程参数 (Improving Feature) \ 恶化的工程参数 (Worsening Feature) | | | 能力 (Ility) | | | | | | | |
|---|---|---|---|---|---|---|---|---|---|---|
| | | | 兼容性/连通性 (Compatibility/Connectability) | 使用方便性 (Trainability/Operability/Controllability) | 可靠性/鲁棒性 (Reliability/Robustness) | 可维修性 (Repairability) | 安全性 (Security) | 易损性 (Safety/Vulnerability) | 美观 (Aesthetics/Appearance) | 外来有害因素 (Other Harmful Effects Acting on System) |
| | | | 33 | 34 | 35 | 36 | 37 | 38 | 39 | 40 |
| 制造/花费 (Manufacture/Cost) | 41 | 可制造性 (Manufacturability) | 28,3,6,2,13,15 | 2,5,28,13,16,25,15 | 2,3,35,9,28,27,33 | 1,35,13,23,25,27 | 1,24,10,13,5 | 6,35,28,9,1,24 | 30,24,16,32,3 | 35,39,2,29,22,21,19,11,8 |
| | 42 | 制造精度 (Manufacture Precision/Consistency) | 13,4,9,28,15,2,1 | 19,3,1,32,35,2,25 | 28,25,13,1,5,11 | 3,10,1,25,30,29 | 2,10,24,3,25 | 4,3,31,35,30 | 2,3,17,32,7 | 10,28,9,23,2,24,33,35 |
| | 43 | 自动化程度 (Automation) | 6,13,2,3,17,10 | 5,25,21,10,23,17,3,12,1 | 12,28,23,7,35,31 | 13,35,4,2,28,37,17 | 25,13,28,2,10,7 | 31,30,16,39,24,40,5 | 3,16,22,35,9,2 | 2,25,1,23,33,13,24,29,3 |
| | 44 | 生产率 (Productivity) | 10,2,13,28,24,1 | 28,7,26,24,10,1,35,25,15 | 3,1,35,10,14,24,39,9 | 1,25,9,2,13,17,32 | 10,24,1,28,7 | 10,39,1,18,31,24 | 2,13,22,1,17,7 | 35,13,24,33,40,2,11,14 |
| | 45 | 装置的复杂性 (System Complexity) | 6,28,13,35,4,24,32 | 26,24,6,25,9,28 | 35,1,13,40,2,33,6 | 3,13,28,1,27,2 | 28,5,24,10,19,13 | 24,10,26,35,4,13,14 | 5,32,35,22,24,33,3 | 40,19,15,39,2,7,29,4,36 |
| | 46 | 控制的复杂性 (Control Complexity) | 6,10,13,1,2,24 | 2,10,24,25,7,22,1,13 | 23,3,13,1,2,10,35 | 13,25,1,7,10,24,28,35 | 24,2,13,10,7,4,26,5 | 10,25,11,39,2,7,24,37,35 | 7,10,37,5,13,2,25 | 1,19,27,9,12,37,5,2,39 |
| 测量 (Measurement) | 47 | 测量的难度 (Ability to Detect/Measure) | 25,1,13,15,35,28 | 2,5,13,25,15,35,7 | 28,1,40,26,35,2,8,10 | 26,2,5,12,10,27,1 | 1,10,3,32,23,13 | 24,2,10,26,9,12,13 | 2,28,26,24,13,7,31,3 | 19,28,22,3,30,29,24,9 |
| | 48 | 测量精度 (Measurement Precision) | 2,6,10,15,19,24 | 25,13,1,15,6,24 | 24,5,23,13,11,25,35,1 | 28,24,13,32,1,2,11 | 13,27,24,2,6,11 | 12,24,9,23,13,10,28 | 28,35,7,31,13,24 | 28,24,26,22,2,13,35,39,29 |

续表

| 改善的工程参数（Improving Feature） \ 恶化的工程参数（Worsening Feature） | | | 制造/花费（Manufacture/Cost） | | | | | | 测量（Measurement） | |
|---|---|---|---|---|---|---|---|---|---|---|
| | | | 可制造性（Manufacturability） | 制造精度（Manufacture Precision/Consistency） | 自动化程度（Automation） | 生产率（Productivity） | 装置的复杂性（System Complexity） | 控制的复杂性（Control Complexity） | 测量的难度（Ability to Detect/Measure） | 测量精度（Measurement Precision） |
| | | | 41 | 42 | 43 | 44 | 45 | 46 | 47 | 48 |
| 制造/花费（Manufacture/Cost） | 41 | 可制造性（Manufacturability） | | 3,16,25,12,24 | 1,10,28,8,13,25 | 1,13,15,14,5 | 27,26,1,5,10,9 | 25,3,19,13,6,32,39 | 6,28,1,13,11,10 | 35,12,1,6,28,13,15,29 |
| | 42 | 制造精度（Manufacture Precision/Consistency） | 25,13,24,15,19,26,28 | | 25,15,24,13,17,28,26 | 2,10,39,18,32,16,5,26 | 2,16,18,26,3,4,28 | 28,25,37,10,26,7 | 28,26,32,18,9,25 | 28,32,18,9,3,25 |
| | 43 | 自动化程度（Automation） | 1,13,12,26,21,10 | 25,28,26,3,17,12,18,4 | | 12,26,2,5,35,15,10 | 15,24,28,10,13,4,17 | 28,3,4,17,37 | 25,17,1,27, 28 | 13,24,28,25,10,32 |
| | 44 | 生产率（Productivity） | 1,10,24,35,28,6,19 | 3,32,26,18,1,25,35 | 10,5,12,26,35,4,13 | | 6,12,10,1,28,27,17,31 | 25,1,19,7,24,16 | 4,32,37,25,28,18,35,24,13 | 1,28,19,37,4,13,24,3 |
| | 45 | 装置的复杂性（System Complexity） | 3,13,1,28,26,35,10,6 | 2,24,13,3,35,26,32 | 28,3,1,24,10,13,17 | 26,12,29,8,17,1 | | 3,37,25,26,7,28 | 28,10,32,37,15,24 | 28,26,10,2,34,7,37 |
| | 46 | 控制的复杂性（Control Complexity） | 13,2,35,10,28,21 | 25,2,24,13,10,39 | 1,28,25,10,21,34 | 35,1,10,21,28,15,13,25 | 28,15,37,7,2,13,35,29 | | 13,37,10,7,3,28,32,25 | 10,26,2,37,7,28,3,4,32 |
| 测量（Measurement） | 47 | 测量的难度（Ability to Detect/Measure） | 5,28,37,11,2,13,29,24 | 28,10,25,2,5,13 | 10,2,28,25,5,26,37,1,21 | 2,28,10,35,25,5,18,26,37 | 28,37,10,15,3,24,25,32 | 28,32,37,3,7,10,6,24 | | 28,26,32,24,3,13,37,10,18 |
| | 48 | 测量精度（Measurement Precision） | 3,25,28,13,35,24,1 | 28,26,24,23,25,1 | 28,24,26,2,10,1,3,24 | 28,26,10,3,13,24 | 3,35,10,27,1,13,28,26 | 3,25,10,7,13,1,23,19 | 26,28,24,10,13,1 | |

**附表 3　LAOE 语义 TRIZ 中观层技术主题表**

| 技术主题类型 | 技术主题编号 | 技术主题标签 | 包含的 SAO 示例 |
|---|---|---|---|
| 技术问题 | Topic1 | Produce interferometer device（制造光干涉器件） | method - PRODUCE（manufacture）- interferometer;<br>method - PRODUCE（manufacture）- interferometric system;<br>… |
| | Topic2 | interferometry method（光干涉方法） | method - IS_A（is）- interferometry phase shifting;<br>method - IS_A（is）- holographic interferometry;<br>… |
| | Topic3 | measure curvature device/method（曲率测量器件或方法） | method - MEASURE（measure）- curvature radius;<br>device - MEASURE（measure）- wafer curvature;<br>… |
| | Topic4 | produce optical excitation device（制造光激发器件） | device - METHOD_OF（generate）- light;<br>unit - METHOD_OF（emit）- light;<br>… |
| | Topic5 | measure surface system/method（表面测量系统或方法） | method - MEASURE（measure）- surface;<br>apparatus - MEASURE（measure）- semiconductor surface;<br>… |
| | Topic6 | measure shape system/method（表形测量系统或方法） | method - MEASURE（recognize）- object shape;<br>apparatus - MEASURE（profile）- semiconductor surface;<br>… |
| | Topic7 | produce micro-optical element（制造微光学元件） | method - PRODUCE（manufacture）- micro-optic element;<br>method - PRODUCE（manufacture）- precision optical unit;<br>… |
| | Topic8 | produce integrated optical element（制造集成光学元件） | device - PRODUCE（manufacture）- integrated optical element;<br>method - PRODUCE（manufacture）- system optics component;<br>… |
| | Topic9 | measure wave aberration device/method（波像差测量装置或方法） | device - MEASURE（measure）- wave aberration;<br>method - MEASURE（measure）- coherent wave;<br>… |
| | Topic10 | measure phase distribution device/method（相位分布测量装置或方法） | device - MEASURE（measure）- phase angle;<br>device - MEASURE（measure）- phase distribution;<br>… |
| 技术方案 | Topic11 | redirecting beam（重定向光束） | optical axis - INTERACTION（reflect）- illumination beam;<br>imaging module - INTERACTION（redirect）- reference beam;<br>… |

续表

| 技术主题类型 | 技术主题编号 | 技术主题标签 | 包含的 SAO 示例 |
|---|---|---|---|
| 技术方案 | Topic12 | probing beam（探测光束） | fiber - INTERACTION (guide) - probe beam;<br>device - INTERACTION (probe) - polarized beam;<br>… |
| | Topic13 | splitting beam（分光光束） | splitter unit - INTERACTION (split) - laser beam;<br>split beam - INTERACTION (irradiate) - mirror surface;<br>… |
| | Topic14 | aligning beam（光校准） | method - INTERACTION (align) - reference beam;<br>system - CONTAIN (has) - alignment unit;<br>… |
| | Topic15 | transmitting polarized light（传输偏振光） | polarized light - INTERACTION (pass through) - wave plate;<br>reference mirror - INTERACTION (reflect) - polarized light<br>… |
| | Topic16 | emitting coherent light（发射相干光） | device - INTERACTION (output) - coherent light;<br>system - INTERACTION (generate) - coherent light<br>… |
| | Topic17 | analyzing interference fringe（分析干涉条纹） | method - MEASURE (analyze) - interference fringe;<br>method - MEASURE (calculate) - interference fringe;<br>… |
| | Topic18 | visualizing interference fringe（干涉条纹显示） | method - MEASURE (visualize) - interference fringe;<br>method - INTERACTION (extract) - interference fringe;<br>… |
| | Topic19 | calibration method（校准方法） | method - INTERACTION (calibrate) - interferometer;<br>method - INTERACTION (calibrate) - reference mirror;<br>… |
| | Topic20 | fitting surface（曲面拟合） | method - MEASURE (measure) - fitting surface;<br>method - MEASURE (fit) - symmetric surface;<br>… |
| | Topic21 | correcting optical path（校正光路） | method - MEASURE (calculate) - optical path difference;<br>unit - INTERACTION (correct) - optical path;<br>… |
| | Topic22 | measuring wave aberration（测量波像差） | interferometer - MEASURE (calculate) - wave aberration;<br>unit - INTERACTION (determine) - wave aberration;<br>… |
| | Topic23 | diffraction method（衍射方法） | phase grate - INTERACTION (diffract) - light;<br>method - INTERACTION (diffract) - surface;<br>… |

续表

| 技术主题类型 | 技术主题编号 | 技术主题标签 | 包含的 SAO 示例 |
|---|---|---|---|
| 技术方案 | Topic24 | deflection method（偏振方法） | reflector - INTERACTION（deflect）- light;<br>unit - INTERACTION（deflect）- beam;<br>… |
| | Topic25 | using mirror surface（使用镜面） | method - MEASURE（test）- mirror surface;<br>method - INTERACTION（move）- mirror surface;<br>… |
| | Topic26 | hologram method（全息图像法） | method - ASSOCIATED_WITH（utilize）- holographic interferometry;<br>device - CONTAIN（has）- hologram;<br>… |
| | Topic27 | differential interferometry（差分干涉测量术） | differential interferometer - MEASURE（measure）- displacement;<br>differential interferometer - CONTAIN（has）- optical module;<br>… |
| | Topic28 | heterodyne interferometry（外差干涉术） | method - INTERACTION（perform）- heterodyne interferometry;<br>apparatus - CONTAIN（include）- heterodyne interferometry;<br>… |
| | Topic29 | microscopic interferometry（显微干涉测量术） | microscope interferometer - MEASURE（detect）- 3D surface;<br>apparatus - CONTAIN（include）- microscope interferometer;<br>… |
| | Topic30 | phase shifting interferometry（相移干涉测量术） | phase-shifting interferometry - MEASURE（measure）- surface profile;<br>phase-shifting interferometry - MEASURE（measure）- optical property;<br>… |
| | Topic31 | correlation interferometry（相关干涉测量术） | coherence interferometer - INTERACTION（balance）- beam;<br>coherence interferometer - MEASURE（measure）- distance;<br>… |
| | Topic32 | speckle interferometry（斑纹干涉测量术） | speckle interferometry - INTERACTION（identify）- object;<br>speckle interferometry - CONTAIN（include）- phase modulation;<br>… |
| | Topic33 | grazing incidence interferometer（掠入射干涉仪） | grazing incidence interferometer - MEASURE（measure）- surface;<br>grazing incidence interferometer - CONTAIN（has）- diffractive beam;<br>… |

续表

| 技术主题类型 | 技术主题编号 | 技术主题标签 | 包含的 SAO 示例 |
|---|---|---|---|
| 技术方案 | Topic34 | multiplexed backscattering（多重背散射） | system - CONTAIN（has）- multiplexed backscattering interferometry;<br>multiplexed backscattering interferometry - MEASURE（determine）- refractive index;<br>… |
| 技术方案/技术功能 | Topic35 | measuring wave（测量波） | method - MEASURE（measure）- coherent wave;<br>device - MEASURE（detect）- sonic waves;<br>… |
| | Topic36 | measuring film thickness（测量薄膜厚度） | apparatus - MEASURE（measure）- film thickness;<br>apparatus - MEASURE（measure）- optical thickness;<br>… |
| | Topic37 | measuring surface optical characteristic（测量表面光学特性） | optical system - MEASURE（inspect）- optical characteristic;<br>device - MEASURE（measure）- optical transmission;<br>… |
| | Topic38 | measuring wave aberration（测量波像差） | method - MEASURE（measure）- wave aberration;<br>device - MEASURE（measure）- polarization;<br>… |
| | Topic39 | measuring phase（测量相位） | device - MEASURE（inspect）- phase angle;<br>system - MEASURE（measure）- phase of light;<br>… |
| | Topic40 | inspecting surface quality（表面质量探测） | apparatus - MEASURE（measure）- surface characteristic;<br>apparatus - MEASURE（measure）- refractive index;<br>… |
| | Topic41 | detecting surface irregularities（表面不规则度探测） | device - MEASURE（detect）- surface displacement;<br>device - MEASURE（measure）- absolute surface;<br>… |
| | Topic42 | measuring surface shape（表面形状测量） | method - MEASURE（measure）- surface form;<br>method - MEASURE（measure）- surface topography;<br>… |
| | Topic43 | profiling surface clearness（表面清洁度测量） | interferometer - MEASURE（measure）- surface oil drop;<br>device - MEASURE（test）- surface cleanliness;<br>… |
| | Topic44 | profiling surface roughness（表面粗糙度测量） | device - MEASURE（measure）- surface property;<br>device - MEASURE（measure）- surface characteristic;<br>… |
| | Topic45 | measuring surface flatness（测量表面平整度） | apparatus - MEASURE（measure）- flatness;<br>device - MEASURE（test）- nondestructive material;<br>… |

续表

| 技术主题类型 | 技术主题编号 | 技术主题标签 | 包含的 SAO 示例 |
|---|---|---|---|
| 技术方案/技术功能 | Topic46 | determining surface structure（确定表面结构） | device - MEASURE（detect）- integrity structure;<br>device - MEASURE（resolve）- microscopic structure;<br>… |
| | Topic47 | checking convex surface（检查表面形状） | method - MEASURE（check）- convex surface;<br>method - MEASURE（check）- concave surface;<br>… |
| | Topic48 | testing reflecting surface（检测反射表面） | method - MEASURE（test）- reflecting surface;<br>element - CONTAIN（include）- reflecting surface;<br>… |
| | Topic49 | measuring surface deviation（测量表面偏差） | method - MEASURE（determine）- object deviation;<br>method - MEASURE（measure）- surface deviation;<br>… |
| 技术功能 | Topic50 | measuring distance（测量距离） | device - MEASURE（measure）- diameter;<br>device - MEASURE（measure）- length;<br>… |
| | Topic51 | locating position（定位位置） | interferometer - MEASURE（measure）- interference position;<br>device - MEASURE（measure）- relative movement;<br>… |
| | Topic52 | measuring spatial information（测量空间信息） | method - MEASURE（measure）- height of film;<br>method - MEASURE（measure）- inclination;<br>… |
| | Topic53 | locating disturbance（定位扰动） | sensor - MEASURE（Locate）- disturbance;<br>interferometer - MEASURE（measure）- linear displacement;<br>… |
| | Topic54 | use for interferometer（用于干涉仪） | optical element - FUNCTION（used in）- interferometer;<br>interferometer - FUNCTION（generate）- interference pattern;<br>… |
| | Topic55 | use for optical sensor（用于光传感器） | optic sensor - MEASURE（measure）- hydrogen concentration;<br>optic sensor - FUNCTION（used in）- harsh environment;<br>… |
| | Topic56 | use for optical communication（用于光通信） | interferometer - FUNCTION（used for）- satellite optical communication;<br>apparatus - FUNCTION（used in）- optical communication;<br>… |

续表

| 技术主题类型 | 技术主题编号 | 技术主题标签 | 包含的 SAO 示例 |
|---|---|---|---|
| 技术功能 | Topic57 | use for spectrum analyzer（用于频谱分析仪） | apparatus - INTERACTION（perform） - spectrum analyzing;<br>element - FUNCTION（used in） - spectrum analyzer;<br>… |
| | Topic58 | use for microscope（用于显微镜） | method - FUNCTION（used in） - scanning probe microscope (spm) ;<br>device - PRODUCE（provide） - microscopic image;<br>… |
| | Topic59 | use for optic sensing system（用于视觉传感系统） | transducer - FUNCTION（used in） - optic sensing system;<br>optic sensing system - FUNCTION（used in） - interferometer sensing system;<br>… |
| | Topic60 | use for tomography（用于层析成像） | device - FUNCTION（used in） - optical coherence tomography;<br>element - FUNCTION（used in） - optical coherence tomography;<br>… |
| | Topic61 | use for holography（用于全息摄影） | method - FUNCTION（used for） - holography;<br>element - FUNCTION（used in） - holography;<br>… |
| | Topic62 | use for lithographic procedure（用于光刻过程） | method - FUNCTION（used in） - lithographic procedure;<br>quantum lithography - FUNCTION（used in） - etching pattern;<br>… |
| | Topic63 | use for lithography mas（用于光刻系统） | device - FUNCTION（used in） - lithography mas;<br>interferometer - FUNCTION（used in） - lithographic apparatus;<br>… |
| | Topic64 | use for exposure procedure（用于曝光过程） | method - INTERACTION（expose） - object;<br>device - FUNCTION（used in） - exposure;<br>… |
| | Topic65 | use for accelerometer（用于加速度计） | device - FUNCTION（used for） - optical accelerometer;<br>interferometer - FUNCTION（used in） - accelerometer;<br>… |
| | Topic66 | use for filter（用于滤波器） | device - FUNCTION（used in） - filter;<br>interferometer - FUNCTION（used in） - filter;<br>… |
| | Topic67 | use for multiplexer/demultiplexer(用于多路复用/解多路复用器) | interferometer - FUNCTION（used in） - multiplexer;<br>interferometer - FUNCTION（used in） - demultiplexer;<br>… |

续表

| 技术主题类型 | 技术主题编号 | 技术主题标签 | 包含的 SAO 示例 |
| --- | --- | --- | --- |
| 技术功能 | Topic68 | use in optical switch<br>（用于光开关） | device - FUNCTION（used in）- optical switch;<br>optical switch - INTERACTION（Route）- optical signal;<br>… |
| | Topic69 | use in<br>beam splitter<br>（用于分束器） | device - FUNCTION（used in）- beam splitter;<br>beam splitter - FUNCTION（used in）- interferometer;<br>… |
| | Topic70 | use in<br>optical scanner<br>（用于光扫描器） | device - FUNCTION（used in）- optical scanner;<br>correction apparatus - FUNCTION（used for）- optical scanner;<br>… |
| | Topic71 | use for<br>optical signal processing<br>（用于光信号处理） | interferometer - FUNCTION（used in）- optical signal processing;<br>optical switch - INTERACTION（Route）- optical signal;<br>… |
| | Topic72 | measuring<br>image<br>（测量图像） | apparatus - MEASURE（observe）- phase image;<br>apparatus - MEASURE（measure）- image quality;<br>… |
| | Topic73 | correcting & calibrating<br>（校正、校准） | Method- INTERACTION（correct）- optical path difference;<br>apparatus- INTERACTION（calibrate）- reference wavelength;<br>… |
| | Topic74 | identifying error<br>（定位误差） | apparatus- INTERACTION（determine）- error;<br>apparatus- INTERACTION（calibrate）- optical position;<br>… |
| | Topic75 | use for<br>micro fabrication<br>（用于微细加工） | interferometer - FUNCTION（used in）- micro fabrication;<br>… |
| | Topic76 | measuring sample<br>（测量样本） | interferometer - MEASURE（measure）- biological sample;<br>optical sensing platform - MEASURE（measure）- substance;<br>… |
| | Topic77 | use for<br>precision measuring<br>（用于精准测量） | laser reflector - FUNCTION（used in）- precision measuring apparatus;<br>interferometer - FUNCTION（used in）- accurate measurement;<br>… |

续表

| 技术主题类型 | 技术主题编号 | 技术主题标签 | 包含的 SAO 示例 |
|---|---|---|---|
| 技术效果 | Topic78 | new application<br>（新应用） | device - HIGHER_THAN（provide）- polarization preserving;<br>subassembly - HIGHER_THAN（provide）- wavelength control;<br>… |
| | Topic79 | improve accuracy<br>（提高精确度） | method - HIGHER_THAN（improve）- accuracy;<br>interferometer - HIGHER_THAN（has high）- accuracy;<br>… |
| | Topic80 | improve sensitivity<br>（提高敏感度） | method - HIGHER_THAN（increase）- sensitivity;<br>device - HIGHER_THAN（provide high）- sensitive detection;<br>… |
| | Topic81 | improve efficiency<br>（提升效率） | method - HIGHER_THAN（maximize）- light energy transfer;<br>device - HIGHER_THAN（efficiently produce）- image;<br>… |
| | Topic82 | improve quality<br>（提升质量） | method - HIGHER_THAN（improve）- image quality;<br>method - HIGHER_THAN（enhance）-signal-to-noise ratio;<br>… |
| | Topic83 | improve flexibility<br>（提升灵活性） | device - HIGHER_THAN（provide flexible）- light source;<br>device - HIGHER_THAN（is robust）;<br>… |
| | Topic84 | expand range<br>（扩大范围） | interferometer - HIGHER_THAN（provide wider）-wavelength range;<br>device - HIGHER_THAN（enable large）- range;<br>… |
| | Topic85 | reduce requirement<br>（降低要求） | method - LOWER_THAN（reduce）- required laser intensity;<br>method - LOWER_THAN（shorter）- operation time;<br>… |
| | Topic86 | avoid unexpected effect<br>（避免不良效果） | method - LOWER_THAN（avoid）- unexpected result;<br>method - LOWER_THAN（overcome）- fringe contrast;<br>… |
| | Topic87 | simplify process<br>（简化工艺） | method - LOWER_THAN（simplify）- manufacture process;<br>method - LOWER_THAN（simplify）-operation;<br>… |
| | Topic88 | reduce cost<br>（减少成本） | apparatus - LOWER_THAN（is inexpensive）;<br>method - LOWER_THAN（is cost-effective）;<br>… |

**附表 4　LAOE 语义 TRIZ 宏观层技术范畴表**

| 技术范畴类型 | 技术范畴编号 | 技术范畴标签 | 包含的技术主题 |
|---|---|---|---|
| 技术对象 | TechDomain1 | produce optical device（制造光学器件） | Topic1，Topic4，Topic7，Topic8 |
| | TechDomain2 | measure method/device（测量方法或设备） | Topic2，Topic3，Topic5，Topic6，Topic9，Topic10 |
| 发明原理/方法 | TechDomain3 | operate light/beam（操纵光） | Topic11，Topic12，Topic13，Topic14，Topic15，Topic16 |
| | TechDomain4 | shape measuring optical method（面形测量光学方法） | Topic17，Topic18，Topic19，Topic20，Topic21，Topic22，Topic23，Topic24，Topic25，Topic26 |
| | TechDomain5 | interferometry（干涉测量法） | Topic27，Topic28，Topic29，Topic30，Topic31，Topic32，Topic33，Topic34 |
| 发明原理/方法、应用领域 | TechDomain6 | surface profiling（表面示廓） | Topic35，Topic36，Topic37，Topic38，Topic39，Topic40，Topic41，Topic42，Topic43，Topic44，Topic45，Topic46，Topic47，Topic48，Topic49 |
| 应用领域 | TechDomain7 | spatial information measurement/location（空间信息测量与定位） | Topic50，Topic51，Topic52，Topic53 |
| | TechDomain8 | optical device（应用于各种光学器件） | Topic54，Topic55，Topic56，Topic57，Topic58，Topic59，Topic60，Topic61，Topic65，Topic66，Topic67，Topic68，Topic69，Topic70 |
| | TechDomain9 | optical process（应用于各种光学过程） | Topic62，Topic63，Topic64，Topic71，Topic72，Topic73，Topic74 |
| | TechDomain10 | precision & micro application（精、微测量及应用） | Topic75，Topic76，Topic77 |

续表

| 技术范畴类型 | 技术范畴编号 | 技术范畴标签 | 包含的技术主题 |
|---|---|---|---|
| 技术效应 | TechDomain11 | new application<br>（新应用） | Topic78 |
| | TechDomain12 | improve advantage<br>（改进的优点） | Topic79，Topic80，<br>Topic81，Topic82，<br>Topic83，Topic84 |
| | TechDomain13 | reduce disadvantage<br>（减少的缺点） | Topic85，Topic86，<br>Topic87，Topic88 |

**附表 5　GSEN 语义 TRIZ 中观层技术主题表**

| 技术主题类型 | 技术主题编号 | 技术主题标签 | 包含的 SAO 示例 |
|---|---|---|---|
| 技术问题 | Topic1 | produce arbon material<br>（制造碳基复合材料） | method - PRODUCE（prepare）- carbon pattern;<br>method - PRODUCE（prepare）- carbon macro-molecular structure;<br>… |
| | Topic2 | produce carbon nanotube<br>（制造碳纳米管） | method - PRODUCE（prepare）- carbon nanotube;<br>method - PRODUCE（prepare）- nano-graphene;<br>… |
| | Topic3 | produce graphene layer<br>（制造石墨烯层） | method - PRODUCE（prepare）- graphene layer;<br>method - PRODUCE（prepare）- nano-gap;<br>… |
| | Topic4 | produce graphite oxide<br>（制备石墨烯氧化物） | method - PRODUCE（prepare）- graphene oxide;<br>method - PRODUCE（prepare）- transition metal oxide;<br>… |
| | Topic5 | produce conductometric film<br>（制造导电膜） | method - PRODUCE（prepare）- conductive transparent film;<br>method - PRODUCE（prepare）- conductometric sensor film;<br>… |
| | Topic6 | produce graphene sheet<br>（制造石墨烯片） | method - PRODUCE（prepare）- graphene sheet;<br>method - PRODUCE（prepare）- graphene ribbon;<br>… |
| | Topic7 | produce electric material<br>（制造电属性材料） | method - PRODUCE（prepare）- piezoelectric material;<br>method - PRODUCE（manufacture）- conductive ink;<br>… |
| | Topic8 | produce catalyst<br>（制备催化剂） | method - PRODUCE（form）- catalyst layer;<br>method - PRODUCE（prepare）- oxygen reduction catalyst;<br>… |
| | Topic9 | measure nucleic acid/DNA<br>（分析核酸或 DNA） | material - MEASURE（analyze）- nucleic acid;<br>material - MEASURE（analyze）- DNA sequence;<br>… |

续表

| 技术主题类型 | 技术主题编号 | 技术主题标签 | 包含的 SAO 示例 |
|---|---|---|---|
| 技术问题 | Topic10 | associated_with drug delivery（药物传输载体） | material - ASSOCIATED_WITH（control）- drug delivery;<br>method - MEASURE（detect）- drug residue;<br>… |
| | Topic11 | produce substrate（制造基底） | method - PRODUCE（form）- silicon carbide substrate;<br>method - PRODUCE（process）- cconductive substrate;<br>… |
| | Topic12 | produce chemical sensor（制造化学传感器） | method - PRODUCE（manufacture）- chemical sensor;<br>method - PRODUCE（manufacture）- graphene gas sensor;<br>… |
| | Topic13 | produce sensor array（制造传感器阵列） | method - PRODUCE（manufacture）- carbon nano-tube array sensor;<br>method - PRODUCE（manufacture）- hybrid sensor array;<br>… |
| | Topic14 | produce field effect transistor（制造场效应晶体管） | method - PRODUCE（manufacture）- field-effect transistor;<br>method - PRODUCE（manufacture）- field effect transistor sensor;<br>… |
| | Topic15 | produce molecular sensor（制造分子传感器） | method - PRODUCE（manufacture）- nanometer pore unimolecular sensor;<br>method - PRODUCE（manufacture）- molecular sensor;<br>… |
| | Topic16 | produce electrode（制造电极） | method - PRODUCE（manufacture）- graphene transparent electrode;<br>method - PRODUCE（manufacture）- contact electrode;<br>… |
| | Topic17 | produce energy storage device（制造储能设备） | method - PRODUCE（manufacture）- solar cell;<br>method - PRODUCE（manufacture）- storage battery;<br>… |
| | Topic18 | produce nano composite transducer（制造纳米复合传感器） | method - PRODUCE（manufacture）- nano composite transducer;<br>method - PRODUCE（manufacture）- nano sensor;<br>… |
| | Topic19 | produce magneto & electric sensor（制造磁电传感器） | method - PRODUCE（manufacture）- magnetoresistive sensor;<br>method - PRODUCE（manufacture）- magnetically sensitive device;<br>… |
| | Topic20 | produce image sensor（制造图像传感器） | method - PRODUCE（manufacture）- image sensor;<br>method - PRODUCE（manufacture）- display device;<br>… |
| 技术方案 | Topic21 | using carbon nanotube/ nano material（使用碳纳米管/纳米材料） | conductometric sensor film - CONTAIN（has）- carbon nanotube;<br>hydrogen occluded component - CONTAIN（comprise）- carbon nanotube;<br>… |

续表

| 技术主题类型 | 技术主题编号 | 技术主题标签 | 包含的 SAO 示例 |
|---|---|---|---|
| 技术方案 | Topic22 | using catalyst（使用催化剂） | cathodic material - CONTAIN（comprise）- oxygen reduction catalyst;<br>particle material - CONTAIN（comprise）- catalyst;<br>… |
| | Topic23 | using graphite oxide（使用石墨烯氧化物） | oxidized graphene - CONTAIN（deposited on）- working electrode;<br>electrochemical sensor - CONTAIN（comprise）- transparent counter electrode;<br>… |
| | Topic24 | using graphene layer（使用石墨烯层） | transistor - CONTAIN（equip）- graphene layer;<br>graphene film - CONTAIN（comprise）- oxidized graphene layer;<br>… |
| | Topic25 | using graphene film（使用石墨烯膜） | oxidized graphene - CONTAIN（deposited on）- working electrode;<br>molecular sensor - CONTAIN（comprise）- insulator thin-film;<br>… |
| | Topic26 | using graphene sheet（使用石墨烯片） | printed electronic device - CONTAIN（comprise）- functionalized graphene sheet;<br>carbonaceous filler - CONTAIN（comprise）- graphene sheet;<br>… |
| | Topic27 | using electric material（使用电属性材料） | electrochemical immunosensor - CONTAIN（has）- electroactive material;<br>nanowire - CONTAIN（contain）- piezoelectric material;<br>… |
| | Topic28 | using substrate（使用基底） | touch-screen film -CONTAIN（comprise）- substrate;<br>insulator thin-film- CONTAIN（disposed on）- back-gate substrate;<br>… |
| | Topic29 | using sensor（使用传感器） | occupant sensing system -CONTAIN（has）- pressure sensor;<br>sensor array - CONTAIN（comprise）- planar sensor;<br>… |
| | Topic30 | using graphene electrode（使用石墨烯电极） | oxidized graphene - LOCATION_OF（deposited on）- working electrode;<br>electrochemical sensor - CONTAIN（comprise）- transparent counter electrode;<br>… |
| | Topic31 | using chemical vapor deposition（使用化学气相沉积法） | method - CONTAIN（include）- chemical vapor deposition;<br>metal film-METHOD_OF（deposited by）- electro-chemical deposition;<br>… |
| | Topic32 | using coating process（使用涂层工艺） | method - CONTAIN（include）- coating process;<br>metal film-METHOD_OF（use）- spin coating;<br>… |

续表

| 技术主题类型 | 技术主题编号 | 技术主题标签 | 包含的 SAO 示例 |
| --- | --- | --- | --- |
| 技术方案 | Topic33 | using oxido-reduction process（使用氧化还原法） | method - CONTAIN（include）- oxidizing process;<br>method - METHOD_OF（use）- oxygen reduction catalyst;<br>… |
| | Topic34 | using ultrasonic process（使用超声波处理） | method - CONTAIN（include）- ultrasonic oscillation process;<br>method - METHOD_OF（use）- ultrasonic stripping;<br>… |
| | Topic35 | using separating process（使用剥离处理） | method - CONTAIN（include）- separating process;<br>method - METHOD_OF（use）- electrolytic stripping;<br>… |
| | Topic36 | using thermal process（使用热处理处理） | method - CONTAIN（include）- pyrolyzing process;<br>method - CONTAIN（include）- thermally exfoliate process;<br>… |
| | Topic37 | using arc discharge process（使用弧光放电过程） | method - CONTAIN（include）- arc discharge process;<br>… |
| | Topic38 | using Epitaxial method（使用外延生长法） | epitaxial graphene layer - LOCATION_OF（formed on）- silicon carbide substrate;<br>method - CONTAIN（include）- epitaxial growth;<br>… |
| | Topic39 | using etching process（使用刻蚀过程） | method - CONTAIN（include） - etching process;<br>oxygen radical - METHOD_OF（use）- etchant;<br>… |
| | Topic40 | using gasification/ solution process（使用气化或溶液制程） | method - CONTAIN（include）- gasification process;<br>method - CONTAIN（include）- hydrophilic process;<br>… |
| 技术功能 | Topic41 | using for bio/chem sensor（用于生化传感器） | conductive material - FUNCTION（use for）- electrochemical sensor;<br>nano material - FUNCTION（use for）- electrochemical biological sensor;<br>… |
| | Topic42 | using for optical electric sensor（用于光电传感器） | electronic device - FUNCTION（use for）- magnetoresistive sensor;<br>optical limiter - FUNCTION（use for）- protecting optical sensor;<br>… |
| | Topic43 | using for other sensor（用于其他传感器） | aerogel - FUNCTION（use for）- pressure sensor;<br>graphene membrane - FUNCTION（use for）- conductometric sensor;<br>… |
| | Topic44 | using for solar/fuel cell（用于太阳能或燃料电池等） | composition - FUNCTION（use for）- solar cell;<br>nanofiber material - FUNCTION（use for）- fuel cell;<br>… |

续表

| 技术主题类型 | 技术主题编号 | 技术主题标签 | 包含的 SAO 示例 |
|---|---|---|---|
| 技术功能 | Topic45 | using for field effect/ other transistor（用于场效应或其他晶体管） | graphene oxide - FUNCTION（use for）- thin film transistor;<br>schottky diode - FUNCTION（use for）- semiconductor FET;<br>… |
| | Topic46 | using for electrode（用于电极） | graphene oxide - FUNCTION（use for）- transparent electrode;<br>graphene sheet - FUNCTION（use for）- electrode material;<br>… |
| | Topic47 | using for Nano device/material（用于纳米器件或材料） | nanostructure - FUNCTION（use for）- nanowire circuit;<br>graphite oxide material - FUNCTION（use for）- c nanofiller;<br>… |
| | Topic48 | using for catalyst（用于催化剂） | biscrolled yarn - FUNCTION（use for）- catalyst;<br>nanomaterial - FUNCTION（use for）- catalyst;<br>… |
| | Topic49 | using for capacitor（用于电容器） | graphene oxide - FUNCTION（use for）- capacitor;<br>composite structure - FUNCTION（use for）- supercapacitor;<br>… |
| | Topic50 | using for bio/drug/organism（用于生物、药物、有机体） | graphene structure - FUNCTION（use for）- molecular recognition;<br>immunosensor - MEASURE（detect）- drug residue;<br>… |
| | Topic51 | using for display device（用于显示器件） | graphene transparent electrode - FUNCTION（use for）- OLED;<br>film - FUNCTION（use for）- touch screen;<br>… |
| | Topic52 | using for functional material（用于功能材料） | metamaterial - FUNCTION（use for）- flexible structure device;<br>nanocomposite powder - FUNCTION（use for）- sintering material;<br>… |
| | Topic53 | using for film（用于薄膜） | nano composite - FUNCTION（use for）- heat radiation film;<br>microarray - FUNCTION（use for）- filtration membrane;<br>… |
| | Topic54 | using for electro device（用于其他电子器件） | silicon nanofiber - FUNCTION（use for）- electroconductive ink;<br>graphene composite film - FUNCTION（use for）- micro - executer;<br>… |
| | Topic55 | using for other（用于其他） | detector - FUNCTION（use for）- UV radiation;<br>composition - FUNCTION（use for）- radio - frequency identification;<br>… |